U0341206

中国核能安全技术发展蓝皮书

中国科学院核能安全技术研究所　主编

科学出版社

北　京

内 容 简 介

《中国核能安全技术发展蓝皮书》由中国科学院核能安全技术研究所主编，邀请了来自国家核安全局、国家能源局、国家国防科技工业局、中国科学院、中国工程物理研究院、中国核工业集团有限公司、中国广核集团有限公司、国家电力投资集团有限公司、中国船舶重工集团公司和清华大学等单位的知名专家、学者共同编著而成。

本书总结了我国核能和平利用以来在运核电站的安全现状，系统阐述了第三代、第四代及其他先进核能系统的安全特性，介绍了我国核能安全关键技术的研究进展，以期全面展现我国核能安全技术的发展现状及未来态势，促进核能科学技术的原始创新，推动我国核能事业的持续健康发展。

本书可作为政府部门、科研机构、高等院校和相关企业进行战略决策和研究的参考书，也可供国内外专家学者研究和参考，还可供公众了解我国核能安全发展信息。

图书在版编目（CIP）数据

中国核能安全技术发展蓝皮书/中国科学院核能安全技术研究所主编.
—北京：科学出版社，2018.3
ISBN 978-7-03-052183-5

I. ①中⋯　II. ①中⋯　III. ①核安全-研究报告-中国　IV. ①TL7

中国版本图书馆 CIP 数据核字（2017）第 054615 号

责任编辑：惠　雪　沈　旭／责任校对：彭　涛
责任印制：师艳茹／封面设计：许　瑞

科学出版社 出版
北京东黄城根北街 16 号
邮政编码：100717
http://www.sciencep.com

三河市骏杰印刷有限公司 印刷
科学出版社发行　各地新华书店经销

*

2018 年 3 月第　一　版　　开本：787×1092 1/16
2018 年 3 月第一次印刷　　印张：14 1/4
字数：338 000
定价：99.00 元
（如有印装质量问题，我社负责调换）

序　言

核能是国家能源战略的重要组成部分,我国已经成为全球核能发展最快的国家。核安全是核能发展的生命线,重大核事故的发生直接影响着一个国家甚至是全世界的核能发展进程。我国政府一贯高度重视核安全,习近平总书记在 2016 年 4 月华盛顿核安全峰会上指出:"中国始终在确保安全的前提下,致力于开发利用核能,弥补能源需求缺口,应对气候变化挑战。"十八届三中全会将核安全作为国家安全的重要组成部分列入国家安全体系。2017年 9 月 1 日发布的《中华人民共和国核安全法》进一步明确了核安全的战略定位,充分体现了党中央、国务院对核安全的重视,核安全也受到了公众的广泛关注与重视。

党的十九大报告强调要坚定实施创新驱动发展战略,用理论创新引领实践。为了实现理性、协调、并进的核安全观,我们需要创新发展先进核能安全技术。"十三五"是我国核能事业发展的关键时期,是实施核电"走出去"战略的重要机遇期。

要确保核电事业的持续健康发展,使得我国由核能大国向核能强国的迈进,核能安全的发展仍然任重道远。比如,核设施安全运行压力将持续升高,秦山核电厂将近设计寿期,国内核电多种堆型、多种技术、多类标准、不同状态并存的局面将更加明显;放射性污染治理仍需加强,历史遗留放射性废物长期积压,安全贮存压力较大;高放射性废物地质处置研究水平与发达国家仍存在较大差距,处置仍需时日;日本福岛核电事故的深刻教训警示我们必须高度重视核应急工作,创新核技术、确保核安全,不断提升中国核安全保障水平。

为了进一步贯彻创新驱动发展战略,实现我国核能安全技术的跨越式发展,中国科学院核能安全技术研究所组织并联合有关专家共同撰写《中国核能安全技术发展蓝皮书》,是我国第一部核能安全技术发展蓝皮书,全面总结了我国核能安全技术的发展现状、研究进展和未来发展趋势,为我国核能安全技术进一步发展与应用提供借鉴和启发,引领领域发展。本书覆盖面广,可读性强,值得从事核能行业的行政人员、科研人员以及社会公众阅读和参考。

中国科学院核能安全技术研究所作为我国核能研究创新的先锋队,是面向核能与核技术应用的安全相关领域开展基础性、前瞻性、战略性研究的创新型研究所,长期活跃在国际核能舞台上,在国际原子能机构 (IAEA)、国际能源署 (IEA) 等权威国际组织均有重要任职,具有全球视野,面向世界科技前沿开展研究,在核安全领域产生了一批具有国际影响力的原创成果。

  面对国家科技创新的新要求，我们要继续发扬"两弹一星"精神，坚定创新自信，敢为天下先，挑战世界前沿科学难题，提出更多原创理论，发展更多先进核心技术，在核能领域实现跨越式发展，引领世界核能的持续健康发展。

李冠兴

中国核学会理事长

2018 年 2 月 8 日

前　言

核能的发展与和平利用是科技史上最杰出的成就之一,半个多世纪以来我国的核能利用事业稳步发展。核能发展伴随着核安全的风险和挑战,安全是核能可持续发展的基石。人们对核安全的认识是随着核设施运行经验以及科技进步而不断变化的,特别是在世界范围内影响巨大的美国三哩岛、苏联切尔诺贝利、日本福岛等历史上发生的重大核事故,对核能发展历程产生了深远影响,也一再警示人们:开发利用核能必须以确保安全为前提。

核安全一直是核能发展中的重要研究课题,它不仅是科学问题,还是社会问题和经济问题。确保核安全需要发挥科技创新在核安全中的支撑和引领作用,也需要进一步增强核安全文化建设。此外,核能的可持续发展除保障核安全,还应该包括核能的经济性、技术的先进性、可持续性,以及用途的广泛性。针对以上需求,各国都投入了大量人力物力资源开展核安全理念与监管、先进反应堆设计与安全、燃料循环与可持续发展等相关研究。

为反映核能安全技术发展态势以及我国核能安全技术进展,中国科学院核能安全技术研究所特邀我国知名专家和学者撰写并出版发行《中国核能安全技术发展蓝皮书》。蓝皮书共计23章,分为核能安全现状与展望、在运及第三代核反应堆安全技术、第四代及其他先进核反应堆安全技术和核能安全关键技术研究进展等四篇。

第一篇,从我国核电发展的现状与趋势、核安全的基本理念与内涵、在运核电站的安全现状、核安全与辐射安全监管、核应急、核电站的辐射防护等方面,总结了我国核能和平利用以来的安全现状,提出了通向未来核安全之路的四项革新。

第二篇,针对我国目前在运的以及"十三五"期间建设的先进第三代堆("华龙一号"、CAP1400、浮动核电站),对其安全特性进行了系统的阐述。

第三篇,针对我国开展的第四代及其他先进核能系统(铅基堆、钠冷快堆、高温气冷堆、超临界水堆、聚变裂变混合堆、聚变堆)的相关研究,对其安全特性进行了全面的介绍。

第四篇,从核燃料的发展趋势、先进核燃料的发展与创新、环保型结构材料、乏燃料后处理技术及数字社会环境下的虚拟核电站五个方面,介绍了我国核能安全技术的研究进展。

本书的编写工作得到了来自国家核安全局、国家能源局、国家国防科技工业局、中国科学院、中国工程物理研究院、中国核工业集团有限公司、中国广核集团有限公司、国家电力投资集团有限公司、中国船舶重工集团公司和清华大学等单位的知名专家、学者的积极支持。在此，谨向所有参与、支持蓝皮书编撰工作以及提出宝贵意见的各单位领导、专家表示由衷的感谢！

我们希望，通过发布《中国核能安全技术发展蓝皮书》，牢记核能发展的生命线，促进核能安全科学技术的原始创新，"从源头确保核安全"，推动我国核能事业的持续安全健康发展，为将我国建设为核能强国贡献一份力量。

中国科学院核能安全技术研究所所长

2018 年 1 月 28 日

目 录

第一篇　核能安全现状与展望

第 1 章　核能发展面临的新形势和新任务 ························ 史立山　3

第 2 章　浅谈核安全 ··· 于俊崇　8

第 3 章　关于核安全概念的讨论与建议 ···························· 张金涛　16

第 4 章　中广核集团安全管理的构建与实践 ···················· 任俊生 等　20

第 5 章　福岛第一核电厂事故的再回顾及兼谈核安全问题 ······ 汤　搏　25

第 6 章　中国核应急工作的新进展 ···································· 姚　斌　35

第 7 章　进一步提高核与辐射事业的安全文化 ················· 潘自强　39

第 8 章　四项革新：未来核安全之路 ································· 吴宜灿　43

第二篇　在运及第三代核反应堆安全技术

第 9 章　中国核电的创新发展 ··· 叶奇蓁　53

第 10 章　"华龙一号"核电厂安全设计 ····························· 咸春宇 等　70

第 11 章　大型先进压水堆 CAP1400 的技术特性分析 ········· 郑明光 等　78

第 12 章　发展海上浮动核电站的核安全问题探讨 ············· 张金麟　83

第三篇　第四代及其他先进核反应堆安全技术

第 13 章　铅基反应堆安全特性 ··· 吴宜灿 等　99

第 14 章　钠冷快堆的安全性 ·· 徐　銤　108

第 15 章　高温气冷堆对核安全的实践 ······························ 张作义 等　117

第 16 章　超临界水冷堆主要技术特征及安全性设计考虑 ····· 黄彦平 等　125

第 17 章　Z 箍缩驱动聚变裂变混合堆 (Z-FFR) 研究进展 ·············· 彭先觉 等　133

第 18 章　聚变堆安全技术挑战 ······························ 陈志斌 等　141

第四篇　核能安全关键技术研究进展

第 19 章　我国核燃料发展现状及趋势 ·· 李冠兴 等　155

第 20 章　先进核燃料的发展与创新 ·· 肖　岷 等　166

第 21 章　环保型抗辐照结构钢的研究现状及展望 ················· 黄群英 等　181

第 22 章　我国乏燃料后处理化学进展 ·· 柴之芳　196

第 23 章　数字社会环境下的虚拟核电站 Virtual4DS ·················· 胡丽琴 等　202

第一篇 核能安全现状与展望

这部分包含 8 章,从我国核电发展的现状与趋势、核安全的基本理念与内涵、在运核电站的安全现状、核安全与辐射安全监管、核应急、核电站的辐射防护等方面,总结了我国核能和平利用以来的安全现状,提出了通向未来核安全之路的四项革新。

国家能源局新能源和可再生能源司副司长史立山,介绍了世界及我国核电的发展状况,研究和分析了新时代背景下我国能源发展和核能发展面临的新形势和新任务,并提出了在核电发展过程中应高度重视的几项工作:坚定核电发展的信心和决心、研究核电在能源战略和能源系统中的地位和作用、平衡核电的安全性和经济性、把握好核电技术的发展方向。

中国核动力研究设计院于俊崇院士,介绍了核安全的基本概念和内涵。通过福岛大地震、大海啸中 15 座核电站的实际响应以及事故后世界范围的核电站压力测试,说明二代加核电站是安全的,且第三代核电更安全。但核电的安全与其他任何安全一样,都是相对的,所以安全标准并非越高越好,"合理、可行、尽量低"是最佳选择。

中国核工业集团有限公司安全环保部张金涛部长,对核安全的概念进行讨论,并提出建议:核安全概念的宽泛化有弊无利,应该有一个科学、清晰的定义;核安全的定义不能脱离核反应失控和核反应产生的放射性物质泄漏污染;应制定核事件(事故)调查处理规定,明确核事件(事故)的报告处理程序和相关处理内容。

中国广核集团有限公司副总工任俊生等,对中广核的核安全文化从实践到认识再到实践的建设历程进行了介绍,总结了中广核安全文化体系的主要特点,说明了安全文化对中广核发展带来的成效。通过运行实践进一步说明,只有首先使一个核电站成为安全的核电站,才能使这个核电站最终成为经济的核电站。

环境保护部核电安全监管司司长汤搏,从一个专业核安全工作者的角度,对核安全的一些基本问题(什么是核安全、核电厂在设计上采取了哪些措施来保证核安全)和福岛第一核电厂事故给予简要介绍,针对福岛第一核电厂事故发生的原因进行了深刻剖析,并给出了正确总结事故发生的经验教训并采取合理措施的建议。

国家国防科技工业局核应急安全司司长、国家核事故应急办公室副主任姚斌,从中国要高度重视核应急工作的原因,中国核应急工作的方针原则与主要政策,中国核应急工作取得的新成就以及中国核应急面临的新形势、新挑战、新任务四个方面全面系统地介绍了我国的核应急工作的新进展。

中国核工业集团有限公司科学技术委员会主任潘自强院士,讨论了在核与辐射事业中安全文化的含义,提出了涉核与辐射领域的准确分类是建立良好安全文化基础的观点,指出了当前一些安全文化不够的表现。最后，提出了几点加强核与辐射领域安全文化的建议。

中国科学院核能安全技术研究所吴宜灿所长，提出了通往未来核安全之路的"四项革新"建议：①理念革新，即安全目标从技术重返社会；②技术革新，即通过革新型反应堆技术避免无限制复杂化纵深防御来解决安全问题；③方法革新，即重视理论引导的安全评价方法，采用系统化评价体系；④措施革新，即在政府、工业界、社会之间建立"第三方"。

第 1 章

核能发展面临的新形势和新任务[*]

党的十九大做出了中国特色社会主义进入新时代的重大政治论断，创立了习近平新时代中国特色社会主义思想，描绘了在全面建成小康社会、实现第一个百年目标的基础上，开启全面建设社会主义现代化国家、实现中华民族伟大复兴的中国梦新征程的宏伟蓝图，为推进社会主义经济建设、政治建设、文化建设、社会建设、生态文明建设进行了系统的安排和部署。十九大精神博大精深，是做好各项工作的指导思想，为我国能源发展指明了方向。在今后相当长的时期内，我国能源发展的根本任务是推进能源生产和消费革命，能源发展的根本目标是构建清洁低碳、安全高效的能源体系。核能是现代能源系统的重要组成部分，认真做好核电建设和发展工作，需要研究和分析新时代背景下我国能源发展和核能发展面临的新形势和新任务。

1.1 世界核电发展状况

核能是 20 世纪人类最伟大的科学发现，它不仅改变了世界政治格局，推动世界向持久和平的方向发展，而且为世界经济发展提供了持续且强大的能源动力。从 1945 年原子弹爆炸结束了第二次世界大战之后，美国和苏联等国家立即集中力量研究用于发电的核能技术。经过三十余年的努力，核电迅速成为许多国家电力供应的重要组成部分。

全球核电技术发展呈现出试验示范、高速推广、滞缓发展的变化历程。20 世纪 40 年代后期到 60 年代前期约 20 年间，是核电技术的试验示范阶段。美国和苏联等国家和地区对核电技术发展做了大量的试验示范工作，几乎对各种可能的技术组合方式 (压水堆、沸水堆、石墨堆等) 进行了广泛试验。最终，美国形成了以压水堆和沸水堆为主的技术路线，而苏联则采取了以石墨沸水堆和压水堆为主的技术路线。英国、法国、德国、加拿大等国家也对核能利用技术进行了积极的探索，积累核电建设和管理的经验，为核电建设的快速发展奠定了良好的基础。

20 世纪 60 年代后期到 70 年代末，核电进入高速推广发展时期。第二次世界大战结束后，世界经济百废待兴，特别是世界石油供应充足、价格低廉，促使美国、西欧和日本的经济飞速发展，一次能源和电力的消费快速增长，石油在这些发达国家的一次能源消费比重猛增，达到了 60% 以上。一方面，石油供应的持续保障问题堪忧；另一方面，核电技术不断进

---

* 作者为国家能源局新能源和可再生能源司史立山。

步,核电逐渐显示出经济性优势。在普遍看好核电前景的预期和共识推动下,美国、苏联、日本和西欧等国家和地区纷纷制定庞大的核电发展规划,加之美国适时趁机大规模转让核电技术和出口核电设备,核电在这些发达国家和地区出现了井喷式的发展。

值得一提的是,法国采取大规模建造单一堆型的压水堆核电厂和成批制造标准化设备的政策,在较短时间内实现了核电对石油的规模化替代,成为全球电力主要由核电供应的典型。可以说,发达国家的核电机组主要是在这一时期建设或决策建设的,奠定了今天全球核电的格局。这是世界核电快速发展的黄金时期。

1979 年 3 月,美国发生了三哩岛核事故,虽未造成人员伤亡,却对世界核电发展产生了深远的影响。特别是 1986 年 4 月,苏联又发生了切尔诺贝利核事故,造成了严重的人员伤亡、大面积环境污染和人员迁移,加剧了人们对核电安全的担心。反核运动兴起,加之风电、光伏等新能源发电技术的快速进步,核电发展的外部环境发生了很大变化。虽然在能源快速增长的发展中国家核电建设没有停步,但核电事故带来的安全性争议,使核电从此进入滞缓发展阶段。

2011 年 3 月,日本福岛第一核电站事故的发生,使全球核电的发展环境雪上加霜。几乎所有国家都对其在运和在建核电机组的安全性进行了重新评价,也不约而同地对其核电发展战略进行重新审视。就目前趋势来看,大体可分为三种情况:一是明确逐步关停现有核电站和不再发展核电。德国、比利时、瑞士均已明确不会新建核电站,且现有核电站也将逐步关停;意大利也明确将不考虑建设核电机组。二是基本维持现有核电站规模,不再扩大现有核电规模,或者适度减少现有核电规模。美国、法国、英国均表示会保持现有核电运行的规模,也会新建核电站来替代运行期满的核电站,但都没有增加核电规模的规划;日本可能最终会减少现有核电的运行规模。三是有发展核电的意愿和规划,但真正进入实施仍需相当长的时间。目前,南非、阿根廷、马来西亚和泰国等非洲、南美洲和亚洲的一些发展中国家,虽有发展核电的意愿,也有规划和目标,但受资金、技术和社会环境等多方面影响,真正实施建设并非易事,需要相当长时间的研究论证,具有很大的不确定性。

核电是能量密度最高、可持续稳定提供电力供应的低碳能源技术,在当前减排温室气体和应对全球气候变化的新形势下,核电独特的优势毋庸置疑。但是受核电乏燃料管理的复杂性、核事故发生后的处置成本太高的影响,加之其他能源利用形式经济性和可靠性提升的竞争,使得任何国家对核电建设的决策都变得更为艰难。从目前来看,核能技术广泛应用需要进一步的技术创新和技术进步,保障核电的安全性和可靠性,将发生核事故的风险降至最低,同时平衡考虑核能利用的经济性。

1.2　中国核电发展状况

我国核电发展起步相对较晚。1985 年,第一座自主设计和建造的核电站 —— 秦山 30 万千瓦压水堆核电站开工建设,1991 年并网发电,结束了我国大陆地区无核电的历史。1994 年,引进法国核电技术建设的大亚湾 100 万千瓦压水堆核电站投产发电,实现了我国大陆地区大型商用核电站的起步,推动了我国核电建设的跨越式发展。此后,采用引进和自主开发技术建设了秦山二期、岭澳、秦山三期和田湾等核电站,几代人的努力使我国核电技术日渐成熟，建立起覆盖技术研发、工程设计、建设运管、核燃料循环等领域的完整的核工业体系。

截至 2017 年 12 月 31 日，我国大陆地区运行核电机组 37 台，装机容量 3544 万千瓦，全球排名第四。在建核电机组 19 台，装机容量 2209 万千瓦，在建规模位居世界首位。从技术水平来看，近年来我国核电技术取得突破性进展，装备制造水平持续提升。引进的美国西屋电气公司 AP1000 技术消化、吸收基本完成，依托项目即将建成投产；自主开发的"华龙一号"第三代核电技术，在国内外已有 6 台机组开工建设，工程进展顺利；本质安全、具有第四代技术特征的高温气冷堆示范工程正在建设，计划 2019 年投产发电；先进小堆、快堆和熔盐反应堆等新的核能技术的研发工作也在有效推进。核电关键设备制造取得突破，形成每年 8~10 套百万千瓦级核电机组主设备制造硬件能力。关键设备和材料国产化工作稳步推进，除少数零部件和材料外，基本实现自主化。

同时，我国核电已建立起较为完善的核监管、核安保、核应急体制和机制，核安全文化建设不断深入，政府、企业和社会都建立了相应的核安全管理体系。2017 年开展的"核电安全管理提升年"活动，对所有的核电站再次进行全面的安全检查评估，查找安全管理短板和隐患。总体来看，我国核电安全体系健全，安全监管有力，在建和在运机组的质量和状况良好，核电安全是有充分保障的。

虽然我国核电技术水平和管理能力在不断提高，但随着社会对核电安全问题的关注、新能源技术的快速进步、能源供给相对过剩等新状态的出现，我国核电发展环境正在发生变化。一是对核电安全更加关注，反对建设核电的声音强烈。切尔诺贝利和福岛核事故的阴影笼罩，核安全与美丽中国和民生问题密切相关，一旦发生事故，对于区域的经济和社会影响无法考量，处置成本太高，从而影响我国核电建设决策。二是核电建设的"邻避效应"更加突出，地方支持的积极性普遍降低。与 100% 坚决反对核电建设的少数人相比，更多人对核电建设持理解和支持的态度，认同核电对于能源结构调整和可靠供应的积极态度，但不同意将核电站建在自己生活的区域附近。总体看，地方支持核电建设的积极性在下降。三是能源供需矛盾缓解，有更充足的时间进行研究论证，具备了放慢核电建设节奏的条件。随着能源供需矛盾的缓解，能源市场供大于求，已有区域出现了"弃核"问题。人们不仅关心核电的安全性和可靠性，而且更加关注核电的经济性。核电建设不仅要考虑核电自身的技术问题，还要与其他能源发电技术，如天然气发电、风力发电和光伏发电技术统筹考虑。

我国《核电中长期发展规划 (2011—2020 年)》提出，到 2020 年，中国核电运行装机达到 5800 万千瓦，在建核电装机达到 3000 万千瓦。我国核电前期储备是经过充分论证的，有多个项目现场准备工作具备了开工建设的条件，但受制于上述多种因素的影响，已两年没有开工新的核电机组，实现 2020 年的核电发展目标难度不小。

1.3　应高度重视的几项核电工作

人类社会的发展史就是能源变迁史。能源是经济社会发展的基础，也是国民经济的重要组成部分，能源技术进步决定着经济社会的发展形态。今天，能源技术又处在一个重要的转折时期，从目前的发展来看，实现以化石能源为主的高碳能源体系向以可再生能源为主的低碳能源体系转变,是今后能源转型发展的根本趋势。

我国是全球能源消费量最大的国家,2016 年的能源消费量为 43.6 亿吨标准煤,主要特点是煤炭消费占能源消费总量比例大。目前,全球总体能源结构中的煤炭占比约为 30%,而在经济合作与发展组织 (OECD) 国家的能源结构中,煤炭所占比例不到 20%,说明了经济越发达的国家,煤炭的利用比重越低。减少煤炭在能源消费中的比重应是能源结构调整的重要任务。

未来 30 年,既是我国现代化建设的关键时期,也是我国能源结构调整的重要时期。实现 2050 年现代化强国目标,能源现代化是不可或缺的组成部分,更是实现国家现代化的基础,没有能源的现代化也难以实现国家的现代化。

面对不断变化的国内外能源形势,核电行业在认真做好核电运行管理工作、确保核电安全万无一失,以及认真做好核电建设工作、确保核电工程高质量的建设的同时,也需要关注核电发展的宏观问题和微观问题。

一是要坚定核电发展的信心和决心。核电是大国重器,是国家工业化、现代化和国家实力的标志性产业之一。我国的国情和能源资源禀赋决定了我国要更多地利用核能,这不仅是十九大提出的青山绿水和建设清洁低碳、安全高效的能源体系的需要,也是我国能源产业实施创新驱动战略、带动高端制造业发展的需要,核电更是我国"走出去"战略的有力名片,以便更有效地参与国家提出的"一带一路"倡议的发展需要。这是其他能源技术无法替代的,必须要坚定发展核电的信心和决心。

二是要研究核电在能源战略和能源系统中的地位和作用。能源技术和能源系统始终处在变化之中,电力系统从化石能源转向清洁能源、从集中到分散的发展趋势,特别是新能源技术的发展势头迅猛,风力发电、太阳能发电发展前景广阔。但核能产业不能妄自菲薄,市场倒逼的压力要求业界加强思考推动创新,寻找其在未来能源系统中的准确定位。

三是要平衡核电的安全性和经济性。当前,核电的安全性受到前所未有的重视。近年来,核电技术的进步主要体现在核电安全措施上,特别是非能动安全系统的应用,促进了核电技术的升级换代。如同硬币的两面,核电的经济性受到挑战。最先进的第三代核电技术,无论是美国的 AP1000 技术、法国的 EPR 技术,还是中国的"华龙一号"技术,无论核电建设在芬兰、法国、英国还是美国、中国,安全性提高带来的经济性降低,都已成为不容忽视的问题。目前全球风力发电和太阳能发电进入成本下降快车道,在未来的电力系统中,核电如何定位应该引起高度重视。

四是要把握好核电技术的发展方向。核能是能源系统的重要组成部分,核能的发展也必然会受到能源系统变革的影响,要认真研究能源转型和变革的新形势,准确把握好核电技术发展的方向,做到未雨绸缪、积极主动,特别是要统筹好大堆和小堆、发电与供热、热堆与快堆、裂变与聚变等各方面的关系,同时也要充利用好智能化和大数据技术,使核能技术的进步适应时代的需要,核能的利用更加安全有效。

核电是技术密集的高技术产业。经过多年的持续努力,我国核电发展已站在新的起点上,中国正处于从核电大国迈向核电强国的关键时期。要深入贯彻党的十九大会议的精神,坚持安全高效发展核电的方针,让核电为推动能源转型发展,建设美丽中国,做出更大的贡献。

史立山，国家能源局新能源和可再生能源司副司长。1980 年 9 月至 1984 年 7 月在原太原工学院水利系学习；1984 年 8 月至 1985 年 8 月在山西省水利科学研究所工作；1985 年 9 月至 1988 年 6 月在水利水电科学研究院学习；1988 年 7 月至 1995 年 6 月在电力工业部水利部北京勘测设计研究院工作；1995 年 7 月起在国家发展和改革委员会工作；2008 年国家能源局成立后，从事水电、风电、太阳能、生物质能等新能源和可再生能源、农村能源建设规划和管理等工作。

第 2 章

浅谈核安全*

福岛核电事故以后，"核安全"这个名词在媒体和人们交谈中出现频度很高。大到国家元首、权威学者，小到普通老百姓都在谈论核安全。2016 年 4 月 1 日在华盛顿召开了核安全峰会，习主席和世界多国元首都参加了。这足以说明，核安全不仅仅是老百姓特别关心的事，它已变成世界大事，更是国家大事。就核安全所涉及的内涵也不仅仅是我们过去通常所关心的核设施、核装备是否会出事故，出了事故对人、对环境会不会产生危害，而是有更深的文化内容和政治内容。就这些内容，我也没有理解很清楚，现和大家一起讨论。

2.1 核安全基本概念

2.1.1 核安全的基本定义

大家是否注意到，2016 年的华盛顿核安全峰会会标是 Nuclear Security，而我们经常讲的核安全是 Nuclear Safety。在英文词汇中，可译成核安全的词还有 Nuclear Safeguards。它们的实际含义是不一样的：

Nuclear Security—— 核安保。它是指防范恐怖分子获取核材料，保护核材料、核设施、核活动不受破坏。对核材料在使用、储存和运输过程中的非法获取或转运、蓄意破坏等恶意行为采取预防、探测和响应等措施。

Nuclear Safety—— 核安全。其更准确的提法是 Nuclear and Radiation Safety—— 核与辐射安全。通常指从保护公众和环境不受放射性危害出发，采取措施确保核设施和核活动正常运行、核材料有效防护、防止核事故发生、限制事故后果。它主要是指相关核技术安全。

Nuclear Safeguards—— 核保障。其本质上是一种国际核查机制，以防止核武器扩散为基本目的。当事国根据承诺将自己全部或部分核活动和核材料交由国际原子能机构核查。

那么包含上述三方面内容的"核安全"是如何定义的呢？

1. 国际权威机构的定义

国际原子能机构 (IAEA) 发布的《国际原子能机构安全术语》[1]中的解释是：实现正常的运行工况，防止事故发生或减轻事故后果，从而保护工作人员、公众和环境免受不当的辐射危害。

---

* 作者为中国核动力研究设计院于俊崇。

注册核安全工程师岗位培训丛书——《核安全综合知识》[2]中的定义是：在核技术的研究、开发和应用各阶段，或在核设施的设计、建造、运行和退役各阶段中所产生的辐射，对从业人员、公众和环境的不利影响降低到可接受的水平，从而取得公众的信赖，所采取的全部理论、原则和全部技术措施及管理措施的总称。

2. 我国权威机构的定义

我国环境保护部等发布的《核安全文化政策声明》[3]中是这样定义的：核安全是指对核设施、核活动、核材料和放射性物质采取必要和充分的监控、保护、预防和缓解等安全措施，防止由于任何技术原因、人为原因或自然灾害造成事故，并最大限度地减少事故情况下的放射性后果，从而保护工作人员、公众和环境免受不当的辐射危害。

2.1.2　核安全的文化内涵

核安全文化是指各有关组织和个人以"安全第一"为根本方针，以维护公众健康和环境安全为最终目标，达成共识并付诸实践的价值行为准则和特性的总和。其内涵包括三个基本要素：

一是对核安全的态度，即核安全理念和价值观；

二是对核安全的认知，即对核设施、核活动、核材料和放射性物质等方面的知识、理论等的认识；

三是体现为核安全行为，即与核安全有关的行为活动。

核安全文化的概念是在 1988 年切尔诺贝利核事故之后，由国际原子能机构提出的。这是对三哩岛核事故和切尔诺贝利核事故产生原因及解决措施最根本的总结。此后核安全文化理论不断地深化，已成为从事核活动的一个基本要求和基本原则。要求各相关组织和个人必须将核安全意识内化于心，外化于行，让安全高于一切的核安全理念成为全社会自觉行动。

2.1.3　核安全的技术内涵

核安全的技术内涵十分丰富，概括起来主要有以下几方面：

(1) 核设施、核装备、核活动的安全设计技术；

(2) 核设备、核材料安全生产技术；

(3) 核辐射防护技术；

(4) 严重事故安全管理及核应急技术；

(5) 核安保技术；

(6) 核燃料循环和核三废安全处理技术；

(7) 防核武器伤害和反击技术；

(8) 核技术的和平安全利用技术。

这些技术大体上涉及核物理、热工水力、核化学、核材料、电子、电磁、力学、控制、辐射防护等学科，而且每一类核设施、核装备、核活动安全技术内容也是不一样的，并且都形成了完整的技术体系和一系列的规范、标准、技术要求等。

2.1.4   核安全的政治内涵

过去，我们总把"核安全"作为技术层面的问题来看待。2015 年 7 月 1 日，第十二届全国人民代表大会常务委员会第十五次会议通过《国家安全法》并自公布日起立即生效之后，再也不能把核安全仅当作核领域的技术问题了。因为《国家安全法》明确将核安全作为国家安全体系组成部分写入其中，包含和平利用、国际合作、防核扩散，加强核设施、核活动、核燃料的安全监管，加强核应急，加强防范核攻击以及核反击能力等内容(详见《国家安全法》第二章第三十一条)。

早在 2014 年 4 月 15 日，习总书记在中央国家安全委员会第一次会议上，首次提出将核安全纳入国家安全体系，习总书记说："构建集政治安全、国土安全、军事安全、经济安全、文化安全、社会安全、科技安全、信息安全、生态安全、资源安全、核安全等于一体的国家安全体系。"因此，对于核安全的重要性，必须从国家安全战略层面的新高度来认识核安全、对待核安全，它已不是过去狭义的理解内容，而应看成是国家发展与安全相关的核问题的总称，是国家安全体系的重要组成部分。

2.2   核电站安全吗？

2.2.1   所有的"安全"概念都是相对的

核电站到底安不安全？在当今是一个不会有统一答案的问题，这是因为：

核安全和当今世界上其他任何安全一样，永远是一个相对的概念。就像人们回答乘飞机、坐火车和汽车，甚至步行一样，说安全其实都存在不安全的风险；但人们并没有因存在安全风险而摒弃它们，只是因为安全概率远大于风险概率。

另外，核安全技术和其他任何事物或技术一样，都是在不断发展的，新的先进安全技术肯定比现行使用的安全技术更能保证安全。

其次，在核知识普及到每一个人之前，恐核的人一定大有人在；即使核知识普及到了每一个人，也总有个别人思考一些假设的问题，因时间和经济问题而无法证明假设的问题是不存在的，或即使发生也是安全的。

但这是不是就表明，核电站是否安全就没有答案呢？是有答案的。我的答案就是"安全可控"。什么叫安全可控？为了简化问题的讨论，我想把问题集中在目前最典型的堆型 —— 压水堆。像被淘汰的石墨慢化、无安全壳的切尔诺贝利核电站反应堆不在讨论之列，目前正在我国发展的其他堆型，如高温气冷堆、快堆等也不在讨论之列。对于压水堆建在内陆到底安不安全，这从技术上是可说清楚的，但对某些不着边际的"假设"是讨论不清楚的，我们也不需讨论。

为了说明我的观点，我想分析几个事例，用事实来说话。

2.2.2   从福岛核电事故看核电安全性

福岛第一核电站 1 号、2 号和 3 号机组在 9 级大地震后超过 10m 的大海啸下，发生了严重核事故，反核人士从中得出"核电不安全"的结论，我们国家也即令停建一切核电站，一停就是两年多，而且曾命令再也不准用第二代堆的技术。

福岛第一核电站 1 号、2 号和 3 号机组在极端自然灾害中受到重创，说明它们存在某方面的缺陷，如果根据这个 (些) 缺陷就否定这个堆型，就像否定苏联切尔诺贝利核电站石墨水冷无安全壳反应堆那样，未免太简单化了。我从这次事故中看到第二代核技术是安全的，理由如下：

(1)"3·11"特大自然灾害发生时，当时在震区有 15 台机组 (全部是沸水堆)，灾难发生时有 11 台机组在功率运行，另 4 台正停堆维护或换料。运行的机组在地震来临时都能及时停堆，应急电源都能及时启动，供电冷却堆芯直到 47(58)min 后大海啸来临，1 号、2 号和 3 号机组应急供电系统被摧毁，其后蓄电池组投入运行了 8h，直到蓄电池耗尽能量又无其他可用备用电源，从而导致严重事故发生。其余 8 台运行机组因有可靠的备用电源或自身应急电源可靠 (或经抢修修复)，仍能得到冷却而安然无恙。这也就是说，导致事故的根本原因不是核电机组本身，而是缺少可用的附件 —— 备用电源或应急电源。这就是前面说的福岛第一核电站 1 号、2 号和 3 号机组存在的缺陷。

(2) 检讨福岛第一核电站 1 号、2 号和 3 号机组失去应急电源且无可靠的备用电源的原因，不是技术上不可达，也不是不知道 (这三台机组) 存在这个缺陷，而是业主存侥幸心理，以及管理当局安全意识的淡薄，首先对"严重事故管理"所分析的高海啸水位结论不予重视，认为仅是一种分析模型而已；另外认为第一核电站共有 6 台机组，备用电源可以做到相互备用，而忽略了共轭失效的可能。所以日本国会福岛核事故独立调查委员会认为该事故不是"天灾"而是"人祸"。

根据以上情况，第二代 (二代加) 核电技术能说是不安全的吗？如果还有疑问的话，我们再看看对在役核电站的压力测试。

(3) 福岛核电事故发生后，世界各国对现役核电站进行了严格的安全大检查或称为"压力测试"，目的是根据福岛核电事故教训评价在役核电站的安全性和耐受性，以对它们的安全裕量进行再评价。评价内容包括：对地震、海啸、山洪和极端气象等自然条件的承受能力；对电源丧失、热阱丧失或两者叠加情况下可能导致的后果以及严重事故的管理情况。

(4) 检查 (或称压力测试) 结果表明，所有核电站都有足够安全水平，没有需要立即停运的。但有些电厂需要采取一些措施增加对多种超规模自然灾害叠加情况的耐受性，如秦山核电站一期增加海堤高度之类的措施。

根据以上情况，我们能说在役的第二代核电技术不安全吗？

(5) 其实，在福岛核电事故之前发生的三哩岛核事故和切尔诺贝利核事故，其事故都不只是电站的技术原因引起的。三哩岛核事故是由于维修质保不到位，导致给水系统故障，在操纵员的误判下导致事故发生；切尔诺贝利核事故是由于操纵员违反操作规程引起的，在设计存在缺陷的情况下，操作人员做试验时，切除了不应该切除的核保护，导致堆功率急速上升，燃料棒熔化，石墨起火，冷却水急速升温、汽化而产生爆炸，大量放射性物质外泄。

通过上述对核电事故的剖析，我想说明除切尔诺贝利核电站反应堆存在技术缺陷外，其他属于压水型核电站反应堆发生事故的原因并不是技术不成熟或存在明显缺陷，而是人为因素造成的。也就是说，现行核电站技术上是安全的。

但是话又说回来，如果把安全依托在使用者不能发生人为失误的基础上，决不能认为是完美无缺的产品。所以我们在讲第二代核电是安全的同时，并不反对在第二代的基础上，进行安全性技术的合理改进与提高,如二代加、第三代核电的出现,并且还要发展第四代核电。其目的就是让核电站即便发生人为失误也能保障安全,保障不对人类和环境造成危害。另外,为了尽量减少人为失误,三哩岛和切尔诺贝利核事故以后,人类发展了很多核安全软技术,一直在核电设计、建造、运行和管理中执行,如人因工程、PSA、仿真、质量管理和安全监管、严重事故管理和事故应急等技术。也就是并没有坐视人为失误对安全的危害,但是如果把人为失误可能造成事故的产品就称作不合格产品而淘汰,那人类还能有文明吗?

2.2.3　从长期运行对环境的影响看核电站安全性

1. 释放的三废长期积累是否会对环境产生不利影响

(1) 核电站的三废,按放射性剂量水平分为高、中、低三级,分级按规范标准管理,只有低放射性废物才能向符合排放条件的环境释放,而且年排放对周围居民产生的辐射剂量不得超过 0.25mSv,是国家规定每个人年正常受照剂量的 1/4,相当于一个人一年每个月做一次胸透的剂量。对于所产生的高放、中放,国家有具体的浓缩、封装、运输和存储标准,不会对当地居民和环境构成危害。

(2) 国内外都有运行多年的核电站,事实证明长期运行对环境和居民不构成不利影响。以秦山核电厂为例,经近 20 年监测,核电厂周围居民年增加照射剂量小于 0.1mSv/(人·年),还不到国家规定限值 (0.25mSv/(人·年)) 的 2/5,相当于一个人从北京到欧洲乘飞机往返一次所受剂量。

其实核电厂厂址的选择是有很多严格要求的。大气扩散能力是其中之一,国家安全部门批准建设核电厂就说明能保证长期运行下的环境安全。

(3) 在人们的日常生活中,核辐射是无处不在的,大多都高于核电站给周围居民带来的水平。例如,我们住的土坯砖房,年辐射剂量为 0.75mSv;每天吃的粮食、蔬菜,喝的水和呼吸的空气,年辐照剂量为 0.25mSv;体检一次为 0.01~0.02mSv 等。

(4) 联合国原子辐射效应科学委员会 (UNSCEAR)2017 年 2 月份的一份报告中称,"为应对气候、环境、资源和经济、政策的挑战,各国都在研究、比较不同发电技术对公众环境和工作人员带来的影响,而其中核辐射仅为诸多因素中的一种。"该委员会以 1993 年公布的材料为例:在发电造成的放射性总剂量中煤电贡献一半,核电贡献五分之一。委员会还以 2010 年为参考年,对单位发电量导致的受照核辐射剂量进行评估,得出结论是:在短期内煤电为 0.7~1.4 人·Sv/GWe,而核电为 0.43 人·Sv/GWe,两者不相上下。

(5) 据美国研究表明,核电站排放的放射性剂量远小于燃煤电厂所排放的放射性剂量:一个百万千瓦的燃煤电厂,厂区所在地经受的辐射剂量是同样功率核电站厂区的 100 倍,80km 外辐射剂量是核电厂的 30 倍;1982 年全年燃煤电厂造成的放射性物质排放量,是三哩岛核事故释放的放射物质的 155 倍。

以上国内外数据足以证明,人们无须担心核电站长期运行会对周围环境放射性剂量产生不利影响。

2. 核电站温排水是否对环境产生不利影响

所谓温排水,是指核电站的冷却水。长期排放对周围环境的不利影响问题是设计核电站必须要考虑的问题,而且是容易解决的。以大亚湾核电站为例,年排温水 $2910 \times 10^5 \mathrm{m}^3/$年。

采用卫星遥感和船舶容器测量方法，1997~1999 年每年从 12 个取样点采样 4 次，检测其温度和盐分分布。检测表明，冬春季 (11 月 ~ 次年 3 月) 热羽区分布于核电站几公里范围，温度较远海仅高 1.5℃；夏秋季，热羽区范围为核电站周围 8~10km，温度变化仅 1℃。由此可见，通过合理设计，核电站温排水效应几乎不存在。

国外有利用温排水为民造福，并产生经济效益的事例，可使核电站的总效率由 36% 提高到 48%。

3. "华龙一号"更安全

通过上述论述，我想说明当前在役第二代核电站技术上是安全的，但话又说回来，如果一定要求人为不失误才能保证安全至少说明在技术上还是不完美的，所以在我们肯定第二代核电是安全的同时，应积极支持第二代核电技术提升，"华龙一号"就是在二代加核电基础上，为了进一步提高安全性，采取了如下改进措施。

(1) 改进堆芯设计。燃料组件由 M310 的 157 盒增加到 177 盒，既提高了堆芯功率还降低了堆芯线功率密度；改进了堆芯中子、水位、温度和在线监测系统，可以准确测量堆芯功率分布、线功率密度和偏离泡核沸腾比 (DNBR)，大大提高了堆芯安全裕量。

(2) 改进系统设计。有下列几个方面：①采用能动加非能动相结合的设计思想，可以更有效地保证堆芯和安全壳的补水和冷却，从而避免堆芯熔化和放射性大规模释放。②改进了主冷却系统设计，提高主系统的压力安全、断电安全和失水安全性能。

(3) 完善了超设计基准事故的缓解措施。如设置非能动氢气复合点燃器、一回路快速释压系统、安全壳能动加非能动热量导出系统、能动加非能动堆腔注水系统和能动加非能动二次侧余热导出系统等；改进了厂内外交流电流源、应急柴油发电机组、全厂断电电源系统以及 220V 直流电源等。

(4) 根据福岛核电事故的经验反馈，提高了对应极端外部事件的能力。如设置可移动临时供电措施，增设应急供水设施，改进乏燃料水池冷却与监测，改进氢气监测与控制系统，采取措施延长操纵员不干预时间，以及上述的完善超设计基准事故的各种缓解措施等。

(5) 采用高的安全标准和先进设计技术。如对厂房和设备的抗震设计地震加速度由 M310 的小于 $0.2g$ 提高到 $0.3g$；反应堆厂房、燃料厂房和电气厂房要能防大飞机撞击；全厂仪控系统要实现数字化；数字化仪控系统要具备 4 个独立层次的防御功能，即预防线、主防御线、多样性防御线和严重事故防御线。

2.2.4　小结

说核电站"安全可控"，可以从以下三点概括说明：

(1) 当今核电站技术安全是有保障的，已经经过日本 "3·11" 大地震的考验。

(2) 核电站安全技术不断进步，事故管理、事故应急措施不断完善。第三代核电即便发生严重事故，在 3h 可不需操纵员干预 (二代加是 30min)；而且只需要进行"厂区应急"，即不会对环境造成影响。

(3) 既然发生的核事故都与操作人员和管理人员有关，人员的业务水平和核安全文化素养都是可以采取措施提高的，而且目前已有一整套提高从业人员的业务水平与核安全文化素养的硬措施和严格监管的规章。

2.3   反核原因初探

福岛核电事故后，国内掀起的反核声音中，我认为有些是对核电知识不了解，因而造成误解甚至恐慌。例如，有位科学家在核协会年会上、在报纸上发表文章说："核电站太危险，全世界四百多座核电站，就有三座出了大事故，概率接近 1%…… 核电站核反应控制要求太高，是毫秒级的，一不小心就会出问题 …… 乏燃料就是核弹，弄不好就会爆炸 ……"

上述论点对业内人士来说是一个笑话。但之所以会把谬误当真理，是因为对核电站的知识不了解或一知半解而造成的。由此可见，想在我国发展核电，普及核电知识不仅必须，而且刻不容缓！

反核的另一个因素可能是跟经济利益有关。2015 年 8 月，我应邀去浙江省苍南县，那里的海湾和地质条件符合核电站优良厂址的要求，浙江省和温州市政府积极推动在此建设第三代技术核电站。但当地老百姓非常反对，他们除担心长期运行影响环境安全外，最现实的影响是他们的利益。他们认为占地拆房虽然得到赔偿和安置，"可那是我们子子孙孙所赖以生存的资源，谁去补偿他们呢？"这些问题现实且具体。这不属于技术问题，属于国家政策问题。

通过上述两个实例，我想说目前反核的既有认识问题，也有利益问题。

2.4   核安全标准是否越严越好？

福岛核电事故以后，为了提高二代加核电的安全性，要求核电站安全壳设计应能承受大飞机的撞击，要求抗震设计承受 $0.3g$ 的地震载荷。众所周知，到目前为止全世界只有美国世界贸易中心遭受过大飞机撞击，之所以发生在美国，是因为美国执行的外交政策造成的结果。在我们国家有美国所存在的政治氛围吗？发生撞击核电站事故的概率是多少呢？对第三代核电安全目标 (堆芯熔化概率 10^{-6}) 贡献是多少？这些数据应是我国制订核电站防大飞机撞击标准的依据。如果依据不足就制订标准是否盲目了点？据说，为了防大飞机撞击，安全壳建造费用将增加 10 亿元。

福岛第一核电站 1~3 号机组建于 20 世纪 70 年代初，当时核电站抗震设计一般都不超过 $0.2g$，但它成功经受了 9 级大地震的考验。现场实测表明，在 9 级大地震下，地震烈度一般都没有超过 $0.3g$。这也就是说福岛 1~3 号机组 $0.2g$ 的抗震设计可以满足 $0.3g$ 的抗震烈度。据此，我们还有必要改变抗震设计要求吗？但是，现在决策者规定第三代核电要按 $0.3g$ 设计抗震。显然，提高 $0.1g$ 抗震烈度，设计难度和经费投入将增加很多。

这不是反对提高安全设计标准，而是不赞成超出需要的设计要求。研究日本福岛核电事故的经验教训，首先应明确该事故属个案，应针对个案提出改进措施。例如，提高应急电源可靠性，提高全员核安全文化素养，提高业主和管理当局的核安全理念与责任心等。任何安全新要求都应是现实性、必要性和经济性综合权衡的结果，这就是著名的 ALARA 原则——合理、可行、尽量低。

其实，在日常生活中"合理、可行、尽量低"的安全原则随处可见。例如，民航客机受导弹攻击已有好几起，意外失事也有一些。但是飞机设计者并没有对飞机加装甲或减振缓冲装置;汽车失事、故障次数太多太多,每年死伤人数不在少数,但设计者并没有将汽车设计成装甲车、坦克;人行走在人行道被道旁楼上层抛落物砸伤,甚至砸死的事例常常见报,但交通法规并没有要求行人必须戴安全帽,或要求道边楼房加装防护网。以上等等事例都说明,安全措施并非越严越好。

2.5　小　　结

通过以上讨论,我们可得出如下结论:

(1) 核安全不仅仅是技术问题,同时也是一种文化、一种素养,更是政治,是国家安全战略的一部分。因此,确保核安全,匹夫有责。

(2) 当前在役的第二代核电站都是安全的。第三代在第二代基础上增加了许多措施,目的是进一步提高安全性。但是我个人认为,这绝不意味着安全标准越高越好,措施越严越好。"合理、可行、尽量低"是核安全合理的追求目标。

(3) 和其他安全一样,"核安全"永远是一种相对的概念,第二代、第三代核电都是如此。对待核安全最正确的态度是在追求技术进步的同时,严格执行规范标准和核安全监督。这是确保核安全最有效的措施。

(4) 核行业虽然事故风险极低,但一旦发生事故后果危害严重,所以政府的监管、运营者的管理和设计者的措施,三者必须共同努力,对待涉核安全,必须慎之又慎。

(5) 让我们大家都努力提高自己的核安全文化素养,内化于心,外化于行,这是确保核安全的基础。

参 考 文 献

[1] 国际原子能机构. 国际原子能机构安全术语. 维也纳, 2007.
[2] 注册核安全工程师岗位培训丛书编委会. 核安全综合知识. 北京: 中国环境科学出版社, 2004.
[3] 国家核安全局, 国家能源局, 国家国防科技工业局. 核安全文化政策声明. 2015.

于俊崇,中国工程院院士,博士生导师,核动力专家,西南交通大学名誉教授。参加了中国第一代压水堆型核动力装置、第一座脉冲反应堆、乏燃料研究堆等工程研制工作;参加了秦山核电站二期、新型反应堆等的方案研究和立项论证工作。2004 年、2005 年和 2009 年分别获国防科学技术进步奖一等奖;2006 年获国家科学技术进步奖二等奖;2007 年获中国人民解放军全军科学技术进步奖一等奖;2006 年获全国五一劳动奖章;2007 年获国家重大贡献奖及金质奖章。

第3章 关于核安全概念的讨论与建议*

核工业，也称原子能工业，指从事核燃料生产和核能、核技术开发利用，是 20 世纪 40 年代中期开始发展起来的一门新兴工业。发展核工业是我国的战略选择。20 世纪 50 年代，为了打破帝国主义的核垄断和核讹诈，保卫祖国安全和世界和平，从掌握核科学技术、利用核能和核技术为国民经济建设服务出发，党中央高瞻远瞩，做出了发展核事业的战略决策。至 20 世纪 70 年代，我国成功研制"两弹一艇"，并建成了完整的核燃料循环工业体系，包括铀矿勘查和开采，铀的提取、转化和浓缩，元件制造，后处理，铀冶金和核部件加工，热核材料生产，以及从科研设计到专用设备仪器制造、建筑安装施工、安全防护和三废处理等技术开发、后援和工业辅助、保障系统。20 世纪 80 年代，我国核工业由以军为主转向重点为经济建设和人民生活服务。大力发展核电事业，是和平利用核能的主要途径和内容。1991 年秦山和 1994 年大亚湾两座核电站相继建成并投入运行，截至 2017 年 12 月 31 日，我国投入商业运行的核电机组共 37 台，在建核电机组 19 台。"十三五"时期，我国核能核技术利用规模将进一步扩大，预计"十三五"期末，我国运行核电装机容量将达 5800 万千瓦，建造机组达 3000 万千瓦以上。同时，至 2020 年，我国在用放射源将达 15 万枚，射线装置 18 万台 (套)，广泛应用于国防、科技、农业、卫生等领域，核技术已经完全融入社会的各方面，成为我们生活不可或缺的部分。

确保核安全是核工业发展的基石。在 60 多年的发展过程中，核工业始终保持良好的核安全记录，核设施从未发生过因事故辐射造成的致死事故，没有发生过一例急性放射病患者，没有发生过放射性污染事故，核设施周围辐射环境保持在本底水平，核工业职工和周边居民的安全健康得到切实保障。

核工业的发展需要全社会的理解与支持。我国核工业取得了举世瞩目的成就，党的集中统一领导，全国的大力协同，专家、技术人员和广大群众的爱国热忱和奉献，起了决定性的作用。但近年来，社会上逐渐出现恐核、反核的声音。一方面是由于公众对核工业缺乏了解。核工业从军工起步，是高度机密的，公众沟通工作起步较晚。另一方面是三哩岛、切尔诺贝利和福岛核事故对社会造成了重大负面影响。更重要的是，国际上迄今没有统一的核安全概念，特别是近年来，核工业的业内和业外都把核安全的概念扩大化，核工业发展的环境更加不容乐观。在当前的形势下，有必要对核安全的概念进行讨论，核安全需要一个清晰的定义，这有利于业内的管理，也有利于开展核安全公众沟通，从而促进我国核工业健康发展。本章

* 作者为中国核工业集团有限公司安全环保部张金涛。

从核工业全产业链的角度讨论核安全概念,不涉及与核安全相关的核安保问题。

3.1 核安全概念需要清晰定义

由于核工业的战略地位,而且核安全具有专业性和特殊性,我国核工业一直是由行业直接管理。核安全也一直由专门的机构进行监督,核安全的法律法规和技术标准自成体系,且与国际接轨。核设施的选址、设计、建造、运行及退役全过程都列入严格的核安全监管范围。民用核设施,特别是核电站接受国际同行的监督和安全评估。反应堆操作人员要经过严格培训,经过核安全监管机构的考核取证后,才能上岗工作。核工业各单位根据核安全法律法规,按照"凡事有章可循、凡事有人负责、凡事有人监督、凡事有据可查"的原则,建立核安全质量保证体系和核安全管理体系,加强核设施质量管理和安全管理。核工业建立健全核安全文化建设,提升全员安全素养和技能,加强从业人员自律和行业自律。核工业严格的标准、独立的监督、优秀的人才、行业的自律这些特点,为核安全提供了坚实的保障。

但是,核工业的安全与核安全是两个概念,两者之间有联系,但内容不一样。核工业的安全,除核安全外,常规工业安全与其他行业没有本质区别。我国是一个核大国,具有完整的核工业产业链。核安全是与易裂变材料或聚变材料紧密相关的概念。目前在工业应用中,除核反应堆外,核工业其他领域的核安全就是核临界安全。核工业产业链中,铀浓缩之前不存在任何核安全问题。也就是说,铀的纯化、转化,包括之前的铀水冶、采矿、地质勘查,不存在核安全问题。核燃料循环中的临界问题,我国经过这些年的技术进步,在核设施的设计建造过程中,采用固有安全,基本消除了临界事故风险。而且,即使是临界事故,也完全限制在厂区内部,对厂外环境不会造成影响。

但近年来,由于核安全的概念不清晰,导致核安全的概念逐步扩大,把核安全等同于核工业的安全。

关于核安全,《国际原子能机构安全术语》定义为"实现正常的运行工况,防止事故发生或减轻事故后果,从而保护工作人员、公众和环境免受不当的辐射危害"。法国《核信息透明与安全法》(ACT No. 2006-686 of 13 June 2006 on Transparency and Security in the Nuclear Field) 中,核安全是指所有为了预防事故或限制其后果所采取的与基本核设施的设计、建造、运行、关闭、退役和放射性物质运输有关的技术安排和组织措施。其中,第 28 条规定基本核设施包括:核反应堆,富集、生产、加工或储存核燃料或者处理、储存或处置放射性废物的设施,含有放射性或裂变物质的设施以及粒子加速器等。加拿大《核安全控制法》中没有明确"核安全"的定义;澳大利亚的《辐射防护与核安全法》也没有明确"核安全"的定义。

《中华人民共和国核安全法》总则中定义了其适用范围,"对核设施、核材料及相关放射性废物采取充分的预防、保护、缓解和监管等安全措施,防止由于技术原因、人为原因或者自然灾害造成核事故,最大限度减轻核事故情况下的放射性后果的活动"。

综上所述,目前核安全没有一个统一的定义,其在不同的语境下所指的对象不尽相同。正是因为这种情况,对核工业业内和业外都造成了一定程度概念上的混淆,一提到核安全,都会联想到切尔诺贝利和福岛核事故。所以,近年来发生的一些事件会引起人们过度反应,甚至造成恐慌。

目前的核安全概念，易造成所有与核有关的问题都是核安全问题的误解。2009 年河南省杞县放射源卡源事件就是典型的例证。2009 年 6 月 7 日，杞县利民辐照厂因堆放的货物倒塌，导致放射源与钢丝绳脱钩，发生卡源情况，使放射源无法放回水井。根据河南省环保厅的调查，该卡源情况不属于辐射事故，仅属于生产过程中的卡源故障。但该事件传到社会上后，引起了重大反响，传言发生了核事故，放射源要爆炸，导致万人大撤离。

目前的核安全概念，会造成与核设施相关的事故都属于核事故的误解。事实上，核设施是技术含量高且工艺复杂的系统，涉及工业安全的故障或事故是可能的。如 2011 年 9 月 12 日，法国电力公司的一个低放射性废物处理与整备中心的金属熔炼炉发生爆炸，造成一死四伤。经法国核安全局调查，这是一起工业安全事故。事故当天，法国核安全局和法国电力公司就对外宣布，事故现场没有发现放射性物质泄漏，该事故是一次工业安全事故，并非核事故。但根据法国法律，事故熔炼炉属于核设施。在后续的事故处理中，法国核安全局将该事故定为核与辐射事件分级 (INES)1 级核事件。这样的处理前后矛盾，公众难免会不理解。类似的事件如果反复发生，将影响政府的公信力。在核燃料循环设施中，只要不涉及临界的事故，均不是核事故，不应按照核事故处理。

核安全概念不清晰，会造成资源的浪费。从业内管理上讲，核安全的概念与设施的建造标准、事件 (事故) 分级与处理、应急准备与响应等是密切相关的，这关系到设施的建造及运行成本、人力资源的配置、管理资源的投入。特别是核应急，是和核安全密切相关的概念。如果对不涉及核安全的事件按照核安全法规启动核应急响应，造成的影响和后果是不可想象的。

核安全的概念不清晰，会导致公众沟通障碍。核工业的发展，需要得到公众的支持，需要加强核科普，加强与公众的沟通。如果概念不清晰，就会导致沟通缺乏基础和平台，引起歧义，难以得到公众的理解和支持。目前的核安全概念主要来自对核电的理解。其他核燃料循环领域的核安全问题，只是临界安全问题。由于核燃料的量和工作环境，临界安全影响仅限于厂内，不会对厂外环境和公众造成任何影响。并且目前临界安全由于采用固有安全设计，已得到较好解决。近几年发生的几起涉核项目舆情事件，与业内外关于核安全的理解有密切关系。该问题如果再不解决，后续工作有可能更加被动。

处理好核安全的概念，给核安全一个清晰的定义，无论是从核工业业内管理上讲，还是从公众沟通层面上讲，都是现实的需要。

3.2　建　议

(1) 核安全是核工业的生命线，核工业所有的发展都是以核安全为前提的。核工业所有与安全相关的工作，包括工业安全、环境保护、职业健康，都按照核行业的安全要求和标准开展，确保安全，这是核工业必须履行的责任。但核安全是一个科学的概念，是核工业最基础、最重要的概念，也是全社会最为关注的概念，应该有一个科学、清晰的定义。随着核工业的发展，核安全概念的宽泛化有弊无利。

(2) 核安全的实质是核反应失控和核反应产生的放射性物质泄漏污染所造成的后果是不可接受的，核安全的定义不能脱离核反应失控和核反应产生的放射性物质泄漏污染这个核心内容。

(3) 与核安全最为密切的，也是社会最为关注的是核事件 (事故) 问题。关于核事件 (事故) 的分级，目前我国采用国际原子能机构的核与辐射事件分级 (INES)。但该分级系统非常专业，分级考虑因素多，核工业很多专业人员也不一定了解该系统，公众就更不清楚核事件级别的含义了。所以公众对 0 级核事件都是不能容忍的，有的公众甚至认为 1 级都是非常严重的核事故。该事件分级系统只能作为专业的经验反馈。特别是在当前我国对安全责任追究处罚力度非常大的背景下，如果将责任的追究与 INES 挂钩，会影响 INES 的客观公正，有悖于核安全文化。目前，我国还没有核事件 (事故) 调查处理方面的有关规定，建议参照《生产安全事故报告和调查处理条例》，制定核事件 (事故) 调查处理规定。建议规定中将核安全事件 (事故) 分为四级，即核事件、严重核事件、核事故、严重核事故，与我国安全生产事故的分级相对应，但严于普通工业安全事故的分级，从事件分起，并建议在规定中明确核事件 (事故) 的报告处理程序和相关处理内容。

张金涛，工学博士/研究员级高工，中国核工业集团有限公司安全环保部主任。工作领域为核安全与辐射防护。获得部级科技进步奖二等奖 2 项，2015 年获得国务院政府特殊津贴。

第 4 章

中广核集团安全管理的构建与实践[*]

4.1 中广核安全文化建设历程

中国广核集团有限公司 (中广核) 是国务院国有资产监督管理委员会监管的以核为主的大型清洁能源集团。从建设大亚湾核电站起步,中广核就主动吸纳国际领先的安全和质量管理理念,逐步建立与国际接轨的安全管理体系和制度,按照"领导层示范、骨干推进和渗透、全体员工参与"的思想积极推进核安全文化建设,并经历了普及、成长、起伏、反思强化和巩固提升五个阶段。

1. 1991~1994 年: 核安全文化建立及普及阶段

此阶段核安全文化建设的重点是向核电站各级员工普及核安全文化的概念,使广大员工深刻认识到核电站安全问题的重要性。具体做法是进行核安全文化的培训和普及宣传。

2. 1995~1999 年: 核安全文化实践成长阶段

此阶段核安全文化建设的重点是体系建设和理念的贯彻。统一编写核安全文化教材并完成了全员培训,利用核电站自身的异常事件加强对员工行为规范的教育,建立了完善的经验反馈体系和事件分析方法,开展了多次人因事件根本原因分析方法培训。安全文化建设被列入公司第一个五年发展计划,并组织运行安全评审 (OSART) 等国际同行评审,得到了好评。

在这一阶段,核安全文化的理念得到有效贯彻和实施,执照运行事件 (LOE) 数量持续下降,非计划自动停堆次数持续减少,整体安全水平得到有效提高。

3. 2000~2003 年: 核安全文化发展起伏阶段

在良好的业绩面前,公司内出现自满情绪,在组织管理上出现了一些核安全文化发展起伏的征兆,如问题未得到妥善解决,超负荷和资源不足的局面出现,对问题处理的形式化,注意力放在"救火"而不是根本性地解决问题,倾向于把责任归咎于那些看似导致问题的个人而非制度和文化上。

4. 2004~2013 年: 核安全文化反思强化阶段

2004 年发生的两起典型的人因事件 ("5·19" "7·10" 事件),给中广核安全文化敲响了警

---

[*] 作者为中国广核集团有限公司任俊生、罗启峰。

钟，公司内进行了深刻的反思和总结，在安全文化宣传、安全理念落实和实践等方面开展了一系列活动，让核安全文化在组织内部落地生根。通过开展密集的警示教育、典型事例的深入剖析、针对性的失效模式演练等形式，员工的安全意识得到加强，核电站的安全文化水平再次提高。

5. 2013 年至今：核安全文化巩固提升阶段

2013 年以来，随着中广核核电事业的快速发展，从群堆发展到群厂，从单技术堆型发展到多技术堆型，从单一组织发展到专业化组织分工，管控区域、范围、层级与复杂性逐渐加大。为了进一步巩固和持续改善核安全文化建设成果，中广核重点开展了"遵守程序、反对违章""管理者在现场"等一系列专项活动。同时，公司全员均参加每年例行的核安全文化震撼教育活动，以集团内部、国际国内同行发生的事件为案例，警示安全管理的重要性，强化员工的安全意识。

4.2　中广核安全文化的主要特点

在充分学习和借鉴国际一流的安全和质量管理理念的基础上，中广核恪守"发展清洁能源，造福人类社会"的企业使命，通过三十多年的积累和发展，构建了深层次、精细化、标准化的纵深防御安全管理机制，形成了以安全文化为核心的企业文化体系和自上而下的全员核安全文化、完全独立的安全监督体系、动态透明的经验反馈体系、持续改进的安全生产组织体系等四大核心支撑的安全管理体系。同时，中广核还结合核电安全生产实践针对性、创造性地开展形式多样的安全管理实践活动，取得了良好的效果，带来了长期的安全和经济效益。中广核安全文化体系的主要特点有：

1. 自上而下的全员核安全文化

安全文化建设是一个多层次的系统工程，中广核的核安全文化建设思路可以概括为管理者的承诺和示范、骨干的辐射和渗透、全体员工的参与和贡献。通过将三个层次的力量充分调动起来，彼此呼应，形成合力，从上到下形成统一的态度和认知，达成安全目标从设定到执行的一致性。其中，尤其要强调管理者的作用，因为"榜样"的力量是无穷的，管理者的身体力行、率先垂范，不仅体现在重大事件的处理态度上，也体现在诸如核安全委员会(PNSC) 等安全例会的每项具体问题的决策上。

2. 完全独立的安全监督体系

核安全监管方面，中广核建立了安全监督队伍、核安全管理机构、核安全监督评估中心三层安全监督体系。第一个层次是以核电站安全工程师为核心的现场安全监督队伍，保障核电站日常生产活动在安全方面的有效性。第二个层次是以核电站安全质量管理为基本职能的核安全管理机构，从组织上保障和监督安全管理体系的有效性。第三个层次是面向群厂的核安全监督评估中心，对公司安全管理体系的有效性及各核电基地的安全管理水平进行独立的监督和评估。

此外，中广核还遵循国际的通用做法，定期组织和邀请国际原子能机构 (IAEA)、世界核运营者协会 (WANO) 等国际同行对我们管理的核电站进行安全评估。2016~2017 年，WANO

就组织了对大亚湾、红沿河、阳江、宁德、防城港、台山等六个核电基地的同行评审或回访活动。通过国际同行评审，有效地分享国际同行在安全管理方面的良好实践，持续提升安全管理水平。

3. 动态透明的经验反馈体系

经验反馈是中广核非常重视的一项工作，也是中广核纵深安全管理体系的一个重要组成部分。

除了注重对核电站运营管理过程中出现的问题和教训进行反馈，我们也将经验反馈拓展到核电站设计、建设和退役阶段，形成覆盖核电站全寿期的大经验反馈体系。我们通过工程–运营的联席机制，对运营阶段发现的异常和偏差项在工程阶段的落实情况进行跟踪，形成经验反馈的管理闭环，有效避免了已发生的事件在新机组上重复发生，提高了新机组的工程建设质量。同时，中广核也积极学习同行的优秀经验，通过与外部同行开展持续交流，借鉴外部的良好实践，以促进安全管理水平的持续改进。

4. 持续改进的安全生产组织体系

自大亚湾核电站投产以来，中广核核电运营管理经历了从双机组管理到群堆管理、从群堆管理到群厂管理的发展过程。未来随着 EPR、"华龙一号"和 AP1000 等机组的陆续投产，以及海外核电项目的拓展，中广核核电运营管理又将迎来同类型技术路线到多种技术路线、单一地区到多地区运营管理的发展变化。

为了适应不断发展的安全生产需求，确保中广核的安全管理各项政策制度的有效落地与贯彻执行，中广核以"标准化、专业化、集约化"为发展战略，以"1930"①为发展目标，构建符合中广核特色的"三层三线"安全生产管控组织体系。

三层包括：决策层、管理层和执行层。①决策层：由委员会运作，是群厂生产管理决策和议事机构，负责确定组织、制度、分工等方向性问题。②管理层：由生产、大修和技术等项目组构成，主要职责是统筹协调生产资源，发现偏差和持续改进，推进流程和技术标准化。③执行层：由功能领域组 (PG) 构成，功能领域组是业务领域的横向矩阵式运作组织，是强化横向管理与联系的纬线，功能领域组通过"项目式"的运作，加强不同单位之间的配合、信息沟通和交流，实现良好实践推广和经验共享。

三线包括：业务线、监督线、评估线。公司内部设置独立的监督和评估机构，通过定期监查、绩效评估、纠正措施、停工令等方式，构筑公司内部纵深防御屏障。内部监督和评估的结果可以直接向股份公司总裁进行汇报，提高安全监督的独立性和权威性。

通过"三层三线"安全生产组织体系，保障安全生产标准化的落实和集约优势的发挥，以适应不断变化的内外部发展形势，实现对安全生产的有效管控、监督和支持，促进核电站运营业绩不断提升。

5. 形式多样的安全管理实践活动

自 2016 年以来，公司开展了以"敬畏核安全从遵守程序开始"为主题的"遵守程序、反

---

① "1930"："十三五"时期集团和股份公司核电运营管理的总体行动指南。"1930"是四个数字的组合，1 代表"安全第一、业绩一流"，即成熟机组 50% 以上的 WANO 指标达到世界前 1/10 水平；9 是指成熟机组平均能力因子达到90% 以上；3 是指成熟机组平均大修工期 (剔除十年大修) 控制在 30 天以内；0 是指成熟机组非计划自动停堆次数为 0。

对违章"专项活动,通过活动的开展,有效改善按经验办事、习惯性不遵守程序等不良行为,杜绝故意不按程序操作等现象,营造"不能、不想、不敢"的良好文化氛围。随着活动的推进,涌现出诸多良好实践,如红沿河的安全及时培训进现场、宁德的仪控专业单点保护和细化化学操作单、阳江的 13 张漫画红线三字经、防异物小伞等,取得了良好的效果。

从世界核电同行的经验来看,人因失效导致的事件比例占到所有事件的 50%~80%,而人的不安全行为是其中最重要和最直接的原因。为了改善人员行为、减少人因失效,中广核从 2006 年开始"防人因失误工具卡"(人因工具卡)的开发工作。通过参照国际核电同行的良好实践,在核电站已有的行为规范基础上,重新提炼、开发出本地化的人因工具卡。至今,已向群厂发布、推广 6 张防人因失误工具卡(工前会、使用程序、明星自检、监护操作、三段式沟通、质疑的态度)。此外,在所有现场工作前,还强制推行"1 分钟停顿",即作业前进行必要的停顿,回想操作要点、相关风险及注意事项。经过近 10 年的应用实践,防人因失误工具卡和 1 分钟停顿等措施对规范人员行为,减少人因失误效果明显,为机组的安全稳定运行奠定了坚实的基础。

4.3　中广核安全发展的成效

在优秀文化的引领下,近三年中广核经受住了新机组投产高峰的冲击,在运核电机组保持良好的安全状态,能力因子稳步提升,非计划停堆和强迫损失率逐年下降。2016 年,公司管理的 18 台在运机组 72.2% 的 WANO 指标达到世界前四分之一的先进水平,群厂平均能力因子突破 90%,达到 90.31%,优于 WANO 同行平均能力因子 84.15%。单堆非计划停堆次数由 2014 年的 0.36 次/机组下降至 2016 年的 0.05 次/机组,远优于国际同行 0.42 次/机组的平均水平。强迫损失率由 2014 年的 3.96% 下降到 2016 年的 0.33%,机组的安全生产状态进步显著。

岭澳核电站 1 号机组保持无非计划停堆运行天数超过 3900 天,在全球同类机组中排名第一;阳江核电站 1 号机组、防城港核电站 1 号机组、宁德核电站 4 号机组、红沿河核电站 4 号机组从工程调试到商运实现零非计划停堆的卓越纪录。从 1999 年开始,大亚湾核电基地每年都参加法国电力集团公司(EDF)举办的国际同类机组安全业绩挑战赛,目前已累计获得 36 项次第一名,是全球获得冠军最多的参赛核电基地。

4.4　小　　结

国际核电站的运行经验表明,安全的核电站才是经济的核电站。强有力的核安全文化为核电站经济稳定运行提供可靠的保证。未来中广核还将继续坚持不懈地进行核电安全文化的管理探索,用科学的标准、严谨的方法、透明的态度持续强化对安全的保障。

参 考 文 献

[1]　中国广核集团有限公司. 安全发展白皮书. 2013.
[2]　大亚湾核电运营管理有限责任公司. 大亚湾核安全文化建设. 北京: 原子能出版社, 2009.

　　任俊生，研究员，中国原子能科学研究院反应堆工程与反应堆安全专业博士研究生，现任中国广核集团有限公司副总工程师，曾担任国家环境保护总局核安全中心副主任兼总工程师、深圳中广核工程设计有限公司总工程师、大亚湾核电运营管理有限责任公司安全总监等职务。2002年调入中广核集团，负责开展 AP1000、EPR 在中广核集团的适用性研究，研究确定中国大型核电站 CPR1000 的技术方案，负责开发 CPR1000+ 的技术方案，负责处理了若干个重大技术问题等，并于 2011 年作为第二作者在第 19 届国际核工程大会 (ICONE19) 上发表三篇论文。

第 5 章

福岛第一核电厂事故的再回顾 及兼谈核安全问题*

福岛第一核电厂事故六周年之际，媒体上的一则"福岛核电站压力容器已烧穿，辐射超高可数十秒杀人"的报道又引起了社会的广泛关注和争论。同一个事件，由于知识背景和认知方式的不同，媒体、公众和专家会产生不同的看法，这是一个正常的现象。而由于福岛第一核电厂事故的复杂性，特别是事故期间各种渠道的信息庞杂，甚至矛盾，更加深了认识的分歧。

本章从一个专业核安全工作者的角度，对福岛第一核电厂事故再次给予简要回顾和评述。文中有关福岛第一核电厂事故的背景材料，主要来源于 2015 年 8 月 31 日国际原子能机构发布的总干事报告《福岛第一核电厂事故》[1]。

5.1 什么是核安全问题？

为了更清楚地理解福岛第一核电厂事故，有必要先了解一些有关核安全的基础知识。

众所周知，物质由各种元素构成，而元素的原子核内所包含的质子数决定了它属于哪一种元素。同一种元素原子核内的质子数相同，但中子数可能不同，我们将质子数相同而中子数不同的元素称为同位素。

同位素中有些是非常稳定的，但有些是不稳定的，会自发地衰变并放出射线。我们将会自发衰变并放出射线的同位素称为放射性同位素，放射性物质由放射性同位素构成。放射性同位素衰变所放出的射线被人体或其他生物体吸收后，会形成所谓的辐射照射问题。

我们无时无刻不受到来自宇宙射线和周围物质中所含放射性同位素衰变所放出射线的辐射照射，但由于大气层的屏蔽作用，且周围物质中放射性同位素的含量极低，所以这种辐射照射通常不会产生大的问题。周围物质中放射性同位素含量极低的原因很好理解，因为我们周围的物质大多产生于宇宙诞生的初期，即大爆炸的早期阶段，而现代天文学认为目前宇宙的寿命大约是 120~140 亿年，在如此漫长的时间内，不稳定的同位素都衰变得差不多了。

目前人类对核能的和平利用主要是对裂变能的利用，这种裂变能主要来自于元素 ^{235}U 和 ^{239}Pu 在中子轰击下的裂变。^{235}U 和 ^{239}Pu 在中子轰击下裂变产生的裂变碎片，专业术语叫裂变产物，包含了大量的放射性同位素，这些放射性物质一旦进入环境，则可能对人类

---

* 作者为环境保护部核电安全监管司汤搏。
汤搏. 为了更安全的核电. 光明日报. [2017-03-22].

或其他生物构成辐射照射。

为了不使这些裂变产生的放射性物质进入环境，就要用各种屏障将这些放射性物质包容起来。现代压水堆和沸水堆核电厂通常具备燃料包壳、反应堆冷却剂系统压力边界和安全壳三道包容屏障。

一个一百万千瓦电功率的压水堆核电厂，其反应堆堆芯的热功率大约为三百万千瓦，而反应堆堆芯的直径约为 3m，高约为 4m。如此大的功率集中在如此小的堆芯，在反应堆堆芯正常排热能力丧失的时候，瞬间就可以导致堆芯的熔毁。所以在丧失反应堆堆芯正常排热能力的情况下，为保证安全，必须迅速地实现反应堆的停堆。但反应堆停堆后，裂变产物的衰变仍然会发生，其放出的射线被反应堆结构材料和冷却剂等吸收后转化为热量，即专业术语所称的"衰变热"。衰变热大致可以认为按照指数曲线衰减，在停堆后不到 1s 的时间内衰减到堆芯热功率的 6% 左右，在不到 1h 的时间内衰减到堆芯热功率的 1% 左右。衰变热不能被排出的话，其积累最终仍然能够使燃料和燃料包壳熔化，进而可能导致反应堆压力容器乃至安全壳的破坏，使放射性物质进入环境。

所以为了保证核安全，我们必须高度可靠地保证反应堆停堆、衰变热的排出和放射性包容的功能。在专业术语中，反应堆停堆、衰变热排出和放射性包容被称为三项基本安全功能。但实际上，目前压水堆和沸水堆核电厂的衰变热排出可以说是最关键的安全功能，核电厂的大部分安全系统都是围绕实现这个功能设计的。衰变热排出的可靠性，在很大程度上决定了压水堆和沸水堆核电厂的安全水平。新一代压水堆和沸水堆核电厂的安全改进，衰变热排出可靠性的改进也是重点。

5.2　核电厂在设计上采取了哪些措施来保证核安全？

核电厂在设计上保证核安全的措施就是围绕高度可靠地保证三项基本安全功能的实现展开的。为了高度可靠地保证核安全，不仅要求核电厂在正常运行和启停堆时保证三项基本安全功能的执行，而且要求在各种极端的内外部事件情况下也能保证三项基本安全功能的执行。

核电厂设计上考虑的内部事件主要由设备故障所导致，如管道的破裂、泵的卡轴、阀门的误动作、电器故障等，以及由这些设备故障导致的水淹、喷射、湿度、压力、辐射、火灾等效应，这些故障可考虑发生概率低至 10^{-6}/(堆·年) 的故障。外部事件主要考虑外部人为事件和自然灾害。外部人为事件主要考虑核电厂周围可能存在的工业、军事等设施以及运输活动，包括危险化学品运输、飞行器等可能对核电厂产生的危害。对于外部人为事件而言，如果不能证明其对核电厂安全产生影响的概率低于 10^{-7}/(堆·年)，则核电厂设计上就必须考虑对其设防。而自然灾害，则要考虑"以人类已有的科学技术和认知水平所能确认的最大自然灾害"，这些自然灾害被冠以"最大假想地震""可能最大洪水""可能最大降水"等名称，其发生频率大约都在万年一遇的水平。由于所考虑的外部自然灾害都是极端的自然灾害，受科学技术和认知水平的限制，有时会存在较大的不确定性。

核电厂执行三项基本安全功能的构筑物、系统和设备的设计不但要考虑上述的内外部事件，为了保证系统功能的可靠性，还对其提出了多重性、多样性、独立性等要求。如核电厂的供电不仅仅依靠外部电源,每台核电机组还设置有至少两台应急柴油发电机以及直流蓄电池电源。为保证设备的可靠性和功能,对其设计、制造、安装、试验、检查、维修等活动要执行严格的质量保证要求,还要开展"环境鉴定"和"抗震鉴定"。

核电厂设计上考虑的极端内部事件和外部事件在专业术语上被称为"设计基准事故"和"设计基准"。

实际的核电厂无法使用试验或调试的方式来验证其在设计基准事故工况下的安全性是否可接受,必须通过"事故分析"来证明。为了保证事故分析结果的保守性,在分析过程中还要采取许多的保守假设。例如要假设核电厂的初始状态处于对后果最不利的条件和测量偏差,要假设丧失了厂外电源,要假设最大价值的一束控制棒卡在反应堆外,要假设在安全系统中发生了单一随机故障等。对事故分析所使用的计算机程序也要经过严格的验证。

1979 年美国三哩岛核电厂事故发生前,核电界和核安全界普遍地自信,在如此保守的要求下开发设计的核电厂,发生反应堆堆芯熔毁的事故(专业术语称"严重事故")是"不可信的"。

1979 年三哩岛核电厂事故发生后,开展了新一轮的大量核安全研究。研究工作的重点包括改进人机接口和操纵员培训,改进核电厂规程(包括维修、试验、检查和运行、事故处理规程等),改进应急响应等。当然核电厂超过设计基准,直至严重事故的现象和机理是研究重点之一。三哩岛核电厂事故后,核电厂安全改进的一个重要方面是在原有处理设计基准事故的规程之上,制订严重事故的预防和缓解方案,专业术语称为"严重事故管理指南"。严重事故管理指南对一些多重故障事故(不仅仅是单一随机故障),如全厂断电(指核电厂外部电源丧失,多重设置的厂内应急柴油发电机又都没有启动成功)等也给出了处理的指导。

5.3　福岛第一核电厂事故

日本福岛第一核电厂位于日本福岛县双叶郡的大熊町和双叶町,在日本东海岸的面向太平洋侧,共建有 6 台沸水堆核电机组。其中 1 号机组 1967 年 7 月 25 日开始建设,1970 年 11 月 17 日并网发电;2 号机组 1969 年 6 月 9 日开始建设,1973 年 12 月 24 日并网发电;3 号机组、4 号机组、5 号机组和 6 号机组开始建设的时间分别是 1970 年 12 月 28 日、1973 年 2 月 12 日、1972 年 5 月 22 日和 1973 年 10 月 26 日,并网发电的时间分别是 1974 年 10 月 26 日、1978 年 2 月 24 日、1977 年 9 月 22 日和 1979 年 5 月 4 日。

沸水堆核电厂最早由美国通用电气公司开发,是目前世界上机组数量居第二位的核电机型。沸水堆核电机型和压水堆核电机型各有优缺点。从安全水平来说,美国在 20 世纪 80 年代到 90 年代开展了电厂安全评价计划和外部事件下的电厂安全评价计划。针对美国的 35 座沸水堆核电机组和 73 座压水堆核电机组的评价结果表明,沸水堆核电厂平均的反应堆堆芯熔化频率比压水堆核电厂约低一个数量级,但在发生严重事故的条件下,沸水堆安全壳的失效概率比压水堆核电厂高。这个结果主要是由沸水堆核电厂的应急堆芯冷却系统拥有更多的多样性,但安全壳内部的自由容积大大低于压水堆核电厂所决定的。但是对于一个具体核电厂的设计来说,安全水平还取决于在设计阶段是否正确地识别和确定了内外部事件所造成的影响,以及针对这些内外部事件所采取的设防措施是否充分。举个例子,当你设计一辆汽车时，首先要确定这辆汽车未来是在市内行驶还是用于越野，拿一辆为市内行驶设计的汽车去越野，出问题的可能性肯定会很大。

前面提到核电厂在设计时要考虑"最大假想地震""可能最大洪水""可能最大降水"等自然灾害，这个要求并不是一开始发展核电就有的，而是 20 世纪 60 年代中期美国人首先关注到这个问题，然后逐渐形成相关设计要求和确定这些自然灾害水平的方法。在早期确定这些"最大假想""可能最大"时，通常使用最大历史记录法，后期又发展了一些其他方法。例如，我国和美国在确定"最大假想地震"时，还采取地质构造法。所谓地质构造法，即在核电厂址一定范围内，通常为 150km 或更远，寻找可能的发震构造，如能动断层，并评估其一旦发生地震对核电厂厂址的影响。

福岛第一核电厂在确定地震和海啸的设防基准时，也经历了这样一个过程。在福岛核电厂开始建设时，海啸高度使用了当时能够得到的最大记录 3.1m，这个高度的海啸记录产生于 1960 年智利发生的世界上已知的最大地震。对于日本东海岸外的日本海沟，没有有关其导致海啸的历史数据。

尽管日本的核安全监管当局没有对地震和海啸的再评价要求，但在事故发生前的运行周期内，东京电力公司还是数次进行了地震和海啸的再评价。如 2002 年日本土木工程师学会制订和颁布了新的海啸评价方法后，东京电力公司进行了海啸再评估，但新的评价方法仍然使用基于历史数据的模型。东京电力公司评价出的海啸高度高于原设计值，为此在福岛第一核电厂采取了一些补救措施。

2006 年，日本核安全监管当局发布了新的导则，要求除了考虑内陆地震外，还要考虑板间地震 (日本海沟就是由于太平洋板块插入欧亚板块和菲律宾板块下部所形成)。东京电力公司再次进行了复查，但复查中考虑日本海沟可能发生的地震震级是 8 级，日本的地震学家也普遍不相信日本海沟会发生 9 级地震。对于福岛第一核电厂，评价表明日本海沟 8 级地震对核电厂的影响是小于内陆地震的影响的，但海啸影响的评价直到事故发生时仍未完成。

2009 年，东京电力公司使用最新测深数据和潮汐数据再评估的最大海啸高度是 6.1m。根据这一新估计值，东京电力公司对福岛第一核电厂进行了改造，特别是抬高了余热排出泵的电机高度。不幸的是，事实证明这个措施仍然是不够的。

在 2007~2009 年，东京电力公司还使用日本地震调查研究推进本部推荐的模型进行了评价。使用日本地震调查研究推进本部的模型进行评价不仅依靠历史海啸数据，而且考虑了日本海沟地震引发海啸的可能性。在评价方案中考虑日本海沟发生的地震是 8.3 级，评价结果表明在福岛第一核电厂厂址海啸爬高达到约 15m(这个结果与 2011 年 3 月 11 日的实际海啸爬高很接近，但 2011 年 3 月 11 日日本海沟的实际地震是 9 级)。根据这一新的评价结果，东京电力公司、日本核安全监管机构等都认为需要开展进一步的研究，东京电力公司委托日本土木工程师学会审查模型的适当性，到事故发生时，这些审查仍然在进行中。

2011 年 3 月 11 日 14 时 46 分 (日本时间)，日本东海岸外的日本海沟发生 9.0 级大地震，震源距离福岛第一核电厂约 130km。地震发生时，福岛第一核电厂的 1 号、2 号和 3 号机组处于功率运行状态，4 号、5 号和 6 号机组处于停堆换料和大修维护阶段。当核电厂的地震传感器探测到地震后，自动对正在功率运行的 1 号、2 号和 3 号机组实施了停堆保护。

虽然核电机组的反应堆被停闭，但存在于核燃料中裂变产物的衰变热仍然需要排出，这也包括存放于乏燃料水池中的已辐照燃料。冷却系统通常需要交流电源提供动力和直流电源提供控制和监测，但地震导致外电网全部被破坏，外部电源的供应丧失，厂内应急柴油发电机自动启动，蓄电池的供电也没有问题。或者是核电厂的安全系统自动动作，或者是操纵员按规程采取了行动，核电厂的一切似乎都处于控制之中。

大约 40min 后，第一波海啸到达厂址，但海啸爬升高度只有 4~5m，处在防浪堤的防护高度之下。第一波海啸大约 10min 后，第二波海啸到达厂址，海啸爬升高度约 15m，海水涌入厂区，导致除 6 号机组的一台位于较高位置的附加气冷柴油发电机外，其他所有的应急柴油发电机失效，海水也导致 1 号、2 号和 4 号机组的直流电源失效。这使核电厂运行人员面临困难的局面，因为虽然严重事故管理指南中提供了对全厂断电工况进行处理的指导，但必须保证直流电源的存在，以提供必要的监测数据和控制电源。操纵员和应急响应人员必须重新审查可用的方案并确定恢复电源的可能方法。

针对 1 号机组制订的方案是设法恢复交流电源，同时考虑使用固定的柴油机驱动消防泵或消防车向反应堆堆芯注水。3 月 11 日 23 时 50 分，能够得到的第一个监测参数显示 1 号机组安全壳内压力已超过最大设计压力，这威胁到安全壳的密封功能，需要采取安全壳卸压通风措施 (实际上，由于柴油机驱动消防泵和消防车的注入压力有限，为了实现注水功能，也需要对反应堆甚至安全壳进行卸压)。3 月 12 日 1 时 48 分，发现柴油机驱动消防泵不起作用，于是实施使用消防车注水的方案。3 月 12 日 4 时，反应堆压力已降到允许消防车注水，在堆芯失去冷却约 12.5h 后，开始使用消防车向堆芯注水。由于消防车要往返淡水箱装水，所以这种注水是断断续续的。在断断续续注水约 5.5h 后，一条直通淡水箱的管线被建立，开始了连续的注水过程。3 月 12 日 4 时 19 分，在没有操纵员干预和安全壳卸压通风的情况下，安全壳内压力出现下降，这意味着安全壳的密封功能可能已经受到损害。3 月 12 日 14 时 53 分，淡水箱的水源几乎消耗完，现场主管决定注入 3 号机组反冲洗阀井内积存的海水。在用半个多小时完成了注水准备工作后，1 号机组反应堆厂房的氢气爆炸破坏了注水工作。在对受损设备进行维修和更换后，3 月 12 日 19 时 4 分开始了向堆芯的海水注入工作，期间堆芯再次失去约 4h 的冷却。3 月 14 日 1 时 10 分，由于反冲洗阀井内的海水水位已降到很低，注水工作停止，等待井内的水位恢复。但就在准备恢复注水时，3 号机组的反应堆厂房爆炸，再次影响了注水工作。等到从海洋的抽水管线完成布置并再次向堆芯注水时，1 号机组又有 19h 失去了堆芯注水。

与 1 号机组不同，2 号机组设有堆芯隔离冷却系统。这个系统的泵由堆芯产生的蒸汽直接驱动，而不需要外部动力源，所以急需确认 2 号机组堆芯隔离冷却系统的运行状况。但直到 3 月 12 日 2 时 10 分，一个小组才进入堆芯隔离冷却系统的设备房间，确认了堆芯隔离冷却系统的运行。3 月 13 日 12 时 5 分，为了在堆芯隔离冷却系统一旦失效的情况下向堆芯注入海水，现场主管下令做好注入海水的准备，将消防车连接到注入管线。3 月 14 日 13 时左右，2 号机组丧失了冷却，反应堆水位下降并且压力增加。由于压力过高，13 时 5 分开始的海水注入没有成功。为了使海水能够注入，开始对反应堆进行卸压，但这使安全壳的压力增加，并在 22 时 50 分超过了设计压力，现场对安全壳进行卸压通风的努力也没有成功。3 月 15 日 6 时 14 分，现场听到爆炸声，2 号机组安全壳抑压池的压力下降 (有推测认为可能在抑压池发生了氢爆)，这意味着 2 号机组安全壳的密封功能可能受到损坏。

3 号机组维持了直流电源。在全厂断电后,反应堆冷却剂系统的卸压阀自动开启,以限制压力。操纵员手动启动了堆芯隔离冷却系统,并且关闭了一些非重要设备,以节约直流电源。3 月 12 日 11 时 36 分,在连续运行 20.5h 后,堆芯隔离冷却系统停止了运行,操纵员几次重新启动都未能成功,堆芯水位开始下降。12 时 35 分,反应堆压力下降到高压安全注射系统的启动定值,高压安全注射系统自动启动以维持堆芯水位,操纵员通过手动控制避免系统的频繁自动启动和停止,以节约直流电源。在高压安全注射系统工作 14h 后,由于担心低参数的蒸汽会损坏高压安全注射泵的驱动汽轮机,且反应堆压力已经低于柴油机驱动消防泵的注入压力,并且可以使用卸压阀来控制反应堆压力,操纵员决定停止高压安全注射系统,而使用柴油机驱动消防泵来实施注入。但在操纵员关闭高压安全注射泵后,开启卸压阀的尝试却多次失败,反应堆的压力迅速升高到超过消防泵的压力,3 号机组堆芯丧失冷却,操纵员随后恢复高压安全注射系统的努力也以失败告终,于是现场主管下令使用消防车实施堆芯注水,同时准备建立安全壳的卸压通风。3 月 13 日 5 时 21 分,开始使用 5 号和 6 号机组的消防车以及赶到现场的柏崎·刈羽核电厂消防车建立的海水注入管线,但由于接到东京电力公司总部的一个电话,现场主管推迟了使用该管线,而将注水源改为含硼淡水源。为了实现消防车的注入,需要降低反应堆的压力,现场使用轿车电池实现了这一点。但随着反应堆卸压的进行,安全壳内的压力激增。9 时 20 分,安全壳卸压通风系统的爆破盘破裂。9 时 25 分,在失去冷却 4 个多小时后,开始向堆芯注入含硼淡水。3 月 13 日 12 时 20 分,淡水源耗光,现场主管决定注入海水,约 1h 后实现了反冲洗阀井中海水的注入。3 月 14 日 1 时 10 分,由于反冲洗阀井中的海水水位下降,停止了海水的注入,在将进水管更深地插入井中,2h 后恢复了 3 号机组的海水注入。在接下来的几个小时内,3 号机组被发现反应堆水位不断下降,安全壳内压力持续上升。3 月 14 日 6 时 20 分,反应堆水位超出正常范围,意味着堆芯可能裸露。由于担心氢气爆炸,现场主管下令停止注水活动,人员撤离。在恢复注水工作时,11 时 1 分,3 号机组反应堆厂房发生了爆炸。在暂停 2h 后,开始恢复从海洋向 3 号机组的注水工作,待海水重新注入时,堆芯已经失去了 9h 的冷却。

3 月 17 日~20 日,外部电源陆续连接到现场。1 号和 2 号机组在全厂断电约 9 天后恢复了外部电源供应。3 号和 4 号机组在全厂断电约 14 天后恢复了外部电源供应。6 号机组又恢复了 1 台水冷柴油发电机,向 5 号和 6 号机组供电,随后 5 号和 6 号机组实现了冷停堆。1~3 号机组则按照东京电力公司制订的路线图,在维持反应堆和乏燃料水池的持续冷却、监测和减少放射性物质释放、控制氢气聚集及预防堆芯重返临界方面开展后续工作。

在事故发展过程中,包括美国核管理委员会在内的机构很担心乏燃料水池,特别是 4 号机组乏燃料水池内存贮的大量乏燃料的安全,甚至推测乏燃料与水反应可能产生氢气,所以使用直升机、高压水枪、消防车和混凝土泵车等对 3 号和 4 号机组的乏燃料水池进行了补水。但后来对乏燃料水池的检查表明,乏燃料没有出现明显的损伤,美国核管理委员会后期承认,在福岛第一核电厂事故期间对乏燃料水池的风险估计过高。

事故过程中,1 号、3 号和 4 号机组的反应堆厂房先后发生了爆炸,爆炸极大地影响了相关的事故处理工作。1 号和 3 号机组的爆炸是由于熔融堆芯与水发生反应产生了大量氢气,但 4 号机组反应堆压力容器内并无燃料,事后推测是 3 号机组产生的氢气通过通风管道泄漏到了 4 号机组反应堆厂房。

由于事故过程中安全壳密封性能的损坏，或者是对安全壳实施了卸压通风 (安全壳卸压通风是严重事故管理指南中提供的措施，但卸压时机很重要。在堆芯已经熔毁后实施卸压，大量的放射性物质会进入环境)，大量的放射性物质，包括放射性废水进入环境，造成了严重的环境后果。福岛第一核电厂 1 号、2 号和 3 号机组采用了 MARK-1 型安全壳，美国电厂安全评价计划和外部事件下的电厂安全评价计划的结果显示，其安全壳下部的环形抑压池是薄弱环节。福岛第一核电厂事故向环境排放的大量放射性废水，很可能是抑压池的损坏所致。

后期评估表明，在福岛第一核电厂事故中，1 号机组反应堆堆芯的损坏大约发生在海啸后 4~5h，在海啸后 6~8h 熔化的堆芯熔穿了反应堆压力容器底部，在海啸后约 12h 观察到放射性物质释放，在海啸后约 23h 对安全壳卸压通风时导致了大规模放射性物质释放。2 号机组在海啸后约 76h 发生了堆芯熔化，在海啸后约 89h 由于安全壳压力边界的失效导致放射性物质释放。3 号机组大约在海啸后 43h 堆芯开始熔化，由于抑压池的爆破盘破裂，海啸后 47h 开始大规模放射性物质释放。

5.4　简 要 评 述

在对核安全的一些基本问题和福岛第一核电厂事故进行简单回顾后，我们可以给出一些简要评述。

5.4.1　是否在福岛第一核电厂事故期间为了保堆不愿注入海水？

美国三哩岛核电厂事故时，本来高压安全注入系统已经自动触发，但三哩岛事故"汽腔小破口"的特殊事故情景使反应堆冷却剂的压力降到了饱和压力，反应堆冷却剂处于汽水混合状态。由于当时设计所采用的电接点水位计不能正确区分单相水和汽水混合物，操纵员误以为堆芯的水装量很充分，违背规程停止了高压安全注入系统，导致堆芯的衰变热无法充分带出，酿成了严重事故。三哩岛核电厂事故给出的一个重要经验教训就是核电厂运行人员必须按照规程指导，不能想当然地采取措施。事实上，在严重事故管理指南中，对于严重事故工况下的水源使用顺序，也给出了指导，并不是运行人员想用哪个水源就用哪个水源。在这种注入水源顺序的安排中，淡水源肯定是优先水源。

引起争议的是调查得到的两件事情。一件是作为东京电力公司在首相府代表的一名高管曾经电话要求现场主管停止向 1 号机组注入海水，但现场并没有遵守该指令，海水注入没有中断；另一件是东京电力公司场外应急中心的一名主管在参加首相府会议时电话询问现场主管有没有可用的淡水源，并通报与会者的意见是倾向于尽可能注入淡水，现场主管理解为只要有淡水便不注入海水，因而将已经准备好的 3 号机组海水注入改回含硼淡水源。没有资料表明相关人员当时的考虑是什么，但后面我们可以给出一些分析。

5.4.2　注入海水是否就万事大吉？

美国当初在研究沸水堆核电厂的严重事故时，曾发现一种可能情景，就是沸水堆核电厂控制棒包壳所使用的不锈钢材料熔点低于燃料包壳所使用锆合金熔点 200~300℃，而控制棒所使用的碳化硼中子吸收材料在高温下会与不锈钢发生共晶反应，进一步降低不锈钢的熔点。因而沸水堆核电厂在发生严重事故时，可能控制棒都已经熔化落入堆底，而燃料还在自持着。这种情况下不含中子吸收剂 (例如硼) 的水注入后，可能使堆芯重返临界，从而恶化事故。所以严重事故管理指南中强调，在注入不含中子吸收剂的水源时，要对堆芯状态有清晰的判断。对于福岛第一核电厂，监测能力的丧失会对运行人员的判断以及采取的措施产生很大影响。福岛第一核电厂事故期间，运行人员对于堆芯重返临界问题给予了高度关注。例如，在 3 号机组反冲洗阀井的海水中加入了硼酸，但是使用海洋中海水注入时，海水是无法添加硼酸的。所以当东京电力公司场外应急中心的一名主管在参加首相府会议时电话询问现场主管有没有可用的淡水源，并通报与会者的意见是倾向于尽可能注入淡水时，现场人员事先所受到的训练可能会使其倾向于注入含硼淡水。当然这是一种分析推测。

另外一个重要的方面是注水时机的掌握。注晚了，像福岛第一核电厂一样，事故可能已经严重恶化；要早注，可能注不进去，同时电厂人员注水准备工作也需要时间。事实上，福岛第一核电厂事故后，国内在研究改进方案时，曾经对注水措施进行了反复演练。演练表明，在预先准备的情况下，不存在福岛第一核电厂事故期间海啸破坏和卷带杂物的干扰，将移动设施布置到现场并连接好管线也需要 2~4h，而为了能够将水注入，还需要进行卸压等工作，所以国内的改进方案最后确定考虑 6h 可将水注入。而在此之前，则通过防水封堵等综合措施，保证不需要外部电源的蒸汽驱动或柴油机驱动辅助给水泵的工作，以保证堆芯衰变热的带出。

5.4.3　福岛第一核电厂事故为什么如此严重？

福岛第一核电厂发生事故时，核电厂工作人员面临的环境是空前复杂的。事故期间，有人曾形象地形容福岛第一核电厂遇到了"超设计基准事故"。正确的行动需要正确的信息，而所有电源，包括直流电源的丧失，超出了所有预想的事故情景，使核电厂工作人员犹如盲人摸象。包括海啸的破坏和卷带来的杂物及事故期间的反应堆厂房爆炸，都极大地干扰了事故处理过程，也是所有预先制订的方案中所没有考虑到的。

2007 年日本西海岸外发生地震后，位于新潟县的柏崎·刈羽核电厂的一个机组监测到厂房承受的加速度超过了设计值的两倍。为此日本开展了核电厂抗震裕度的评估工作，建立了日本海的地震海啸模型，并将海岸外 50km 的地质勘查要求扩展到海岸外 100km，但这次发生地震的日本海沟离福岛第一核电厂的距离大约是 130km。相比陆地，对海底的地质勘查工作所需要投入的资源是巨大的。2009 年，笔者当时所在的环境保护部核与辐射安全中心与日本原子能基磐机构开展技术交流，日本同行介绍相关工作时，笔者曾半开玩笑地说："你们东海岸外的太平洋怎么办？"没想到一语成谶。

核电厂的安全不是简单地取决于堆型或者位于内陆还是沿海，而是取决于保守的设计、高质量的建造和严格的运行。保守的设计需要正确地识别核电厂运行中可能遭遇的各种内外部事件，并予以充分地设防。福岛第一核电厂事故可以说再次证明了这个道理。

5.4.4　福岛第一核电厂事故是否还会继续恶化？

前面重点介绍了 1 号、2 号和 3 号机组事故期间的一些情况和事故后果评估，将 4 号、5 号和 6 号机组放在这里介绍正是为了说明福岛第一核电厂事故是否还会继续恶化。

对于 4 号机组而言，海啸前反应堆内核燃料已经卸出。对于 6 号机组，一台高位的气冷柴油发电机得以维持。而 5 号机组反应堆内存有核燃料,海啸后 60 多个小时才将 6 号机组气冷柴油发电机的电源连接过来,并实现了向堆芯的注水。从失去堆芯冷却后的相对注水时间来说,比 1 号、2 号和 3 号机组晚得多,为什么 5 号机组堆芯没有发生明显损坏呢?这里的关键就是前面提到的衰变热。地震发生时,1 号、2 号和 3 号机组处于功率运行状态,其停堆后衰变热较高,而 5 号机组处于停堆换料状态,由于停堆时间较长,其衰变热已降到很低的水平。在压水堆核电厂,乏燃料在水池中存放 8~10 年后就已经可以采用 "干式贮存" 方式,而功率运行时沸水堆核电厂的燃料功率密度低于压水堆核电厂,也意味着衰变热的功率密度低于压水堆核电厂。福岛第一核电厂事故已发生 7 年,以现在的衰变热水平来说,使凝固的熔融物再次熔化,并使事故继续恶化的可能性已经极低。

　　2011 年 3 月 28 日中新社报道,东京电力公司 28 日凌晨首次提到,封闭燃料和冷却水的反应堆压力容器可能已出现破口。2011 年 6 月 8 日央视网中国网络电视台报道,据日本共同社报道,日本政府的原子能灾害对策总部 7 日汇总了将提交给国际原子能机构 (IAEA) 的有关福岛第一核电厂事故的报告。报告指出,1~3 号机组燃料棒熔毁后坠落,一部分可能已通过压力容器上的漏洞堆积在安全壳的底部。这说明,福岛第一核电厂 1~3 号机组反应堆压力容器的熔穿是预知的,而这次东京电力公司的探测只是证实了当时的预计,并不意味着事故的继续恶化。

　　至于媒体报道的 "辐射超高可数十秒杀人" 则有吸引眼球之嫌。

　　一般认为,辐射照射剂量达到 6Sv 是半致死剂量 (引起被照射机体死亡 50% 时的剂量),东京电力公司此次探测到的辐射剂量率推测达到 650Sv/h。按这个辐射剂量率,"可数十秒杀人" 似乎没错。但即使核电厂没有发生事故,那个部位的辐射剂量率也是很高的。核电厂工作人员为了开展检查或维修等一些必要工作,也必须是在停堆并且核燃料已卸出,又采取必要的屏蔽和防护措施后才能进入那个部位,而且可能还要限制工作时间。

　　上面的介绍和评述是初步的。福岛第一核电厂事故后,国内在密切跟踪和研究相关经验教训的基础上,组织了国内核设施的综合安全检查,开展了抗震裕度、防洪裕度和全厂断电裕度评估等工作,确定了改进项目。2015 年,笔者在参加美国核管理委员会的监管信息大会时,应邀做了一个中国核电厂在福岛第一核电厂事故后改进的报告,报告完后一位美国女士走上前对笔者说:"你们做了一个伟大的工作。" 但作为一个专业的核安全工作者,笔者深知,像三哩岛核电厂事故和切尔诺贝利核电厂事故一样,福岛第一核电厂的事故经验教训的研究和总结是一个长期的工作,需要长期持续的努力。

　　恩格斯曾经说过:"没有哪一次巨大的历史灾难不是以历史的进步为补偿的。" 但这种进步,一定是建立在对灾难的科学、客观和理性分析,并正确总结经验教训,采取合理的纠正措施的基础上的。

参 考 文 献

[1]　国际原子能机构 (IAEA) 理事会. 福岛第一核电厂事故 —— 总干事报告. 2015.

汤搏，清华大学核能研究院硕士研究生毕业，研究员级高工，从事核安全监管工作，现任环境保护部核电安全监管司司长。长期从事核安全监管工作，参与和组织过秦山核电厂、大亚湾核电厂、秦山第二核电厂、田湾核电厂、高温气冷堆示范项目等多个核电厂的安全审评和监督工作。

第6章 中国核应急工作的新进展[*]

核应急是指为了控制或者缓解核事故、减轻核事故后果而采取的不同于正常秩序和正常工作程序的紧急行动。核应急工作的目的是依法科学统一、及时有效地应对处置核事故，最大限度控制、减轻、消除事故及其造成的人员伤亡和财产损失，保护环境，维护社会正常秩序。核应急包括平时的准备和急时的响应两个部分，是一项复杂的社会系统工程，是确保核安全的最后一道防线，是与社会和公众对接的"最后一公里"，直接涉及社会稳定和国家安全。

6.1 中国为什么要高度重视核应急工作[1,2]

中国于 1955 年 1 月创建核能事业，一直以来，就同步重视其中的核安全应急工作。20 世纪 80 年代以来，为适应核电发展，国家逐步建立健全了核应急体系。特别是党的十八大以来，党和政府更加高度重视核安全应急工作。在新理念新思想上，习近平总书记两次出席核安全峰会，提出中国核安全观和推进全球核安全治理、加强国际核安全体系等重大战略思想；在国家政策措施上，国务院发布《国家核应急预案》，李克强总理强调指出，核安全应急管理无小事，各项工作务必常抓不懈；在法律法规制度建设上，发布《国家安全法》等重要法律法规，强调建设核应急体系、提升核应急能力；在具体措施准备上，中国全面推进核应急各项准备工作，加强核应急演习演练，完善各级应急体制机制，全面改进核设施单位应急管理水平，体系化加强各类措施和工作；在公众沟通上，中国发表首部涉核白皮书——《中国的核应急》，加强全民核安全应急知识教育等。中国之所以高度重视核安全工作，加强核应急管理，主要考虑是：第一，核事故不同于其他事故，核具有放射性，放射性有极其危险的杀伤力、感染力，危害极大，应对复杂，必须预有防备；第二，事实表明，发展核能事业的步伐不停止，进行核安全的努力、加强核应急的准备就不能停止，况且，1979~2011 年发生了三次重大核事故，必须有所防备；第三，我国目前安全高效发展核能速度快，核设施较多，仅核电在运与在建机组就有 56 台，世界排名第三，如此发展规模与体量，要求我们必须同步做好核应急准备工作；第四，建设美丽中国，倡导绿色发展，关爱生态，珍爱生命，人民群众比以往任何时代都关注核安全、关注核能发展，关注我们是否准备好了、强化了底线思维、做好了保底工程；第五，核事故应急非常复杂，极其特殊，很难应对，目前应对成功的例

＊作者为国家国防科技工业局核应急安全司姚斌。

子很少，特别是直接关系到社会稳定、人民安全、国家安全，如果应对不及时、有失误、控制不住事态，将会产生巨大的社会负面效应，给国家的政治、经济、国防、外交、安全等带来巨大影响，严重危及国家安全、人民安全、政治安全。核安全无小事，核应急无国界，核应急管理必须得到进一步的持续加强。

6.2   中国核应急工作的方针原则与主要政策[1,2]

这些年来，在党中央、国务院的高度重视下，中国的核应急方针政策与国家安排不断明确，措施实在，政策托底。

(1) 法律法规明确了国家核应急工作的方针政策。《国家安全法》明确，"加强核事故应急体系和应急能力建设，防止、控制和消除核事故对公民生命健康和生态环境的危害"。国家行政法规和《国家核应急预案》明确，国家核应急工作必须"贯彻执行常备不懈、积极兼容，统一指挥、大力协同，保护公众、保护环境的方针；坚持统一领导、分级负责、条块结合、快速反应、科学处置的工作原则"。这就从根本上确定了国家核应急工作的指导思想。

(2) 国家建立了核应急工作基本管理体制。在党中央、国务院的领导下，在国家层面指定核工业主管部门牵头负责国家核应急工作，建立国家核事故应急协调委员会，健全核应急协调机制；在省级层面，按照国家模式，也建立相应的协调委员会和办公室，根据各地实际，在一些市县地区也建立相应的核应急组织；在核设施营运单位层面，建立完备的核应急组织体系、工作体系、应对救援体系。

(3) 国家建立了各类核应急专业体系。按照对核应急准备与响应工作规律的认识，参照国际组织的倡议，结合国内实际，国家建立健全了核应急工作的五大体系，即法律法规制度标准体系、预案体系、组织指挥体系、救援体系、技术支撑体系。同时，各级都配备了核应急工作的专家队伍。特别是在核应急能力准备方面，国家建立了国家级、省级、核设施营运单位级的能力保障体系。

(4) 国家制定了核事故评级体系。参考国际原子能机构核与辐射事件分级 (INES) 表和《中华人民共和国突发事件应对法》，国家对核事故级别按照 7 级标准定级 (1 级，异常；2 级，事件；3 级，重大事件；4 级，无明显厂外风险的事故；5 级，具有厂外风险的事故；6 级，重大事故；7 级，特大事故)，按照 4 个档次确定事件事故性质 (特别重大、重大、较大和一般)。

(5) 国家安排并规范了应对处置的主要行动。主要有事故缓解控制、辐射监测和后果评价、人员放射性照射防护、去污洗消和医疗救治、出入通道和口岸控制、市场监管和调控、维护社会治安、信息报告的发布、国际通报和援助等。在具体实施过程中，各种行动措施可以并用，也可以创造其他务实高效的应对形式。

(6) 国家规定了实施核应急响应的指挥协调流程。核应急响应是在复杂情况下组织实施的紧急行动，对指挥协调流程和机制要求很高。经过这些年的实践，国家已经建立了应对核事故和突发事件的指挥协调机制，包括值班、情况上传下达、信息报送、信息发布、军地协调、现场救援等各个方面。

6.3 中国核应急工作取得的新成就[3]

这些年,特别是福岛核电事故发生以来,在中央的坚强领导下,我国核应急准备与响应工作取得了多方面的进展。"十二五"期间,主要的进展有:

(1) 积极稳妥应对涉核突发事件。成功组织福岛核电事故应对;扎实做好四川芦山地震涉及的核设施应急工作;稳妥组织实施朝鲜核试验应对;完成汛期、重要时期、重要任务核应急准备。

(2) 核应急法规制度建设逐步加强。国务院发布新版《国家核应急预案》;各级核应急组织完成新一轮预案修订;修订《核电厂核事故应急管理条例》工作扎实推进;出台 50 余部核应急规章制度标准和规范。

(3) 核应急救援力量持续提升。推进与核能事业发展相适应的核应急能力体系建设;设立 8 个国家级核应急专业技术支持中心、25 支救援分队和 3 个培训基地;启动 3 个核电集团支援基地和快速支援队建设;核设施营运单位核应急能力持续提升。

(4) 核应急基础设施建设实现新进展。建成覆盖全国的核与辐射应急监测、核应急医学救治、地震监测等网络;启动海洋辐射环境监测网络和核应急气象观测网络建设;完成国家核应急响应中心、核与辐射事故应急指挥系统整合升级;省级核应急指挥中心基本实现与本行政区重要核设施的网络对接。

(5) 核应急科技创新取得突破。我国核应急技术基础标准更加科学规范;核电站严重事故堆芯诊断技术、核事故后果评价与决策支持系统开发、核应急专用装备研发、核应急信息化技术、核应急医疗救治技术、核应急环境气象监测预报技术、公众风险沟通和心理援助研究等取得成果并得到应用。

(6) 演习演练和培训扎实有效。组织实施"神盾—2015"国家核事故应急联合演习;6 省(区、市) 完成核电站首次装投料前场内外联合演习;各级核应急组织共举办各类培训班 110多期,培训近万人次,各级核应急组织应对涉核突发事件能力水平显著提高。

(7) 核应急宣传和公众沟通成效显著。完成中国首部涉核白皮书 ——《中国的核应急》编制并发布。全国核应急宣传周、"助推核能发展、助力 '一带一路'"走进核电宣传、涉港核应急宣传和其他形式的科普宣传,产生强烈社会影响,为核能发展营造了良好环境。

(8) 核应急国际影响力不断提升。积极履行国际公约规定的核应急国际义务;响应国际原子能机构倡议改进核应急工作;积极拓展双边、多边核应急合作与交流;开展应对福岛核电事故合作交流,我国核应急国际影响力显著提升。

6.4 中国核应急面临的新形势、新挑战、新任务

中国政府表示,发展核能事业的步伐不停止,核应急的努力就不会止步。在实现中国梦新的历史时期,中国将持续坚持安全高效发展核能的基本政策,这对核应急工作提出新要求。按照核能发展规划,"十三五"期间,中国核电机组 (在运在建) 装机容量将达到 8800 万千瓦,机组数将达到较大规模。核电发展规模大、堆型多、技术创新快的特点,对核应急工作提出了更高要求。在实施"一带一路"倡议和核电"走出去"战略的新形势下,要求同时

做好涉外核应急工作,拓展核应急领域国际合作与交流,涉及的许多新课题新问题亟待研究解决。在推进生态文明、建设美丽中国新形势下,人民群众乃至国际社会对核能发展的关注度不断提高,对核安全应急准备工作关注度不断提高,对保护公众、保护环境的新期待不断提高,这都要求国家不断加强和改进核应急工作。特别是面对复杂国际形势和自然灾害频发的环境,要求核应急工作必须做好充分准备,应对可能发生的因自然灾害、恐怖袭击和涉核问题导致的社会危机。

适应新形势,着眼新挑战,面对新考验,国家核应急工作在今后一个时期的总目标是,基本建成适应核能事业发展的国家核应急体系,保障核能事业安全持续健康发展。完善核应急法制体系建设,形成基本完整的法律法规和制度标准体系;完善预案体系建设,各级各类核应急预案及执行程序衔接有序、配套齐全;完善组织体系建设,各级核应急管理队伍得到充实和加强,组织协调能力实现提升;完善救援体系建设,建成中国核应急救援队,各级核应急专业救援力量实战能力整体得到加强;完善技术体系建设,形成专业齐全、技术互补、支撑有力的国家核应急技术支持体系,国家核应急科技创新能力切实提高,综合实力整体提升。今后一段时期,拟具体做好推进核应急法规制度建设、完善核应急预案体系建设、加强核应急组织指挥体系建设、优化核应急救援体系建设、注重核应急技术支持体系建设、促进核应急科技创新、加强核应急演习演练与培训、拓展核应急宣传和公众沟通工作、深化核应急领域国际与地区间合作与交流等 9 个方面的工作,为保护公众、保护环境、维护社会稳定、保障国家安全不懈努力。

参 考 文 献

[1] 施仲齐. 核或辐射应急的准备与响应. 北京: 原子能出版社, 2010.
[2] 岳会国. 核事故应急准备与响应手册. 北京: 中国环境科学出版社, 2012.
[3] 中华人民共和国国务院新闻办公室. 中国的核应急. 北京: 人民出版社, 2016.

姚斌,国家国防科技工业局核应急安全司司长、国家核事故应急办公室副主任,主要负责组织国家核事故应急协调委的日常工作,管理和组织协调国家核应急预案的贯彻落实;负责组织检查、指导和协调各级核应急组织的核应急准备工作及组织管理国家核应急响应中心。目前,主要从事国家核应急体系建设、核应急技术支持和救援队伍建设、核应急政策法规制定、核应急工作发展规划等方面的研究。

第 7 章　进一步提高核与辐射事业的安全文化*

早在我国发展核与辐射事业的初期，就提出了"安全第一，质量第一"的方针，制定了相应的规章制度，保证了核与辐射事业的安全顺利发展，但未形成系统的理论。1986 年，苏联切尔诺贝利核事故后，国际社会认真研究该事故的经验教训，国际原子能机构 (IAEA) 国际核安全咨询组 (INSAG) 在《切尔诺贝利核事故后评审会议总结报告》(INSAG-1) 中首次引出"核安全文化"一词。随后，国际辐射防护协会和 IAEA 又分别引入了"辐射安全文化"和"核安保文化"的概念。为了统一安全文化的概念，IAEA 在其《国际原子能机构安全术语：核安全和辐射防护系列》(2007 年版) 中，将"核安全文化、辐射安全文化和核安保文化"统称为安全文化，其意义为"在组织和工作人员中建立将防护和安全问题因其重要性而作为最高优先事项予以重视的特征和态度的集合"。我国对安全文化也十分重视。一些核能和核与辐射应用单位以安全文化的基本原则为指导，进行了大量的探索。国家核安全局、国家能源局和国家国防科技工业局在 2015 年联合发布了《核安全文化政策声明》。中国核学会在2016 年发布了《卓越核安全文化基本原则》[1]。

安全文化在我国得到了较好的发展，但也存在不少值得重视的问题。安全文化包括核安全文化、辐射安全文化和核安保文化，片面强调哪一方面或混淆不同概念都是有害的。在推进安全文化时，首先要针对设施的性质，明确安全文化的内涵。在正面阐明安全文化理念的同时，指明和分析一些不符合安全文化的理念是必要的。本章试图在这方面作一些探讨。

7.1　涉核与辐射领域的准确分类是建立良好安全文化的基础

在《中国环境百科全书：核与辐射安全》中，核设施的定义是"需要考虑临界安全 (核安全) 问题的规模生产、加工、使用、操作或贮存易裂变材料的设施，包括相关的构筑物和设备。核设施包括铀浓缩厂、核燃料元件生产厂、研究堆 (含次临界和临界装置) 和核动力厂、乏燃料贮存设施和后处理厂。"[2] 在《国际原子能机构安全术语：核安全和辐射防护系列》(2007 年版) 中，核设施的定义是"生产、加工、使用、处理、贮存或处置核材料的设施，包括相关建筑物和设备。"虽然在该文件中还同时给出了核设施的另外两种定义：①生产、加工、使用、处理、贮存或处置核材料的设施，包括相关的建筑物和设备，这种设施若遭受

---
* 作者为中国核工业集团有限公司科学技术委员会潘自强。

潘自强. 进一步提高核与辐射事业的安全文化. 辐射防护, 2017, 37(5): 337-340.

破坏或干扰可能导致显著辐射或放射性物质释放；②在需要考虑安全水平的基础上生产、加工、使用、处理、贮存或处置放射性物质的民用设施及相关的土地、建筑物和设备。然而，该文件明确指出，这两种核设施的定义仅分别适用于《核材料和核设施实物保护公约》和《乏燃料管理安全和放射性废物管理安全联合公约》，在其他地方应避免使用。但在我国有的标准中却明确定义为"核设施、核动力厂和其他反应堆、同位素生产设施、放射性废物处理和处置设施。"在有的法规中，也有一些条文把核设施和辐射设施混为一谈。这样做的后果是极其有害的。混淆核与辐射设施的区别，可能导致严重的后果。2009 年 6 月，河南省一座辐照装置发生卡源事件。这样一起对厂外没有任何辐射影响的事件，却造成数万居民逃亡。图7-1 的照片是农民开着拖拉机逃离的情景。其根本原因是混淆了核设施和辐射设施。混淆两者的区别，有可能导致忽视主要的问题，而把注意力放在根本不存在的问题上。如在一座反应堆乏燃料已安全运走的原核设施所在地，却高悬"核安全高于一切"的大标语。实际上这里已经没有核安全问题，留下的仅仅是辐射安全问题。

图 7-1   河南省发生辐照装置卡源事件时农民开拖拉机逃离的场景

图片来源: 网易论坛

严格区分核设施、辐射和放射性同位素设施以及天然辐射增强设施是必要的。核设施包括核电站和反应堆、铀同位素分离、元件和后处理厂，核电站存在大的潜在风险，但发生事故的概率很小。新的标准已要求实际可消除大规模放射性核素释放。分离、元件和后处理厂存在发生临界事故的概率，但不存在由此引起的大规模释放问题。后处理厂放射性核素存量大，存在较大放射性释放的可能。但现代技术已使后处理厂不再可能发生苏联曾经发生的事故。辐射和放射性同位素设施不存在核安全问题，通常不存在厂外应急问题，但存在放射源和放射性同位素失控的概率。放射性废物处置设施通常应归在这一类。天然辐射增强设施，不存在核安全问题，但工作人员受到辐射照射的可能性大，对环境影响也可能较大。

在核设施、辐射和放射性同位素设施以及天然辐射增强设施中都必须十分重视安全文化，但不同的设施重点是不完全相同的。对于核电站和反应堆，必须十分重视核安全文化，但也不可忽视辐射安全文化和核安保文化。对于铀同位素分离、元件和后处理厂，特别是后处理厂，必须十分重视辐射安全文化和核安保文化，但也不可忽视核安全文化。对于辐射和放射性同位素设施、放射性废物处置设施和天然辐射增强设施，则完全是辐射安全文化和核安保文化问题。

7.2　一些安全文化不够的表现

7.2.1　忽视放射性废物管理，废物处置长期滞后于核事业的发展

国际原子能机构联合欧洲原子能共同体、联合国环境规划署、世界卫生组织、国际劳工组织等于 2006 年发布的《基本安全原则》中要求："保护当代和后代，必须保护当前和今后的人类和环境免于辐射危险 …… 对放射性废物的管理必须避免给子孙后代造成不应有的负担 …… " 我国《放射性污染防治法》也提出了相应要求。有关标准中也提出了核电厂产出的固体废物在厂内贮存不应超过 5 年。但我国放射性废物管理严重滞后。例如，我国第一座核电站秦山核电站 1991 年年底并网发电，到 2016 年年底，我国已建成 35 台机组，装机容量达到世界第四位，发电量已达世界第三位，但至今没有一座用于处置核电厂废物的处置场。已建成的广东北龙处置场，实际上也没有用于处置废物。我国生产堆后处理厂在 20 世纪末已开始退役，核电站燃料后处理中试厂已经建成。但从 20 世纪 60 年代末开始起步的高放射性废物玻璃固化研究，走过了近 50 年的历程，至今一座独立研究的实验装置也未建成。世界主要有核、核电以及核技术应用的国家均有专门的放射性废物管理法，而我国没有。我国军工遗留的放射性废物已近 50 年，潜在风险很大，其处理和处置进展缓慢。

7.2.2　忽视辐射防护三原则的核心：辐射防护最优化 —— 合理、可行、尽量低

辐射安全的基本原则是：正当性、最优化 (合理、可行、尽量低) 和剂量限值，其核心是合理、可行、尽量低。但我们经常听到的却只是限值和约束值，很少提到是否满足"合理、可行、尽量低"的原则。在讨论确定约束值时，很少提供最优化的分析，而是尽可能靠近限值。在评价辐射安全现状时，只谈剂量限值和约束值，不谈是否符合最优化的要求。

7.2.3　忽视安全和环保的基本原则，采用已淘汰的落后技术

采用成熟的先进技术是安全和环保的一项基本原则，而有的单位仍然以各种理由坚持采用早已淘汰的落后技术。例如，放射性废水桶装水泥固化技术在国内早已成熟，而有的单位现在仍然以各种理由坚持采用在国际上早已淘汰的大块水泥浇筑。

7.2.4　满足于符合现行规范和标准，缺乏不断探究的精神

有的单位甚至引用已证明不恰当但尚未修改的过时的标准，为自己的行为辩护。有的单位由于设计上的问题，发生过多起放射性废水误排事故，但在新工程的设计中，仍然没有吸取教训，还按原设计规范进行设计和施工。在指出这一问题后，有的人却说设计规范没有修改。

7.2.5　把安全绝对化，认为反应堆元件根本不可能熔化

在有的研究堆安全分析报告中，明确写上不可能熔化。有些同志和单位至今不承认核反应堆元件存在熔化的可能性，这就导致一些事故演习由于业主单位强烈反对，只得设计了一个元件都没有熔化、一回路破裂导致场外应急的完全不合理的情景。

7.2.6　在讲到事故时，常常是"言必称希腊"

在有关事故教材中，说到国外的事故，有时间、地点、经过、原因分析和事故教训。说

到国内的事故，往往是 ×× 单位、×× 时间，经过和原因都极为简单。与 20 世纪八九十年代相比，现在极少发表事故分析报告，一些众所周知的事故也未见报道和公开的详细报告。在监管部门为了总结经验教训、收集事故事件材料时，报上来的事件和事故极少，一些大家都知道的事件和事故，也以没有档案或档案遗失为由不上报。

7.3　提高安全文化的建议

(1) 在总结我国安全文化实践的基础上，参考国际原子能机构的经验，制定我国安全文化标准系列。在这个过程中，切记不要用核安全文化代替或包括辐射安全文化和核安保文化。切不可混淆核设施、辐射和放射性同位素设施以及天然辐射增强设施的界限。针对不同的设施，制定各有特点的安全文化标准。

(2) 尽快发布统一的核与辐射事件 (事故) 分级和报告制度。现行核事件 (事故) 与辐射事件管理制度不统一，核事件参照国际核与辐射事件分级手册执行，辐射事件按《关于建立放射性同位素与射线装置辐射事故分级处理和报告制度的通知》执行，两者差异很大。国家核安全局已组织编写"核与辐射事件分级标准"，该标准在国际核与辐射事件分级手册的基础上，补充了三级以下辐射事件的具体标准，建议尽快发布。并建议在总结现有经验的基础上，尽快制定统一的核与辐射事件报告制度。

(3) 建立国家核与辐射事件数据库。核和辐射事件 (事故) 的经验和教训是我们的宝贵财富。收集、分析和研究已经发生的事件 (事故)，对于提高安全文化和安全水平均具有重要意义；建立国家核与辐射事件数据库是开展这些研究工作的基础。在分析事件的原因和教训时，要侧重研究"安全分析"的不深入、安全规定和规程的不完整、安全文化的缺损等方面的原因，避免主要追究个人责任。

参 考 文 献

[1] 中国核学会. 卓越核安全文化基本原则. 2016.
[2] 柴国旱, 潘自强. 核设施//潘自强, 刘华. 中国环境百科全书: 核与辐射安全. 北京: 中国环境出版社, 2015: 253.

潘自强，中国工程院院士，辐射防护和环境保护专家，现任中国核工业集团有限公司科学技术委员会主任，兼任国家核事故应急专家委员会主席、中国核学会辐射防护分会理事长、联合国原子辐射效应科学委员会中国代表、国际原子能机构放射性领域多个委员会委员、中国原子能科学研究院研究员、博士生导师、香港天文台科学顾问。获国家级和部级奖 9 项，获美国保健物理学会摩尔根学者奖。

第 8 章

四项革新：未来核安全之路[*]

科学界通常把裂变反应堆划分为四代。第一代裂变反应堆是指 20 世纪 50 年代建设的原型核电站，其证明了核能发电技术的可行性。第二代裂变反应堆是指 20 世纪 70 年代至今建设并正在运行的大部分商业核电站，其证明了核能发电的经济竞争力。第三代裂变反应堆是指满足《美国用户要求》(URD) 或《欧洲用户要求》(EUR) 具有更高安全性的新一代先进核电技术。第四代裂变反应堆是目前正在设计和研发的，在反应堆和燃料循环方面有重大创新的反应堆，其主要特征是可防止核扩散、具有更好的经济性、安全性高和废物产生量小[1]。本章所提革新型核能系统主要指第四代堆、聚变堆或者混合堆系统[2,3]，是未来核能重要的发展方向。

确保核安全是相关方和每一个参与者的共同责任：政府监管部门行使核安全监督权，承担监督管理责任，确保制定科学合理、切实可行的安全目标是其行使职责的基础；设计院、建设与运营单位共同组成的工业界，则更关心如何在确保实现安全目标的同时获得更大的经济利益；社会公众在关心核电发展带来利益的同时，更关注自身所要承担的风险。因此，核能知识的公众化普及对于获得公众的理解和支持尤为重要。

本章立足于核安全研究的发展历程，针对革新型核能系统，主要从安全目标、设计理念、评价方法以及公众认知 4 个角度回顾相关研究，并尝试探讨以下 4 个问题：①革新型核能系统需要满足什么样的安全目标；②如何确保安全目标的实现；③如何评价安全目标是否达到；④如何使风险为公众所理解和接受。最后在此基础上提出"四项革新"建议。

8.1 发 展 现 状

2011 年福岛核电事故对核安全基础研究和技术发展产生了重要影响，迫使人类一方面进一步改进现有核安全设计，另一方面重新思考核安全的研究范畴和评价方法[4]，主要包括：

(1) 在核安全设计改进上，扩展了设计基准范畴，提出设计扩展工况 (DEC) 概念，进一步发展了除氢技术和非能动技术，增强备用电源的可用性，不断完善核事故应急机制，同时积极开展各项先进反应堆设计和研发工作。

* 作者为中国科学院核能安全技术研究所吴宜灿。
吴宜灿. 革新型核能系统安全研究的回顾与探讨. 中国科学院院刊, 2016.

(2) 在核安全研究范畴上，逐步认识到核安全问题不仅是"技术问题"，而且是"社会问题"，更加强调交叉学科研究，特别是同社会科学的结合。

(3) 在核安全评价方法上，对于多堆风险评价方法、灾害性事件及其叠加情况下的风险评价技术、人因失误评价技术等，开展许多基础性研究工作。

与此同时，还应清晰意识到存在的问题和面临的挑战。

8.2　问题与挑战

目前我国在建核电机组均采用第三代核电技术。在"引进 → 消化 → 吸收 → 再创新"的基本思路指引下，我国已走出一条第三代核电技术的自主创新之路。在革新型核能系统方面，如何实现创新驱动战略引领下的"跨越式发展"是当前主要的问题和挑战。梳理革新型核能系统及其安全技术发展存在的问题，主要包括：

(1) 革新型反应堆安全特性利用与应用扩展不足。同传统反应堆相比，革新型反应堆在安全性、经济性、废物最小化以及防核扩散等方面有重大改进，应充分利用这些安全特性并积极拓展其应用领域，改变核能产品单一的现状，满足除发电以外的多样化需求。

(2) 核安全评价方法研究缺少突破性进展与自主化工具。若将传统核安全评价方法应用于革新型反应堆，就会发现它们具有完全不同的设计特点。为此必须在方法学上，发展适用于革新型反应堆的理论，而非基于经验化的理论。同时，核安全作为国家安全的重要组成部分，自主发展核安全评价相关软件工具不仅对确保国家战略安全和信息安全，而且对实施核电"走出去"都具有重要意义。

(3) 核安全监管科学发展滞后与"第三方"评价不足。2015 年曝出的"德国大众汽车排放作弊"事件，*Nature* 杂志刊文提出应将监管作为一门科学来进行发展，并提出监管科学 (regulatory science) 的概念[5]。我国核能的发展逐步形成了政府、运营单位和设计院组成的"铁三角"[6]，政府作为"裁判员"，运营单位和设计院构成的工业界作为"运动员"。"裁判员"和"运动员"主导着政策制定和核能发展，公众在其中比较被动。因此在政府、工业界和公众之间迫切需要"背靠核能，面向公众"的"第三方"。

(4) 风险沟通机制亟待完善，全社会核安全文化尚未建立。虽然我国民用核安全保持良好的运行纪录，但是"欲思其利，必虑其害；欲思其成，必虑其败"，必须足够重视核事故应急相关工作，包括计算机仿真与事故应急决策支持技术、核应急设备研发、快速响应能力的核应急队伍建设与人员培训等。核安全文化是核安全的最后一道屏障，需要结合中国传统文化以及习近平总书记提出的"理性、协调、并进"的中国核安全观，逐步构建适合于我国国情的、全社会的核安全文化，并且使核安全文化"内化于心，外化于行"。

8.3　发展建议

8.3.1　理念革新：安全目标从技术重返社会

早期辐射安全目标多为定性描述，即不明显增加个人风险和社会风险。三哩岛核事故后，美国核管理委员会 (NRC) 发布的《核电安全目标》政策声明中提出"两个千分之一"概念: 紧邻核电厂的个人或居民急性死亡风险不超过其他原因导致急性死亡的千分之一; 因核电厂运行导致癌症死亡的风险不超过其他原因致癌风险总和的千分之一[7]。

随着概率安全分析 (PSA) 方法的建立, 技术安全目标由此增加了基于 PSA 的定量指标 —— 概率安全目标, 包括堆芯损坏频率 (CDF) 和放射性早期大规模释放频率 (LERF)。其中, 第二代反应堆的 CDF 为小于 10^{-4}/(堆·年), LERF 为小于 10^{-5}/(堆·年); 第三代反应堆概率安全目标为 CDF 小于 10^{-5}/(堆·年), LERF 小于 10^{-6}/(堆·年)。

严格地说, 这样的定量概率安全目标是在美国当时的厂址、环境和人口条件下从"两个千分之一"推导出来的, 但目前大多数其他国家只是简单地引用这个概率安全目标, 缺乏充分的指导意义[8]。此外, 这一安全目标的实施在很大程度上依赖于 PSA 技术的成熟和完善, PSA 结果中的不确定性始终是一个重要挑战[9]。更重要的是, 此安全目标仅考虑对公众的保护, 没有考虑对环境和社会可持续发展的影响[10]。

针对革新型核能系统, 除存在上述问题外, 以 CDF 等概率值作为安全目标是缺乏普适性的。"堆芯损伤"仅是基于压水堆技术对"两个千分之一"目标的推演, 对于革新型反应堆不具指导意义。比如熔盐堆不存在堆芯或者不存在堆芯熔化概念; 铅冷堆的堆芯熔化现象同压水堆差异巨大, 熔融物漂浮可冷却, 同时保持低压维持放射性包容; 对聚变堆而言, 存在等离子"堆芯"及核包层, 其"堆芯"的概念与裂变堆完全不同。

回顾核安全目标的确定过程可以看出, 其经历了从社会到技术的发展, 核安全目标从最开始就是保护人类和环境, 着眼于社会风险, 因此不应该以 CDF、LERF 等技术的中间准则作为核安全目标的唯一考量, 核安全目标应该从技术重回社会。目前国内外都已经有了一些初步实践, 例如 2002 年第四代核能系统国际论坛 (GIF) 建议在第四代堆的安全目标中消除场外应急的需求[1], 2007 年国际原子能机构 (IAEA) 在提出的"技术中立"中建议采用社会风险作为指标, 2011 年我国核安全规划中也提出"从设计上实际消除大量放射性物质释放的可能性"的要求[11]。虽然这些探索在具体实践上仍未达成共识, 但将核安全的社会性作为安全目标的重要组成的思路是一致的, 也是未来的发展方向。

为此, 需要对革新型核能系统安全进行理念革新, 即人类对核能的安全期望来源于社会, 发展于技术, 最终服务于社会, 安全目标要从技术重返社会。

8.3.2 技术革新: 摆脱"纵深防御"无限复杂化

核能系统发展长期以来一直将"纵深防御"(defense-in-depth, DID) 作为最基本的安全哲学理念。DID 理念自 20 世纪 40 年代由美国杜邦公司化学工程师提出以来, 一直被认为是基于当前认知下的优秀工程思想[12]。但长期以来的运行经验反馈, 尤其是三次核事故, 使得 DID 的层级不断加深, 且不堪重负。DID 已由最初的三层逐步扩展到五层, 以满足不断提高的安全目标。可以说, 整个反应堆安全的发展过程就是 DID 逐步加深的过程。

这个特点在福岛核电事故之后尤为突出。各个国家、组织提出的安全加强手段就是加强第四和第五层 DID 的具体表现[13-15]。例如, 在 IAEA 和西欧核管理协会 (WENRA) 最新的 DID 分层中, 将第四层进行了拆分, 强调各层之间的独立性; 关于设计基准和工况划分的更改, 强调将设计扩展工况作为设计基准进行考虑, 并加强实际消除工况的应对, 要求针对极低频率的工况提供附加安全措施; 此外加强对极端外部灾害的考虑, 消除陡边效应 (cliff edge effect)。

安全目标的提高扩大了 DID 的范围，继而需要通过增加防御手段和系统来实现。可是无限制增强 DID 未必带来最终的安全：一方面，无限制增加 DID，意味着建造成本增加，竞争力下降，没有核电更妄谈核安全；另一方面，陷进"复杂的系统 → 复杂的安全问题 → 为解决这些安全问题设置新的复杂系统 → 系统更复杂"的怪圈[16]，堕入"推舟于陆也，劳而无功"的困境。究其原因，DID 的实质是对复杂系统认知不足的一种工程妥协。

实际上，先进反应堆发展初期就已经意识到这个问题。最早阐述先进压水堆的两份经典文件：1986 年 NRC 发布的有关先进核电厂的政策声明[17] 以及 1992 年提出的 URD[18]，均明确提出核电系统简单化的目标。尽管如此，反应堆却依然走在系统不断复杂化的道路上。根本原因是采用了高温高压水作为冷却剂，进而带来两方面的重大安全挑战：

(1) 冷却剂丧失事故 (LOCA)。LOCA 直接导致堆芯冷却剂丧失，自 20 世纪 60 年代以来被认为是最大可信事故，花费巨额经费进行实验研究。

(2) 安全壳失效事故。水作冷却剂可能导致氢气爆炸、燃料与冷却剂的相互作用 (蒸汽爆炸)、高压熔融物喷射等现象，进而可能造成安全壳的多种模式失效，且失效概率性高。

这些挑战的存在，使得压水堆在安全目标不断提升的情况下，不得不加大纵深防御的考虑范围，从而使防御手段和系统复杂度迅速增加。

面对上述困境，主要有两条解决途径：

(1) 采用非能动技术，简化设计。非能动技术，实质上是利用自然法则给设计"瘦身"，依靠重力、自然对流、蒸发、冷凝等自然现象，简化设计，减少人为干预，降低人为失误风险，在提高安全性同时节省成本。

(2) 通过采用革新型反应堆技术，善用反应堆自身安全特性。以铅基反应堆为例，铅或铅铋合金作为冷却剂，具有高沸点，高密度，化学性质不活泼，对 I、Cs 滞留能力强等特点，从而带来可常压运行、安全裕量大、无冷却剂丧失事故、堆芯熔融后漂浮可冷却、无氢爆、放射性释放小等安全优势。利用安全特性本身就可加强 DID 中的重要环节，同时可减少额外的、不必要的手段。此外，革新型反应堆采用先进的设计理念，实现安全的"built-in, not added on"[19]。"Added on"作为传统的做法，指早期的核电厂采用系统安全分析工具对相对成熟的设计进行安全评价，然后通过增加额外的设计进行修补。而"built-in"则是指安全评价在早期介入设计，及早发现设计漏洞，提出并开发新的安全规程和设计改进，早"发现"早"治疗"。

为此，需要进行技术革新，即不能通过无限制复杂化 DID 来解决安全问题，革新型反应堆技术才是最终出路。同时积极利用革新型反应堆的安全特性，拓展革新型反应堆在海水淡化、高温制氢、区域供热以及空间电源等方面的应用，充分发挥在模块化、分布式能源建设方面的优势。

8.3.3　方法革新：系统化安全评价方法

目前用于压水堆安全分析的确定论方法，是利用已有长期运行经验，逐步"堆砌"而成的，是一种实证主义的方式。基于此已经形成了一套基本通用的设计基准、保守假设和验收准则，并在各国的评审标准里有明确体现。如我国 1989 年发布的《核电厂设计总的安全原则》(HAD 102/01) 的附录 II 中就明确列出了"典型的假设始发事件清单"，并认为"可视作汇编特定电厂的假设始发事件清单时的起点"。

但若将目光移至革新型反应堆，就会发现它们具有完全不同的设计特点。例如聚变堆具有高能中子、大量中低放射性废料、结构极为复杂、服役环境极端和放射性氚等安全挑战，而完全无临界的风险，导致压水堆已有设计基准、保守假设和验收准则完全不适用。同时由于缺乏运行经验，利用"堆砌"方法同样也不可行。

基于压水堆实证主义形成的安全评价方法，在革新型核能系统上已不再适用。因此，已有一些研究试图通过补充理论化的方式形成新的方法体系。代表成果有：技术中立框架 (TNF)、风险指引绩效依赖 (risk-informed performance-based) 执照申请方法、技术中立安全需求 (TNSR)[20]等。同时，GIF 在总结全世界经验的基础上，提出了理论化而非经验化的、适用于革新型反应堆的评价方法 ISAM(integrated safety assessment methodology)，集成了多角度的见解，旨在早期指导设计。

为此，先进反应堆的安全评价应进行方法革新，即不能只采用类似压水堆的实证主义，必须重视理论引导，采用系统化评价体系。

8.3.4　措施革新：建立发挥"第三方"作用

目前政府、运营单位和设计院构成了中国核能的"铁三角"[6]。政府和工业界 (含运营单位和设计院) 主导着政策制定和核能发展，公众在其中处于比较被动的角色。福岛核电事故之后，公众参与的呼声越来越高。人类也逐渐认识到核安全不仅是技术问题，而且是社会问题。不能忽略目前"铁三角"之外社会公众的存在，政府、工业界和公众应重构成为未来核能产业的"新铁三角"。

我国核安全的公众沟通工作相对滞后。2015 年 8 月中国科学院核能安全技术研究所开展的一项社会调查表明：在 2600 余份有效调查问卷中，60%的受众表示核安全使用方面未被充分告知。由此可见，过去的"铁三角"与公众之间存在着巨大的鸿沟。在"新铁三角"还未有效建立之际，有必要通过引入"第三方"机构使其成为"铁三角"与公众之间的润滑剂。

调查还显示，在与社会沟通信任度方面，工业界排名在政府及官媒、国际核能组织、环保组织和科学家之后，仅有不超过 15%的信任度。此结果与经济合作与发展组织 (OECD) 的调查结果中核电运营者的信任度为 11%类似，均属较低水平。因此，工业界亟须"第三方"提高其社会公信力。

另外，政府和公众之间由于视角不同、标准不一，存在对立。调查显示，有 72%的公众支持新建核电厂，但是只有不超过 36%的公众支持在家乡建设。因此"建在谁家边上"仅由政府决策是不可行的，必须扩大公众的参与面，需要由"第三方"搭建政府和公众之间的"桥梁"。

因此，在政府、工业界和公众之间迫切需要"背靠核能，面向公众"的"第三方"。"第三方"需具备如下特点：利益无关，不受各方金钱左右；观点独立，不受外界压力影响；科学专业，有强大的技术后援力量；持续广泛，能够服务于核安全的方方面面。"第三方"不仅能够作为政府的技术后援和智库，而且还能够担当起工业界和公众之间的认知桥梁，增强工业界的公信力。

为此，需要对整个安全构架进行"措施革新"，随着对安全目标的关注重新回到社会，在政府、工业界和社会之间应建立"第三方"并通过其发挥桥梁和纽带作用。

8.4　小　　结

本章立足于核安全研究的发展历程，从安全目标、设计理念、安全评价、风险认知等四个方面对核能安全研究进行了回顾和探讨。回顾反应堆安全目标的发展历程，"多安全才安全"始终是永恒的话题，CDF 和 LERF 仅是基于压水堆技术对"两个千分之一"安全目标的推演，对于革新型核能系统无法适用；不断加强的 DID 安全哲学，虽得到有效实践但已不堪重负，安全水平进一步提高存在瓶颈；基于类似压水堆实证主义形成的安全评价方法，已不再适用于革新型核能系统，需要发展理论指引、系统化的核安全评价方法；我国核安全公众沟通工作滞后，随着核电事业的不断发展，公众风险认知和参与仍然是未来关系核电发展的重要因素。

在指出当前存在的问题及未来发展趋势的基础上，提出了未来核安全研究的"四项革新"建议。

理念革新：人类对核能的安全期望来源于社会，发展于技术，最终服务于社会。因此安全目标要从技术重返社会，在核安全研究中重视学科交叉，核安全不仅是技术问题，而且是社会问题，需要加强自然科学和社会科学的融合。

技术革新：不能无限制复杂化纵深防御来解决安全问题，革新型反应堆技术才是最终出路，同时拓展革新型反应堆在海水淡化、高温制氢、区域供热以及空间电源等领域的应用，充分发挥在模块化、分布式能源建设方面的优势。

方法革新：对先进反应堆的安全评价方法，不能只采用类似压水堆的实证主义，必须重视理论引导，采用系统化评价体系，并注重分析工具自主化研发。

措施革新：随着对安全目标的关注重新回到社会，在政府、工业界、设计院和社会之间应建立"第三方"，并通过其发挥桥梁和纽带作用。

参 考 文 献

[1] Wu Y, FDS Team. Conceptual design activities of FDS series fusion power plants in China. Fusion Engineering and Design, 2006, (81): 2713-2718.

[2] Wu Y, Jiang J, Wang M, et al. A fusion-driven subcritical system concept based on viable technologies. Nuclear Fusion, 2011, 51(10):532-542.

[3] 吴宜灿. 福岛核电站事故的影响与思考. 中国科学院院刊, 2011, 26(3): 271-277.

[4] Sugiyama M, Sakata I, Shiroyama H, et al. Five years on from Fukushima. Nature Comments [2016-03-03].

[5] Editorials. Testing Times. Nature: This Week [2015-10-01].

[6] He G Z, Mol A P J, Zhang L, et al. Public participation and trust in nuclear power development in China. Renewable and Sustainable Energy Review, 2013, 23: 1-11.

[7] NRC. Safety Goals for the Operation of Nuclear Power Plants. Policy Statement, republication. 51FR30028, 1986.

[8] 曲静原, 薛大知. 核安全目标制定与评估中的若干问题. 辐射防护通讯, 2005, 25(6):10-14.

[9] 汤搏. 关于核电厂安全目标的确定问题. 核安全, 2007, 2:8-11.

[10] IAEA. Proposal for a Technology-Neutral Safety Approach for New Reactor Designs. IAEA-TECDOC-1570, 2007.

[11] 环境保护部 (国家核安全局), 国家发展改革委, 财政部, 等. 核安全与放射性污染防治"十二五"规划及 2020 年远景目标. 2011.

[12] Keller W, Modarres M. A historical overview of probabilistic risk assessment development and its use in the nuclear power industry: a tribute to the late Professor Norman Carl Rasmussen. Reliability Engineering and System Safety, 2005, 89(3): 271-285.

[13] IAEA. Considerations on the Application of the IAEA Safety Requirements Draft. 2014.

[14] RHWG, WENRA. Safety of new NPP designs. 2013.

[15] 柴国旱. 后福岛时代对我国核电安全理念及要求的重新审视与思考. 环境保护, 2015, 43(7):21-24.

[16] "第二代改进型核电厂安全水平的综合评估"课题组. 第二代改进型核电厂安全水平的综合评估. 核安全, 2007, (4):1-26.

[17] NRC. Regulation of Advanced Nuclear Power Plants. Statement of Policy.51FR24643, 1986.

[18] EPRI. Advanced Light Water Reactor Utility Requirement Document. 1992.

[19] The Risk and Safety Working Group. Basis for the Safety Approach for Design and Assessment of Generation IV Nuclear Systems. Revision 1, 2008.

[20] The Risk and Safety Working Group. An Integrated Safety Assessment Methodology (ISAM) for Generation IV Nuclear Systems. RSWG Report, Version 1.1, 2011.

吴宜灿, 研究员/教授, 博士生导师, 中国科学院核能安全技术研究所所长、中国科学院中子输运理论与辐射安全重点实验室主任、国际能源署 (IEA) 合作计划执委会主席、国际原子能机构 (IAEA) 顾问专家、国际热核聚变实验堆 (ITER) 组织核安全与许可证技术专家组成员、第四代核能系统国际论坛 (GIF) 铅基堆中方技术代表。长期从事核科学技术及相关交叉领域研究, 主持包括 IAEA 及 ITER 国际合作计划、国家"973"/"863"计划、国家自然科学基金重大研究计划、国家磁约束核聚变能发展研究专项、中国科学院战略性先导科技专项等重大项目 30 余项, 发表论文 400 余篇, ESI 十年全球 Top 1% 高被引论文 7 篇, 出版专著 4 部, 担任 FED 国际学术期刊副主编及其他 10 余家知名期刊编委, 授权发明专利 30 余项, 研发的软件在 60 多个国家获得应用。获国家自然科学奖二等奖、国家科学技术进步奖一等奖、国家能源科技进步奖一等奖等国家和省部级奖励 10 余项。

第二篇 在运及第三代核反应堆安全技术

这部分包含 4 章，针对我国目前在运的以及"十三五"期间计划建设的先进第三代堆（"华龙一号"、CAP1400、浮动核电站），对其安全特性进行了系统的阐述。

中国核工业集团有限公司科学技术委员会副主任叶奇蓁院士，从亲身经历的我国核电的发展历程着眼，介绍了我国进行自主研发、再创新的第三代压水堆核电技术；对保持安全壳完整性、严重事故预防和缓解、耐事故燃料 (ATF) 等研究的现状和未来，进行了分析和预测；对乏燃料后处理及核废物处理和处置的研究，提出了未来发展方向。

"华龙一号"总设计师咸春宇等，介绍了"华龙一号"的总体安全设计。"华龙一号"根据目前国际最新安全要求，设计了完善的五层纵深防御和全范围的事故工况分析，采用 IAEA 的 SSG-30 分级原则、系统的内外部灾害防护设计，具有充裕的电厂自持能力，同时可以应对类似福岛核电站的事故。

国家科技重大专项"大型先进压水堆核电站"CAP1400 总设计师、上海核工程研究设计院郑明光院长等，分析了 CAP1400 的技术特性。在安全性上，重新设计非能动安全系统与能动的纵深防御系统，满足当前最高安全目标；在辐射防护、三废处理和运维策略上，通过控制棒控制大范围负荷变化来提高运行灵活性，大幅减少运行过程中的含硼废液产生量；在经济性上，通过提高机组容量、加强设计简化和标准化等措施，进一步提升型号经济性。

中船重工第七一九研究所张金麟院士，通过对"萨瓦娜"号、"陆奥"号以及"罗蒙诺索夫"号等国外核动力船舶的安全技术应用情况的介绍，提出了发展海上浮动核电站面临的核安全挑战，并分析我国海上浮动核电站发展过程中设备生产、总体建造等关键技术的突破情况，探讨了若干可行的解决思路。

第 9 章　中国核电的创新发展[*]

中国核电的发展始终贯穿着自主创新的精神，坚持实现四个自主——自主设计、自主建造、自主运行、自主管理和设备国产化。在"以我为主，中外合作"的方针指引下，中国核电的发展体现了全面的自主创新，同时亦包含引进、消化、吸收、再创新。

9.1　中国核电的发展历程

中国第一座自主设计建造的秦山第一核电站，采用压水型反应堆，电功率为300MW。1981年10月国务院正式批准建站，位于浙江省海盐县秦山山麓。1985年5月20日核岛浇筑第一罐混凝土，1991年12月15日首次并网发电，1994年4月1日投入商业运行。秦山第一核电站70%的设备由国内制造，部分关键设备从国外进口。

大亚湾核电站是从国外引进技术、设备，具有20世纪80年代后期国际先进水平的中国第一座大型百万千瓦级商用核电机组，1982年年底获得批准，1986年9月签订正式合同，1987年8月7日浇筑第一罐混凝土，1994年2月1号机组投入商业运行，2号机组于1994年5月投入商业运行。大亚湾核电站的设计包含了美国三哩岛核事故后的一些改进，如用先导阀取代弹簧式安全阀，以防止安全阀不回座导致的失水事故；增加了安全冗余系统功能丧失后的后备措施，以提高安全性；加设蒸汽驱动的辅助给水泵和安全参数显示盘等。

秦山第二核电站是我国首座按国际先进标准自主设计建造的发电功率为600MW的二环路商用核电机组，机组额定出力650MW，最大出力689MW。1、2号机组分别于1996年6月2日和1997年4月1日浇筑第一罐混凝土，2002年4月15日和2004年5月3日分别投入商业运行。秦山第二核电站按照《电力公司要求文件》(URD)作了相应的改进：堆芯设计满足15%热工安全余量的要求，提高了安全性；根据二环路的特点重新设计了安全系统，增设了压力容器直接安注，采用两台汽轮机驱动水泵和两台电机驱动水泵的冗余的、多样化的辅助给水系统；设置了电站计算机系统，用以显示核电站主要运行参数以及常规岛的数字化控制；考虑了超设计基准事故的防范和部分严重事故的缓解，如设置电站附加应急柴油发电机，以提高整个电站应急电源的可靠性，以及安全壳湿式过滤排放系统，防止安全壳超压失效；3、4号机组还增设稳压器降压排放，以避免超压熔堆，设置非能动氢气复合装置，防止氢爆等。秦山第二核电站大部分主设备均实现了国产化，设备设计和制造引进或吸收了20世纪90年代最先进的技术，其中反应堆的压力容器采用整体锻件，消除了活性区

＊作者为中国核工业集团有限公司科学技术委员会叶奇蓁。

的焊缝，提高了压力容器的可靠性。由于采用 30 万千瓦一个环路的标准化设计，亦为百万千瓦级核电站的主设备国产化奠定了基础。

岭澳核电站二期是我国首个在引进、消化、吸收的基础上自主设计建造的百万千瓦级核电机组，2005 年 12 月开工，2011 年 8 月 7 日全面建成。岭澳核电站二期吸收了我国核电设计建造的经验，进行了相应的改进，主要有：改进和优化了专设安全系统，考虑了超设计基准事故的防范和部分严重事故的缓解，如稳压器降压排放、设置防止氢爆等的非能动氢气复合装置；采用半转速汽轮发电机，提高热效率；采用全数字化控制系统，提高电站的控制水平，改善人机界面；首次引入状态导向法事故处理规程，有效降低人因失效概率。在岭澳核电站二期和秦山核电站 3、4 号机组建设的促进下，核电设备的国产化率达到 85% 以上。

除了引进的四台 AP1000 和两台 EPR 外，自 2007 年 8 月至 2010 年 12 月先后共有 22 台自主设计的核电机组开工建设，中国核电进入规模化发展阶段。截至 2016 年 9 月 30 日，我国已投运核电机组 31 台，总发电功率 2903.4 万千瓦，在建机组 25 台，总功率 2951 万千瓦。中国核电具有"后发优势"：中国的核电建设充分吸收了国际核电发展的经验和教训，采用当前最先进的技术，遵循最高的安全标准；中国始终坚持自主创新，不断改进；技术先进、实力强大的装备行业为中国的核电建设提供了高质量的先进核电设备。

中国核电自秦山核电站一期机组投运二十年来，在役运行机组的安全水平进一步提升，根据国际原子能机构发布的核与辐射事件分级表界定，其未发生二级及以上运行事件（事故）；运行业绩良好，主要运行指标高于世界平均值，部分指标处于国际前列，核电站工作人员照射剂量低于国家容许标准，商业运行核电站的放射性流出物均远低于国家标准值。例如，大亚湾核电站气态流出物：惰性气体年累计排放量 9.65×10^{11}Bq，为国家规定量的 0.138%；卤素年累计排放量 6.93×10^6Bq，为国家规定量的 0.028%；气溶胶年累计排放量 4.87×10^6Bq，为国家规定量的 0.128%。液态流出物：氚年累计排放量 3.85×10^{13}Bq，为国家规定量的 17.111%；其余核素年累计排放量 1.81×10^8Bq，为国家规定量的 0.139%。秦山第二核电站气态流出物：惰性气体年累计排放量 9.13×10^{11}Bq，为国家规定量的 0.315%；卤素年累计排放量 6.48×10^6Bq，为国家规定量的 0.360%；气溶胶年累计排放量 1.29×10^7 Bq，为国家规定量的 0.299%。液态流出物：氚年累计排放量 6.35×10^{13}Bq，为国家规定量的 57.72%；其余核素年累计排放量 1.23×10^9 Bq，为国家规定量的 2.181%[1]。核电站周围环境辐射水平保持在天然本底范围内，没有对公众造成不良影响。福岛核电事故以后，根据国际的研讨和经验反馈，我国制定了一系列安全措施和技术标准，防止类似事故的重演。

1988 年年底，中国核电代表团应邀访问巴基斯坦，中巴双方就核电合作进行了交流，达成由中国向巴基斯坦出口自主设计建造的 30 万千瓦核电机组的意向。中国先后在巴基斯坦建设了四台 30 万千瓦的核电机组，其中三台已投产运行；2015 年在巴基斯坦开始建设两台百万千瓦级核电机组，开启了中国核电出口的进程。目前，中国已与阿根廷等多个国家签订了核电出口或合作协议，中国核电正走向世界。

9.2　中国最早引进并自主开发的第三代核电技术

苏联切尔诺贝利核事故后，20 世纪 80 年代末和 90 年代初，各核电大国积极着手制定以更安全、更经济为目标的核电设计标准规范，即美国的《电力公司要求文件》(URD)、西欧国家的《欧洲电力公司要求》(EUR)，在此基础上有关国家开发设计了先进轻水堆核电站，称为第三代轻水堆核电站。

我国率先引进并在三门、海阳建设首批四台 AP1000 先进压水堆核电站，同时又在台山建设两台 EPR1700 先进压水堆核电站。第三代压水堆核电站最显著的技术特征是设置了完备的严重事故预防和缓解设施，将概率安全目标提高一个量级，要求堆芯损坏频率 (CDF) 小于十万分之一，大量放射性释放频率 (LRF) 小于百万分之一。

AP1000 的主要特点有：①紧凑布置的反应堆冷却剂系统，采用两环路，各由一台蒸汽发生器和两台直接安装在蒸汽发生器下封头出口端的屏蔽式电动泵组成；②采用非能动安全系统，诸如非能动应急堆芯冷却系统、非能动安全壳冷却系统等；③设置严重事故缓解设施，包括增设降压排放系统、自动氢气复合装置以及堆腔淹没系统，以导出余热，保持堆芯熔融物滞留在压力容器内；④设计基准地面水平加速度为 0.3g，以适应更多的厂址条件；⑤模块化设计和施工，缩短工期；⑥设置全数字化仪器控制系统。

EPR1700 的主要特点有：①四环路的反应堆冷却剂系统，堆芯由 241 个燃料组件组成，可使用 50%MOX 燃料；②采用双层安全壳，具有抗击大型商用飞机撞击的能力；③增加安全系统的冗余度，安全系统从二通道增加到四通道；④设置严重事故缓解设施，包括增设稳压器降压排放系统、氢气复合以及堆芯熔融物收集装置等；⑤设置全数字化仪器控制系统[2]。

9.2.1　自主开发的第三代核电技术

在已有的成熟技术和规模化核电建设及运行的基础上，我国自主开发了先进压水堆核电厂"华龙一号"。"华龙一号"满足先进压水堆核电厂的标准规范，已在福建福清、广西防城港和巴基斯坦卡拉奇开工建设，其主要特点有：①采用标准三环路设计，堆芯由 177 个燃料组件组成，降低堆芯比功率，满足热工安全裕度大于 15% 的要求；②采用能动加非能动的安全系统，能动系统能快速消除事故，非能动系统能在能动系统失效或全厂失去电源时确保核电厂的安全；③采用双层安全壳，具有抗击大型商用飞机撞击的能力；④设置严重事故缓解设施，包括增设稳压器降压排放系统、非能动氢气复合装置以及堆腔淹没系统，以导出余热，保持堆芯熔融物滞留在压力容器内；⑤设计基准地面水平加速度为 0.3g，以适应更多的厂址条件；⑥设置全数字化仪器控制系统。

堆芯装有 177 个燃料组件，在提升输出功率的同时确保足够的热工安全裕度 (≥15%)。堆芯采用低泄漏装料模式，实现 18 个月的换料周期，并具备进一步延长换料周期的灵活性。"华龙一号"采用国产的 CF3 燃料组件，由 264 个燃料元件组成，排列在 17×17 的支撑格架中。燃料元件包含 UO_2 芯块或 Gd_2O_3-UO_2 芯块；采用自主研发的先进锆合金包壳材料及格架、管座与导向管设计，CF3 具备优良的性能并适用于长周期换料。反应性控制分别由可燃毒物吸收体 (Gd_2O_3)、控制棒组件 (RCCA) 与可溶硼吸收体组成。RCCA 由 24 个紧固于星形架上的控制棒构成，控制棒吸收体材料为 Ag-In-Cd 合金或不锈钢。

1) 总体技术参数和堆芯及反应堆冷却剂系统 (RCS) 设计[3]

"华龙一号"的总体技术参数如表 9-1 所示。

采用成熟的三环路反应堆冷却剂系统 (图 9-1) 设计，每个环路包含一个蒸汽发生器和一个反应堆冷却剂泵,稳压器连接在其中一个环路上。增大反应堆压力容器、蒸汽发生器与稳压器的容积,以适应提升了的功率,更好地容纳运行瞬态,降低非计划停堆的可能性。增大蒸汽发生器二次侧容积以应对蒸汽发生器传热管破裂事故 (SGTR),延长二次侧的满溢时间,在完全丧失给水事故时延长蒸汽发生器干涸时间。

表 9-1   "华龙一号"总体技术参数

参数	数值/说明
堆芯热功率	3080MWt
毛电功率	∼ 1200MWe
净电功率	∼ 1120MWe
净效率	∼36%
运行模式	基荷和负荷跟踪
电厂设计寿期	60a
电厂可利用率目标	⩾90%
换料周期	18 个月
安全停堆地震 (SSE)	$0.3g$
堆芯损坏频率 (CDF)	$<10^{-6}$/(堆·年)
大量放射性释放频率 (LRF)	$<10^{-7}$/(堆·年)
职业照射剂量	<0.6 人·Sv/(堆·年)
操纵员不干预时间	0.5h
电厂自治时间	72h

图 9-1   三环路反应堆冷却剂系统

2) 采用能动加非能动的安全系统

采用能动加非能动的安全系统 (图 9-2),能动系统能快速消除事故,包括安全注入系统、辅助给水系统与安全壳喷淋系统。专设安全设施包括冗余系列,以满足单一故障准则。为了保证独立性,每个系列布置在实体隔离的厂房内,并且由独立的应急柴油发电机供电。安全注入系统由两个能动子系统 (即中压安注子系统和低压安注子系统) 组成,中压与低压安注泵在发生冷却剂丧失事故 (LOCA) 时从内置换料水箱 (IRWST) 取水并注入 RCS,以提供应急堆芯冷却,防止堆芯损坏。内置换料水箱用作安注水源,增强了对外部事件的防护,并避免转入长期安注时的水源切换。该系统配置有利于提高安注泵的独立性和可靠性,并降低安注压头,从而降低了 SGTR 事故时蒸汽发生器满溢的风险。

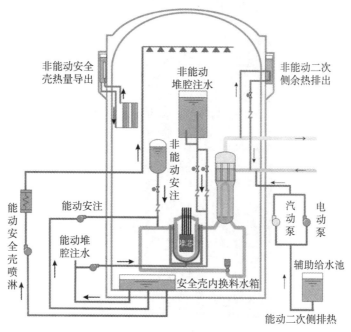

图 9-2 能动系统与非能动系统

辅助给水系统用于在丧失正常给水时为蒸汽发生器二次侧提供应急补水并导出堆芯余热。水源取自两个辅助给水池,动力由 2×50%电动泵 (可由应急柴油发电机供电) 和 2×50% 汽动泵 (由蒸汽发生器供汽) 提供。泵驱动的多样性提高了系统的可靠性。安全壳喷淋系统通过喷淋,冷凝 LOCA 或主蒸汽管道破裂事故 (MSLB) 释放到安全壳内的蒸汽,将安全壳内的压力和温度控制在设计限值以内,从而保持安全壳的完整性。喷淋水由喷淋泵从内置换料水箱抽取,并添加化学药剂以减少安全壳大气中的气载裂变产物 (尤其是碘)。低压安注泵可作为安全壳喷淋泵的备用,确保长期喷淋的可靠性。

非能动系统能在能动系统失效或全厂失去电源时确保核电厂的安全,包括非能动二次侧余热导出系统 (PRS)(图 9-3) 和非能动安全壳热量导出系统 (PCS)(图 9-4)。非能动二次侧余热导出系统在发生全厂断电事故 (SBO) 且汽动辅助给水泵失效时投入运行,以非能动的方式为蒸汽发生器二次侧提供补水,导出余热。PRS 由分别连接三个蒸汽发生器的三个系列组成。蒸汽发生器二次侧和浸没在两层安全壳上部换热水箱内的热交换器间的闭合回路将建立自然循环,导出蒸汽发生器一次侧的热量,并将热量释放到上部换热水箱内。水箱中的水容量足以维持系统运行 72h,以导出反应堆余热 (图 9-5)。非能动安全壳热量导出系统用于排出安全壳内的热量,确保安全壳内的压力和温度不会超过设计限值。PCS 由内层安全壳内顶部的整圈热交换器和设置在两层安全壳上部的换热水箱组成。安全壳内高温蒸汽和气体的热量被安装在安全壳顶部的热交换器换热管内的冷却水 (或水蒸气–水) 带走,并传递到安全壳外的换热水箱。安全壳换热水箱与热交换器的高差及温差将建立非能动自然循环,导出安全壳内的热量。安全壳内上升的蒸汽经顶部热交换器吸热凝结后,形成水滴下落到安全壳底部换料水箱和堆腔内,再次冷却堆芯,构成安全壳内的自然循环。换热水箱内的水被加热蒸发,热量最终耗散在环境中,形成反应堆冷却的"最终热阱"。水箱的容量满足事故后 72h 的非能动安全壳热量的排出。

图 9-3   PRS 系统试验装置

图 9-4   PCS 系统综合性能试验装置

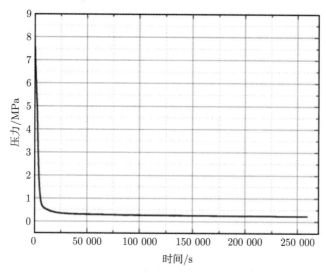

图 9-5 72h 内蒸汽–水循环回路内的压力

非能动系统的试验验证：为验证 PRS 系统的导热能力和设计参数，测试自然循环的稳定性和长时间 (72h) 运行能力。试验装置 (ESPRIT) 根据全压全高的原则和 1:62.5 的比例设计。ESPRIT 的循环回路由蒸汽–水循环系统 (包括模拟的蒸汽发生器、热交换器与补水箱)、水池排热系统、蒸汽排放系统及其他辅助系统组成。水池内的水被热交换器加热，在水池内形成自然对流，热量最终通过蒸发的形式耗散到环境中。试验在不同的压力与功率条件下测试了 PRS 系统的稳定运行能力，也研究了 SBO 事故情景下 PRS 系统的瞬态性能。试验证明了 PRS 系统在 SBO 事故后 72h 的余热排出能力。

为验证 PCS 系统和关键设备的性能，开展了大规模单管试验装置与综合性能试验研究。单管试验研究了单根传热管的传热机制，为热交换器的设计提供了准确可靠的基础。综合性能试验在全压全高的装置上进行，验证不同事故工况、安全壳大气和换热水箱水位的条件下，PCS 系统的排热能力和运行性能。试验结果证明：①在事故的不同阶段 (早期或长期)，PCS 系统的导热能力都能得到保证；②从启动至稳态运行工况，PCS 系统的排热功率呈下降趋势，压力及温度的波动不足以影响系统安全；③研制的内部换热器、汽水分离器和蒸汽排放装置性能均满足设计要求。

3) 采用双层安全壳

"华龙一号"的安全壳是一个位于共同筏形基础之上的双层安全壳。内层安全壳是带密封钢衬里的预应力混凝土结构 (包括筒体与半球状穹顶)，可以承受安全壳内的事故条件 (如 LOCA)，包容反射性裂变产物。壳内巨大的自由空间 (约 87 000m³) 提供了充足的安全裕度。内层安全壳的密封性要求为：设计基准事故条件下，每 24h 内的泄漏率不超过安全壳自由容积内气体质量的 0.3%。外层安全壳为钢筋混凝土结构 (包括筒体与浅半球状穹顶)，用来抵御外部事件，如飞机撞击 (包括商用飞机的恶意撞击)、外部爆炸和飞射物，以保护内层安全壳和内部结构、设备的安全。外层安全壳也是非能动系统水箱结构的一部分，三个换热水箱位于外表面同一高度并形成了由外层安全壳支撑的环状结构。两层安全壳之间的环形空间由排风系统维持在微负压状态，排风系统设有过滤系统，去除内层安全壳可能的放射性泄漏，然后经烟囱高空排放。

4) 设置严重事故缓解设施

严重事故缓解措施包括增设稳压器降压排放系统、非能动氢气复合装置以及堆腔淹没系统，以导出余热，保持堆芯熔融物滞留在压力容器内，防止高压熔堆、氢气爆炸、底板熔穿、安全壳长期超压和全厂断电事故 (SBO) 等。

压力容器高位排放系统用来在事故情况下从反应堆压力容器 (reactor pressure vessel, RPV) 顶部排出不可凝气体，以避免不可凝气体对堆芯传热的影响。

一回路快速降压系统用于在严重事故情况下对 RCS 进行快速降压，从而避免可能导致安全壳直接加热的高压熔堆现象发生。系统由连接稳压器顶部一个管嘴的两条冗余排放管线组成，每条管线上串联有一台电动闸阀和一台电动截止阀。

堆腔注水冷却系统 (CIS)(图 9-6) 通过向 RPV 外表面与保温层之间的流道注水来实现对 RPV 下封头外表面的冷却，从而维持 RPV 的完整性并将堆芯熔融物滞留在压力容器内。CIS 系统由能动和非能动子系统组成。能动子系统包括两个系列，每个系列通过泵从 IRWST 或备用的消防水管线取水。非能动子系统主要借助位于安全壳内的高位水箱，发生严重事故并且能动系统失效时，注入管线上的隔离阀打开，水箱内的水依靠重力流下冷却 RPV 下封头。

图 9-6　CIS 系统试验装置

为验证 CIS 系统的功能，对能动与非能动子系统分别测量了 RPV 外表面的临界热流密度 (CHF)，与堆芯熔融时压力容器各部位的热流密度相比较，以确认 CIS 系统的冷却能力。模拟体是一定比例的 RPV 半球形下封头的半个竖直切片，设置了 12 个加热模块，每个模块覆盖 7.5° 的区域。试验中加热功率逐渐增加直到临界状态。模拟体外表面温度被热电偶连续监测，通过热电偶信号的突跃识别临界状态。试验对于能动和非能动子系统分别提供了边界导热能力与角度位置的函数关系图 (图 9-7)，充分表明 CIS 系统对堆芯熔融物的冷却能力，以及"华龙一号"熔融物的堆内滞留 (IVR) 的有效性。

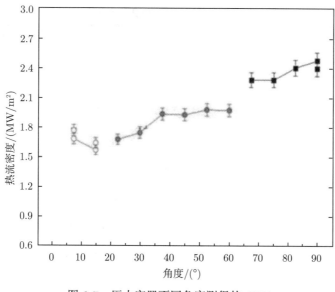

图 9-7　压力容器不同角度测得的 CHF

安全壳消氢系统用于将安全壳大气内的氢气浓度控制在安全限值以内，防止设计基准事故时的氢气燃烧或严重事故时的氢气爆炸。系统由安装在安全壳内部的 33 个非能动氢气复合装置组成，在氢气浓度达到阈值时自动复合。

安全壳过滤排放系统通过主动且有计划的排放，避免安全壳因压力超过设计压力而失效。排放管线上的湿式过滤装置用来减少放射性物质向环境中的释放。

为了防止发生未能紧急停堆的预期运行瞬变事故 (ATWS)，应急硼注入系统被设计成将RCS 快速硼化从而保持堆芯在次临界状态。如果正常硼化系统不可用，则手动启动应急硼注入系统，向 RCS 注入足够的硼酸溶液，以便将反应堆维持在次临界状态。

9.2.2　在引进、消化、吸收基础上开发的 CAP1400

CAP1400 的主要特点有：①加大反应堆堆芯燃料组件装载的容量，以满足热工安全裕度大于 15% 的要求，将核电站出力提高到 1400MWe；②加大钢安全壳的尺寸及容积，使外层屏蔽壳具有抗击大型商用飞机撞击的能力；③主循环泵采用 50Hz 电源供电，与我国电力标准相符，提高主泵供电的可靠性；④采用非能动安全系统，如非能动应急堆芯冷却系统、非能动安全壳冷却系统等；⑤设置严重事故缓解设施，包括增设降压排放系统、自动氢气复合装置以及堆腔淹没系统，以导出余热，保持堆芯熔融物滞留在压力容器内；⑥模块化设计和施工，缩短工期；⑦设置全数字化仪器控制系统；⑧设计基准地面水平加速度为 0.3g，以适应更多的厂址条件。

1) 总体技术参数和堆芯及反应堆冷却剂系统 (RCS) 设计[4]

CAP1400 的总体技术参数如表 9-2 所示。

CAP1400 的冷却剂系统由两个环路组成，每个环路中，冷却剂经过一条热管段流入蒸汽发生器，在蒸汽发生器下封头进入两台主泵的水室，然后通过两条冷管段流入压力容器。稳压器通过波动管连接在一条热管段上 (图 9-8)。

表 9-2　CAP1400 总体技术参数

指标或参数	单位	数值/说明
堆芯额定功率	MWt	4040
电厂总电功率 (毛)	MWe	～1500, 具体取决于厂址条件
设计寿命	a	60
可利用率	%	93
建造周期	月	首批 ≤56 个月, 后续批量化 48 个月
操纵员可不干预时间	h	72(少量补水操作后可达 7d)
堆芯损坏频率	(堆·年)$^{-1}$	$4.00×10^{-7}$
大量放射性物质释放频率	(堆·年)$^{-1}$	$5.07×10^{-8}$
职业辐照集体剂量	人·Sv /(堆·年)	＜1
职业辐照个人剂量	mSv /(堆·年)	＜20
废物处理标准	—	废液排放浓度满足 GB 6249—2011 要求, 包装固体废物体积小于 $50m^3/a$
安全停堆地震	—	SSE 峰值加速度 0.3g, 地震裕度复核 0.5g
堆芯设计裕量	%	≥15
燃料组件型号	—	RFA 改进型或自主型号
燃料组件数	个	193
换料周期	月	18
平均卸料燃耗	MW·d/tU	≥50 000
MOX 燃料装载能力	—	具备
平均线功率密度	W/cm	181.0
冷却剂平均温度	℃	304.0
系统运行压力	MPa(a)	15.5
主泵型号	—	国产屏蔽电机泵/国产湿绕组泵
主泵设计流量	m^3/h	21 642
蒸汽发生器限流器出口蒸汽压力	MPa(a)	6.01
二次侧蒸汽流量 (每台蒸汽发生器)	kg/s	1123.4
钢安全壳设计压力 (内压)	MPa	0.443(10%裕量)

2) 外层屏蔽壳具有抗击大型商用飞机撞击的能力

屏蔽厂房采用钢板混凝土 (SC) 结构, 提升核电站抗大型商用飞机恶意撞击的能力。加大钢安全壳的尺寸及容积, 使安全壳内布置更合理的同时开发了大型厚壁钢安全壳工地露天焊接和热处理消除应力技术。

3) 主循环泵及主设备的改进

主循环泵采用 50Hz 电源供电, 与我国电力标准相符, 可提高主泵供电的可靠性, 研究采用湿绕组泵的可能性, 作为屏蔽泵的后备方案; 研发新型蒸发器, 传热面积较 AP1000 增加了 27%, 并降低一回路流阻和改善二次侧参数; 反应堆堆内构件设计相比 AP1000 取消了中子屏蔽板, 降低出现松动部件的风险, 下腔室结构采用可拆换的均流板设计, 提高性能可靠性, 并优化流量分配; 压力容器顶盖采用一体化锻造工艺, 减少压力容器的焊缝。

4) 采用非能动安全系统

非能动的专设安全设施包括非能动余热导出系统、非能动安全注射系统、自动降压系统、非能动安全壳冷却系统等, 在事故工况下带走堆芯和安全壳内的热量, 实施堆芯安注, 使核电站回到安全可控状态, 确保堆芯和放射性物质屏障的完整性。为了验证设计的合理性与程序的适用性, 开展了包括非能动堆芯冷却系统综合性试验 (ACME)、非能动安全壳冷却系统综合试验 (CERT)、IVR 临界热流密度试验等关键试验。非能动安全注射系统在事故下 (如主蒸汽管道破裂) 向堆芯提供应急补水和硼化, 在失水事故 (LOCA) 下进行安全注射。系

统覆盖高压注射 (堆芯补水箱)、中压注射 (安注箱)、低压注射 (内置换料水箱) 和堆芯长期冷却 (地坑和换料水箱的再循环注射)。与 AP1000 相比，堆芯补水箱容积扩大了 21%，安注箱容积根据大破口事故时堆芯快速淹没的需求扩大了 38%，内置换料水箱容积根据安全壳地坑淹没高度的需求扩大了 34%，直接注入管线 (DVI) 尺寸从 AP1000 的 DN200 扩大到 DN250，以满足更高功率下的安注流量需求。

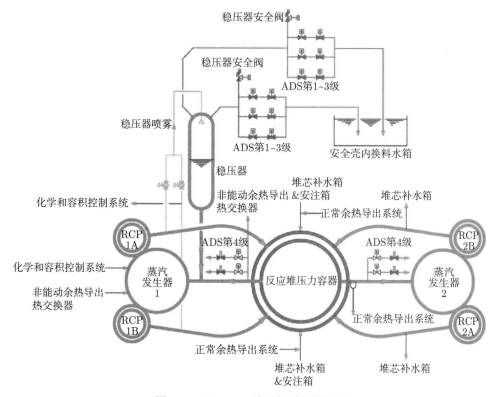

图 9-8　CAP1400 冷却剂系统流程图

5) 设置严重事故缓解设施

非能动安全壳热量导出系统 (PCS) 通过屏蔽厂房顶部的冷却水箱利用重力作用向钢制安全壳外表面喷淋，带走事故时蒸汽在安全壳内表面冷凝释放的热量。安全壳冷却水箱能提供至少 72h 的喷淋水量，期间不需要操纵员干预。72h 后，可以通过能动的再循环管路向安全壳冷却水箱提供冷却水。

当核电站发生严重事故时，采取以下应对措施：在事故发生早期利用自动降压系统降低堆芯压力，避免高压熔堆；通过堆芯熔化后熔融物的堆内滞留 (IVR) 保证压力容器的完整性，从而将熔融物包裹在反应堆压力容器内，避免堆外蒸汽爆炸以及熔融物与混凝土反应。

自动降压系统的主要功能是通过对 RCS 自动降压来支持非能动安全注射，以防止出现高压熔堆。CAP1400 的 1～3 级降压主要是为安注箱 (以及正常余热导出系统) 的投入提供前期降压。与 AP1000 相比，三级阀门的通径都扩大 50mm 左右；而自动降压系统第 4 级降压是为换料水箱的重力注射提供末期降压，为使重力注射尽早投入并满足流量要求，该级爆破阀的通径从 AP1000 的 DN350 扩大到 DN450，相对排放能力提高 60% 以上。

增设了 6 台非能动氢气复合器并延长了氢气点火器电源的供电时间，同时对氢气浓度监测仪表和 66 台氢气点火器进行抗震增强，确保其在安全停堆地震 (SSE) 后可用。

9.3　持续的核安全研究将不断提高核电的安全性

国内外都在进行核电的安全性研究，主要有实际消除大规模放射性释放、保持安全壳完整性、严重事故预防和缓解 (包括严重事故管理导则、极端自然灾害预防管理导则) 和耐事故燃料 (ATF) 研究等。

9.3.1　实现设计上实际消除大规模放射性释放需要维持安全壳的完整性

一般认为实际消除表示某些工况物理上不可能发生，或采用确定论方法认为该工况在高置信度下极不可能发生，或者要求低于 $10^{-7}/a$ 的概率。

维持安全壳的完整性和可靠性，是实际消除大规模放射性释放的有效措施。为做到这一点，首先要防止出现引发堆芯熔化的严重事故，一旦出现堆芯熔化，要求严重事故缓解措施有效，防止危及安全壳完整性的高压熔堆及出现氢爆，同时有效地导出余热，使放射性熔融物可靠地保持在反应堆压力容器内，并防止安全壳超压。需要指出的是在计算大规模放射性释放的概率时，应充分考虑严重事故缓解措施失效的概率，其公式为：

大规模放射性释放的概率 = 堆芯熔化概率 × 严重事故缓解措施失效的概率

当安全壳完全失去余热导出时 (能动的和非能动的) 安全壳压力会持续上升 (图 9-9)，危及安全壳的完整性。为消除这一类极端情况，设置湿式过滤排放系统，在安全壳可能出现超压时，手动打开排放阀，降低安全壳压力，保持安全壳的完整性，消除剩余风险。

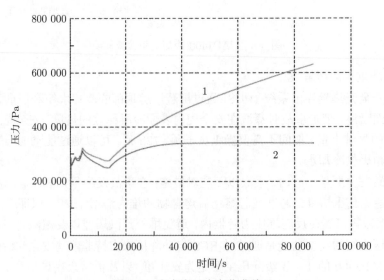

图 9-9　安全壳压力变化曲线

1. 没有余热导出系统时的安全壳压力；2. 余热导出系统工作时的安全壳压力

安全壳降压装置 (图 9-10) 可有效去除气态放射性物质，降低放射性的泄漏，试验表明安全壳过滤排放技术指标 (表 9-3) 优越，能够满足法规要求。

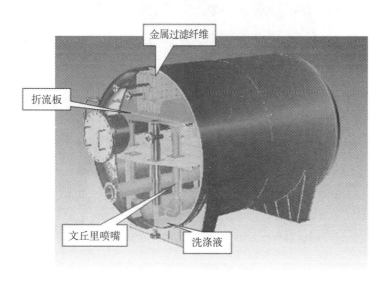

图 9-10 安全壳降压装置

表 9-3 安全壳过滤排放技术指标

评估内容	任务书指标	实际达到指标
气溶胶	气溶胶 ≥99.9%	气溶胶 ≥99.99%
碘	碘分子 ≥99%	碘分子 ≥99.5%
有机碘	有机碘 ≥30%	有机碘 ≥31%
去除衰变热功率	> 100kW	> 100kW
气溶胶承载量 (按 SnO_2)	≥ 80kg	≥ 1070kg
气溶胶再悬浮率 (24h)	≤ 0.0034%	≤ 0.001%
碘再挥发率 (24h)	≤ 0.1%	≤ 0.0627%
有效运行时间	36h	36h
设计寿命	40a	40a

9.3.2 严重事故机理研究[5,6]

堆芯熔融的机理及堆腔注水的机理研究有助于了解严重事故发展和缓解的过程，从而便于正确评价缓解措施的有效性。AP1000 对堆腔注水时熔融堆芯的传热情况和温度分布的试验进行研究，以 1:1 的尺寸切取反应堆底部四分之一的一片进行试验。试验得到了压力容器内熔融堆芯的温度分布 (图 9-11)；试验还就纳米流对沸腾传热和临界热流的提升 (图 9-12) 进行了研究，研究表明纳米流将提高约 30% 的临界热流密度。

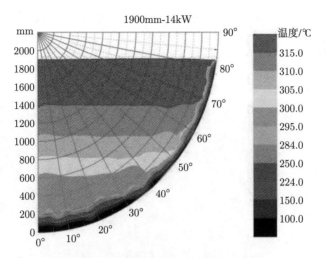

图 9-11　压力容器内熔融堆芯的温度分布

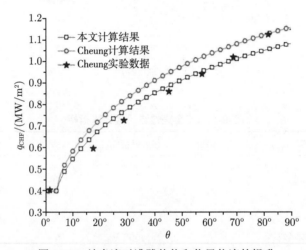

图 9-12　纳米流对沸腾传热和临界热流的提升

9.3.3　耐事故燃料研究

耐事故燃料的研究集中于降低堆芯 (燃料) 熔化的风险, 缓解或消除锆水反应导致的氢爆风险, 提高事故下燃料对裂变产物的包容能力。2011 年, 美国国会通过法案, 要求能源部组织制定一项旨在提高现役电站核燃料抵抗严重事故能力的研究, 目标是在 2022 年左右实现首个耐事故燃料 (ATF) 组件进入商用反应堆辐照; 法国、日本、韩国等也在开展耐事故燃料的研发; 经济合作与发展组织 (OECD) 组织了多次耐事故燃料国际会议, 国际原子能机构 (IAEA) 正在筹备一项 "ATFOR" 的合作研究项目。我国相关研究院所也已开展耐事故燃料的研发, 且我国有广泛的碳纤维工业基础, 有 SiC 包覆燃料的工艺和经验。

燃料的改进集中在提高燃料热导率, 增强燃料芯块对裂变产物的包容能力, 主要有: UO_2 芯块掺杂改性, 即添加改性颗粒提高热导率, 如 BeO、SiC 晶须、金刚石等; 采用高密度陶瓷燃料, 如高热导、高铀密度的 $U^{15}N$、U_3Si_2、UC 等; 采用金属基体微封装燃料, 如弥散于锆合金基体的 BISO/TRISO 颗粒；采用全陶瓷微封装燃料，将 BISO/TRISO 颗粒弥散于 SiC 基体。先进高热导燃料的性能见表 9-4。

表 9-4　先进高热导燃料的性能

燃料类型	芯块平均热导率/[W/(cm·K)]	燃料中心温度最佳估算值/K	燃料中心温度上限估算值/K
传统 UO_2	0.03	1781	1943
UO_2–SiC	0.04	1520	1682
UO_2–钻石颗粒	0.06	1259	1421

由于增加了改性颗粒提高了热导率，降低了燃料中心温度及其上限估算值。通过在 UO_2 中添加某些物质以改善 UO_2 燃料热导率较低的缺陷，同时消除芯块裂纹、减缓裂变气体释放和燃料储热，从而达到缓解 LOCA 事故后果的目的。佛罗里达州立大学还尝试了在 UO_2 粉末中加入纳米级的钻石颗粒，可以提高热导率和化学稳定性。如在 UO_2 中掺杂具有高热导率的 BeO 作为第二相材料，也可以提高燃料的热导率。在芯块的结构上，也有研究在芯块中心开孔，用以改善燃料中心的工作状况。

包壳的改进集中在减少或消除可燃气体及提高包壳的高温性能，主要有：采用锆合金涂层，如 Si 涂层、MAX 相 (Ti_3SiC_2)；采用先进金属包壳，如 FeCrAl 合金、复合 Mo 包壳等；采用 SiC 复合材料包壳，如单质 SiC 内层–SiC 纤维层–单质 SiC 外层。SiC 复合材料包壳的性能见表 9-5。

表 9-5　SiC 复合材料包壳性能

材料	熔点/℃	热中子吸收截面/b	导热系数 (辐照后)/[W/(m·K)]	硬度 HVN	杨氏模量/GPa
Zr	1852	0.187	16	300	99
SiC	5245	0.175	4~5	2800	380

可以看到，SiC 具有优秀的辐照稳定性和低的辐照活度，其辐照肿胀率在 200℃下达到饱和值 0.8%，而 1000℃时几乎为 0；SiC 能够有效抵御事故和偏离泡核沸腾的冲击，最高运行温度可达 2000℃；在高温蒸汽中抗氧化性远远优于锆合金，在 LOCA 事故的温度条件下其产生的氢远低于锆合金；由于中子截面小于 Zr，燃料富集度可以降低约 25%；机械性能优良，具有优良的耐磨蚀或耐异物磨蚀的能力。

耐事故燃料研究的成功不仅将提高新建核电站的安全性，而且将提高和改善已投产运行的第二代改进型核电站的安全。有理由认为，采用 UO_2 添加某些物质芯块和 SiC 复合材料包壳的燃料，可以做到"零堆熔"，从而大大提高核电的安全性。由于不是 SiC 包覆燃料，因此原先的 UO_2 后处理工艺基本适用，不致造成后处理的困难。

9.4　乏燃料后处理及核废物处理和处置的研究

每个核电站每年卸出 20~30 吨的乏燃料，存贮在核电站内部的乏燃料厂房中，乏燃料厂房存贮的容量可满足 15~20 年的卸料量和一个整堆的燃料。压水堆核电站乏燃料中含有约 95% 的 ^{238}U、约 0.9% 的 ^{235}U、约 1% 的 ^{239}Pu、约 3% 的裂变产物和约 0.1% 的次锕系元素。其中，仅裂变产物和次锕系元素为高放射性和长寿命废物，其他均是可再利用的战略物资。我国实施闭式燃料循环的技术路线，提取乏燃料中的铀和钚作为快中子增殖堆的燃料。我国自主设计的第一座动力堆乏燃料后处理中试厂热试成功，正式投产，并正在规划自主建设我国首个商业规模的乏燃料后处理示范工程，为实现我国核燃料闭式循环奠定基础。我国已建成快中子实验堆，并投入运行，正在研发并建设大容量的快中子示范堆，开发第四代核电技术，充分利用核资源，为下一代核电技术发展奠定基础。

乏燃料中的长寿命次锕系元素可利用快堆或加速器驱动的次临界系统 (ADS) 来嬗变，使其变废为宝，ADS 具有较高的嬗变支持比 (与快堆相比为 12:5)，中子能谱更硬，安全性较好。

对于高放射性废物的处置，由于裂变产物放射性核素含量或浓度高 (4×10^{10}Bq/L)、释热量大 ($2kW/m^3$)，含有毒性极大的核素，虽然其占所有废物体积的 1%，但占放射性总量的 99%。所以高放射性废物通过玻璃固化，采取三重工程屏障 —— 玻璃固化体、废物罐、缓冲材料，用以阻水，防止核素迁移。然后进行与生物圈隔离的深地层埋藏。

可以说核电站的乏燃料是严格受控的，高放射性废物量远小于煤电等废弃物，经玻璃固化、三重工程屏障处理和深地层埋藏，最终处置不会对环境、人类带来危害。

我国非常重视核废物的处理和处置工作，乏燃料后处理的中间试验厂已投入运行，正在建设大型后处理厂的示范工程和商业规模的后处理厂。长寿命的高放射性废物可在快中子堆或 ADS 中进行嬗变，快中子示范堆和商用堆正在筹建，同时与世界各国同步进行 ADS 研究；高放废物的玻璃固化和最终处置也正在研究。目前，乏燃料均安全地储存在核电站乏燃料水池中，其安全是得到保障的。

9.5 小　结

通过三十多年的发展，中国核电产业已经初具规模，取得了世人瞩目的成就；我国核工业不断转型升级，坚持创新驱动战略，走引进、消化、吸收基础上进行自主研发、再创新的技术发展路线，为核电发展打下坚定的科技基础、工业装备基础和人才基础。这也是我国能够研制、推出具有自主知识产权的第三代百万千瓦核电技术品牌，示范工程顺利建设并实现出口的关键因素。

为持续提升核电安全性和经济性，保障规模化发展，发挥核能在绿色低碳能源战略中的作用，需要我们坚持安全发展、创新发展，在核电安全实现实际消除大规模放射性释放，加强乏燃料后处理及核废物处理和处置研究和示范；并且通过科技创新和体制机制创新驱动，全面提升核工业的核心竞争力。

参 考 文 献

[1] 叶奇蓁. 我国核电及核能产业发展及前景. 南方能源建设, 2015, 2(4): 18-21.

[2] 中国工程院"我国核能发展的再研究"项目组. 我国核能发展的再研究. 北京: 清华大学出版社, 2015.

[3] Xing J, Song D Y, Wu Y X. HPR1000: Advanced pressurized water reactor with active and passive safety. Engineering, 2016, 2(1): 79-87.

[4]　Zheng M G, Yan J Q, Jun S T, et al. The general design and technology innovations of CAP1400. Engineering, 2016, 2(1): 97-102.

[5]　Ma W M, Yuan Y D, Sehgal B R. In-vessel melt retention of pressurized water reactors: historical review and future research needs. Engineering, 2016, 2(1): 103-111.

[6]　苏光辉. 轻水堆核电厂严重事故机理及现象学研究. 2016 年核电站新技术交流研讨会, 烟台, 2016.

叶奇蓁 (1934~)，男，浙江海宁人，中国工程院院士，中国核工业集团有限公司科技委副主任，核反应堆及核电工程专家，曾任我国自主设计的秦山核电站二期总设计师。

第 10 章

"华龙一号" 核电厂安全设计*

与常规工业安全相比,核电厂特有的危害和风险是放射性,放射性不可控地释放会严重威胁公众和环境安全。因此,核电厂安全设计过程中,最重要的是"核安全"的设计,确保核电厂在寿期内放射性的危害控制在安全的可接受范围内,满足相关法规要求。

一般来说,核电厂安全设计涉及的主要工作有:总体安全设计 (如纵深防御、单一故障等)、设计工况、安全分级、内外部灾害防护设计和核电厂自持能力。

10.1 安全要求的发展

核电厂总的核安全目标是建立并保持对放射性危害的有效防御,以保护人员、社会和环境免受危害[1]。其最核心的设计原则是纵深防御设计原则。国际上起初对核电厂纵深防御的设计考虑只有前三层防御,2000 年国际原子能机构 (IAEA) 正式颁布新的《核动力厂安全:设计》(NS-R-1)[2],明确了五层纵深防御设计原则,增加了严重事故和应急响应要求。之后,伴随核电运行经验的积累和技术的发展,安全设计的理论、要求和实践也在同步发展。其中,视为第三代核电厂设计要求的《欧洲用户要求》(EUR)[3]、《先进轻水堆用户要求》(URD)[4]中,对于未来第三代核电厂安全设计提出了较为系统的要求。首先,延续深化了《核动力厂安全:设计》中关于纵深防御的要求,对于事故分析、安全分级等,均提出了针对超设计基准工况和严重事故的设计要求。同时,对一些细节的安全设计要求进行了深化,如抗震类别和载荷要求、非能动单一故障要求、电厂自持能力的设计要求、详细的概率安全目标等。这些均体现出核电厂安全要求进一步的完善和发展。福岛核电事故后,国际上针对福岛核电事故的经验反馈,开始了对核电厂安全设计新的思考,IAEA 也发布了新的《核电厂安全:设计》(SSR-2/1)[5]要求,美国和法国也同时考虑增加新的核电厂安全设计,提出了一些新的安全设计要求理念,但还没有形成系统的设计要求。

我国核电厂安全设计要求一直紧跟 IAEA 的步伐,2016 年发布了《核动力厂设计安全规定 (HAF 102—2016)》,该规定同样提出了五层纵深防御的设计要求,福岛核电事故后,又充分吸取福岛核电事故的经验反馈,发展了我国核电厂安全设计要求。目前,我国自主研发和设计的"华龙一号"核电厂,系统地进行核电厂安全设计,是满足第三代核电厂安全设计要求的先进堆型。

---

* 作者为华龙国际核电技术有限公司咸春宇,深圳中广核工程设计有限公司司恒远。

10.2 "华龙一号"总体安全设计

10.2.1 总体安全方法

1) 纵深防御设计

核电厂设计中纵深防御理念的应用提供了一系列不同层次的保护措施,以防止事故发生,并确保当预防措施失效时在事故过程中提供适当的保护。按照《核动力厂设计安全规定 (HAF 102—2016)》[1],纵深防御分为五个层次,"华龙一号"根据纵深防御的五个层次,配置相应的系统和物项,如表 10-1 所示。

表 10-1 "华龙一号"纵深防御的安全设计特点

防御层次	防御要求	"华龙一号"方案特点
第一层次	通过按照恰当的质量水平和正确的工程实践并保守地设计核电厂,防止核电厂偏离正常运行及防止系统失效	同第二代核电厂相比增大了一回路的水装量,优化了主设备的结构设计,采用了破前漏技术,从而提升了固有安全性
第二层次	检测和纠正偏离正常的运行状态,以防止预计运行事件升级为事故	"华龙一号"设置有停堆保护、升功率抑制功能,纠正偏离正常的运行状态,防止预计运行事件升级为事故
第三层次	通过固有安全特性、故障安全设计、附加的设备和规程来控制未被前一层次防御所制止的事件,使核电厂在这些事件后达到稳定的、可接受的状态,并且至少维持一道包容放射性物质的屏障	"华龙一号"设计有完整、独立的两列或三列专设安全系统 (安全系统设计提供两种设计选项) 如安全注入系统、辅助给水系统等,同时"华龙一号"通过增大安全壳自由容积提升事故后的固有安全特性,并将换料水箱内置于安全壳内,避免了第二代核电厂事故处理过程中,手动切换到安注安喷再循环模式的操作过程等
第四层次	通过事故管理规程、防止事故进展的补充措施与规程以及减轻选定的严重事故后果的措施缓解严重事故,并保证放射性释放保持在尽可能低的水平	"华龙一号"核电厂针对严重事故,设置了专门的严重事故处理系统,如严重事故泄压阀、氢气控制系统、堆腔注入系统等
第五层次	通过适当装备的应急控制中心及厂内、厂外应急响应计划减轻可能由事故工况引起的潜在放射性物质释放造成的放射性后果	"华龙一号"核电厂制定了应急响应计划,厂区建有应急控制中心

2) 物项的安全设计准则

设置安全物项 (包括系统、设备及构筑物) 的目的是实现控制反应、排出余热以及包容放射性物质等安全功能。放射性物质包容方面要求考虑堆芯、乏燃料储存以及液体和气体放射性物质储存中的放射性包容。为了可靠地实现上述安全功能,物项的设计需要满足一系列的安全设计准则。

用来缓解设计基准工况的安全系统充分利用冗余性或多样性设计,并采取冗余设备的屏障分隔或几何分隔,以减少安全功能失效的可能性。"华龙一号"设置了两列或三列独立的、实体分隔的安全系统,并分别布置在实体分隔的两个或三个安全厂房里。以三安全系列为例,如图 10-1 所示,设置有三列安全注入系统,每列均配置有一个中压安注泵、一个安注箱和一个低压安注泵,分别注入三个环路,三列安注分别布置在实体分隔的三个安全厂房中。

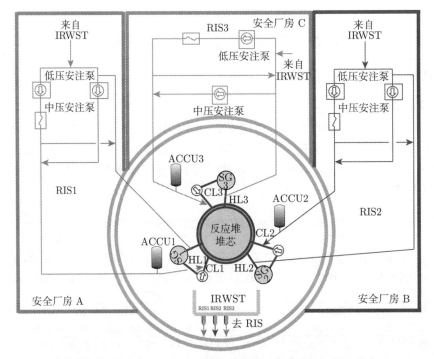

图 10-1 "华龙一号"安全注入系统流程简图及布置情况

"华龙一号"核电厂除了考虑能动单一故障，对于长期事故 (24h 后)，还考虑安全系统的非能动单一故障，如管道断裂、箱体破损；对于灾害分析中所涉及的灾害防护系统，同样考虑能动单一故障设计。此外，安全相关物项的设计，还考虑质量保证要求、设备鉴定、简化和功能分离设计、布置分区、辐射防护、友好人机界面设计。

3) 概率安全目标及安全评价

采用概率论方法评价的目的是评估电厂的安全设计是否符合总体安全目标，目前"华龙一号"核电厂在考虑电厂所有的初始状态和所有的始发事件类型 (内部事件、内部灾害和外部灾害)，其堆芯损坏频率 (CDF) 和大量放射性释放频率 (LRF) 随始发事件种类的百分比如图 10-2 所示。

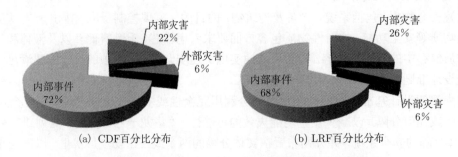

(a) CDF百分比分布   (b) LRF百分比分布

图 10-2 CDF 和 LRF 随始发事件种类的百分比

"华龙一号"为了进一步降低 CDF 和 LRF 值，设置全厂失电应急柴油机、二次侧非能动冷却系统和非能动安全壳冷却系统等，最终 CDF 低于 1.0×10^{-6}/(堆·年)，LRF 低于

1.0×10^{-7}/(堆·年)。

10.2.2　设计工况

核电厂的设计，首先要确定其考虑的工况范围和清单，并确定不同类别工况的验收准则，以确保核电厂在所考虑的设计工况中安全运行。

1) 工况分类

"华龙一号"核电厂设计考虑全范围设计工况，如停堆工况下的一回路小破口；并考虑乏燃料水池类事故，如乏燃料水池连接管线泄漏事故。

"华龙一号"核电厂按照假设始发事件发生的频率，把工况分为四类设计基准工况(DBC)，包括正常运行及正常运行瞬态 (DBC1)、预计运行事件 (DBC2)、稀有事故 (DBC3) 和极限事故 (DBC4)。同时还考虑两类设计扩展工况 (DEC)，包括复杂序列事故 (DEC-A) 和严重事故 (DEC-B)。DEC-A 工况指 DBC 工况未涵盖的，但为满足概率安全目标必须加以考虑的多重失效工况，如全厂断电 (SBO)、未能紧急停堆的预期瞬态 (ATWS) 等，这种全范围的工况分析和设计，使得"华龙一号"核电厂的系统配置更加系统和完善。图 10-3 给出了"华龙一号"设计工况发生频率和后果的关系图。

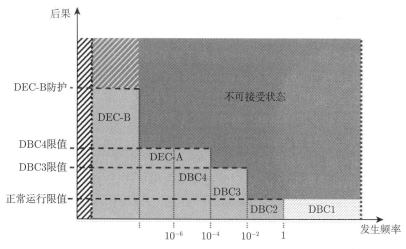

图 10-3　设计工况发生频率和后果的关系图

2) 安全状态

核电厂出现异常工况或发生事故时，为达到安全状态，核电厂配置了相应的系统与设备。"华龙一号"核电厂在 3、4 类设计基准工况 (DBC3、DBC4) 事故处理过程中定义了可控状态和安全状态，对于复杂序列事故 (DEC-A) 定义了事故最终状态，同时定义了严重事故分析的最终状态。

10.2.3　安全分级

"华龙一号"安全分级原则采用 2014 年 IAEA 正式颁布的"Safety Classification of Structures, Systems and Components in Nuclear Power Plants"(SSG-30)[6] 要求，对安全重要物项按照功能分类和设计预防措施两个维度进行分级。"华龙一号"安全分级根据物项或功能失效引起的放射性或关键物理参数的严重程度，分为"高""中"和"低"三个程度。

1) 安全功能分类

安全功能的分类主要根据功能失效的后果以及功能所应对的工况类别，安全功能分为安全 1 类、安全 2 类和安全 3 类功能，各安全功能级别定义如表 10-2 所示。

表 10-2   各工况下安全功能分类

安全功能种类	具体安全功能的安全物项组失效后的严重程度		
	高	中	低
正常运行瞬态/DBC2 可控状态前	安全 1 类	安全 2 类	安全 3 类
DBC3、DBC4 可控状态前	安全 1 类	安全 2 类	安全 3 类
DBC2、DBC3、DBC4 安全状态前	安全 2 类	安全 3 类	安全 3 类
DEC	安全 3 类	非安全类	非安全类

2) 设计预防措施

设计预防措施主要针对非能动的机械设备和构筑物。机组正常运行期间，采用设计预防措施的物项分级，直接根据其失效后的后果确定分级。

"华龙一号"核电厂采用 SSG-30 分级原则，同以往第二代核电厂安全分级相比，分级的逻辑性更强。同时，对执行超设计基准事故预防和缓解功能的物项提出分级等级和设计要求，符合目前国际上的安全设计发展趋势。

10.2.4   内外部灾害防护设计

任何物项在其使用的寿期内，不仅会受到来自内部本身的质量风险因素 (疲劳、断裂) 影响，还可能受到来自外部的环境因素影响，特别是各种灾害，如火灾、水淹等。所以，在核电厂设计过程中需要考虑在电厂寿期内可能遭受的灾害，并采取必要的预防和缓解措施，避免灾害引发核电厂事故，危及安全重要物项。

"华龙一号"核电厂将灾害分为内部灾害和外部灾害两种。内部灾害是指在厂区控制边界内，核电厂运行区内发生的灾害，其主要灾害有内部火灾、内部水淹、内部爆炸、内部飞射物、重物坠落、构筑物垮塌、高能管道破裂和容器、泵及阀门故障。对于典型的内部火灾和内部水淹，采用的是分区隔离方式。图 10-1 中的三列安全注入系统，分别布置在不同的实体隔离的安全厂房，就是采用实体的分区隔离方式，在任何一个区域内发生灾害，均不会破坏隔离边界，进而保证其他两个分区安全系统的安全。

外部灾害指由厂外危险源所引起的灾害，主要有飞机撞击和外部爆炸、地震、外部水淹、极端气象事件等。其中，"华龙一号"标准设计安全停堆地震载荷选取值为 $0.3g$，飞机撞击分为设计基准飞机和大型商用飞机两种。在抗大型商用飞机设计上，三安全系列设计如图 10-1 所示，安全厂房 A 和安全厂房 B 分别在安全厂房 C (两安全系列对应电气厂房) 两侧。因此，大型商用飞机不能同时撞击安全厂房 A 和安全厂房 B，确保一列安全系统的安全；对于安全厂房 C (两安全系列对应电气厂房)、反应堆厂房和燃料厂房整体采用结构设计，以抵御大型商用飞机的直接撞击威胁。

10.2.5   电厂自持能力设计

电厂的自持能力设计是考虑电厂在发生异常工况下，在一定的时间内，电厂应该有能力耐受这种异常工况对电厂的影响，为操纵员及电厂内外部的响应留出足够的宽限期。这也是电厂各种相应系统设计的定容基准。

"华龙一号"核电厂在电厂自持能力设计方面,考虑事故发生后 30min 内不需要主控室操纵员干预;1h 内不需要现场操纵员干预;3d 内不需要厂外设施介入。厂内应急电源可以维持安全系统 7d 的满负荷运行需求。

10.2.6 福岛核电事故后的加强应对

2013 年,福岛核电事故发生后,"华龙一号"针对该事故的经验反馈进行了部分设计的加强。

(1) 加强电源,除配置有应急柴油发电机组,还配置有全厂断电柴油发电机以及移动式柴油发电机。

(2) 加强非能动技术,采用了二次侧非能动冷却技术、非能动安全壳冷却技术和堆腔注水设计,减少对电力的依赖,加强对严重事故的预防和缓解能力。

图 10-4 为二次侧非能动冷却系统原理图,蒸汽发生器 (SG) 内产生的蒸汽经过安全壳外的冷却器冷却,靠重力自然流回 SG 内,形成自然循环冷却 SG。图 10-5 为非能动安全壳冷却系统原理图,通过安全壳内外的换热器对安全壳进行冷却。图 10-6 为堆腔注水系统原理图,安全壳内有高位水箱,在严重事故情况下,水利用重力流入堆坑内,保证压力容器外壁不超温。

(3) 安全壳增加主动过滤降压系统以及壳内配置非能动氢气复合器,以防止安全壳发生超压和氢气爆炸风险。

(4) 对于 0m 标高的厂房设置防洪防水设施,采用挡水门、挡水围堰,减少厂区水淹风险。

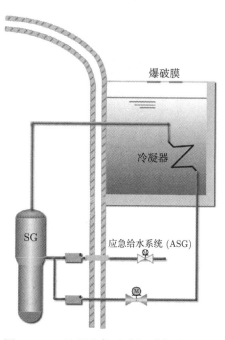

图 10-4 二次侧非能动冷却系统原理图

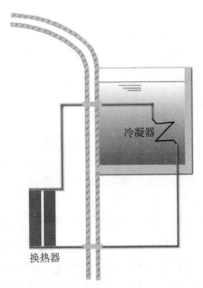

图 10-5   非能动安全壳冷却系统原理图

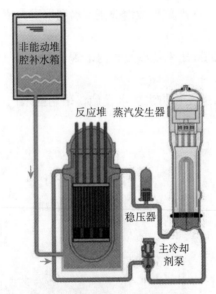

图 10-6   堆腔注水系统原理图

10.3   未来发展方向

每一次核电厂安全设计技术的发展都来自重要的核事件，如切尔诺贝利核事故后，核电厂纵深防御设计从三层提高到五层，且除了技术要求本身的发展，还提出更严格的安全管理和安全文化理念的要求；三哩岛核事故使得概率安全评价应用深入到核电厂安全设计中。过去 30 年的核电厂发展中，我们可以看到这些技术对于核电厂安全设计的影响。目前的核电厂安全设计工作仍在完善应对超设计基准工况的物项的设计、运行和监管要求。

福岛核电事故无疑是近几年对核电厂安全设计影响最深刻的事故,它引起多个核电厂安全设计技术要求的革新。可以预见,在未来的核电厂安全设计技术发展中,提高核电厂的非能动性设计,增强核电厂的固有安全性,减少安全系统对于电力的依赖,增加超设计基准灾害的设计要求,引入概率论方法,完善超设计基准事故和超设计基准灾害的分析方法和评价体系,是未来核电厂安全设计的主要方向。

10.4　小　　结

"华龙一号"核电厂已经通过了国家核安全局的初步设计安全评审,其在总体安全设计(如纵深防御、单一故障等)、设计工况、安全分级、内外部灾害防护设计和核电厂自持能力方面,均达到 EUR 和 URD 的要求,并且已在福清核电站 5、6 号机组和防城港核电站 3、4 号机组开工建设,其堆芯损坏频率 (CDF) 低于 $1.0\times10^{-6}/($堆 $\cdot$ 年$)$,大量放射性释放频率 (LRF) 低于 $1.0\times10^{-7}/($堆 $\cdot$ 年$)$,是我国自主研发、设计和建造的第三代核电站。目前英国已正式受理"华龙一号"英国通用安全审查 (GDA) 的申请。

"华龙一号"的落地开工标志着我国核电厂设计迈向了国际第三代核电厂设计和建造的行列,未来设计者应该深刻理解核电厂安全设计的范围和任务,把握住国际上核电安全设计技术发展的方向。

参 考 文 献

[1] 国家核安全局. HAF 102—2016 核动力厂设计安全规定. 2016.
[2] IAEA. NS-R-1 核动力厂安全: 设计. 2000.
[3] EUR. European Utility Requirements for LWR Nuclear Power Plants (EUR). Rev.C. 2001.
[4] EPRI. Advanced Light Water Reactor Utility Requirements Document (URD). Rev.7. 1995.
[5] IAEA. SSR-2/1 核电厂安全: 设计. 2012.
[6] IAEA. SSG-30 Safety Classification of Structures, Systems and Components in Nuclear Power Plants. 2014.

咸春宇,男,1964 年生,博士,研究员级高级工程师,"华龙一号"总设计师,长期从事核电站研究开发及核电站反应堆堆芯设计研究工作,在国内外学术期刊发表论文 30 多篇,共获省部科技进步奖一、二等奖 7 项。2003 年被国家国防科学技术工业委员会授予"国防科工委百名优秀博士硕士"称号,2006 年被评为四川省学术和技术带头人,2007年获政府特殊津贴,2010年获深圳市地方级领军人才,2013年获国家百千万人才称号,被授予国家级有突出贡献的中青年专家,同年获深圳市国家级领军人才。

第 11 章　大型先进压水堆CAP1400的技术特性分析[*]

作为国家科技重大专项的重要创新成果，CAP1400 的研发和设计基于国内 40 多年的核电研发设计以及建设、运行经验，参考世界先进的 AP1000 机组[1,2]非能动技术理念与构架，采用非能动以及简化的设计理念[3]，遵循国际最新有效的核电法规、导则和标准，满足 URD (Utility Requirements Document) 等第三代核电技术文件要求[4]，充分反映国内外 AP1000 工程化过程中的经验反馈和设计变更及改进，优化电厂总体参数和平衡电厂设计，系统性开展型号安全性设计、工程设计和关键设备设计，全面推进设计自主化与设备国产化，在安全性、环境友好性、运维优越性和经济性等方面达到第三代核电的领先水平。同时，积极落实福岛核电事故后的安全改进要求，满足当前最高安全目标。本章主要通过 CAP1400 技术特性的分析讨论，阐明整个型号如何通过技术手段实现型号的整体特质和技术先进性。

11.1　CAP1400 的安全设计

CAP1400 为双环路压水堆，其冷却剂系统、非能动系统、主要辅助系统如图 11-1 所示。

首先，在安全设计上全面贯彻纵深防御理念，强化固有安全性，进一步提高电厂安全裕度。采用能动的非安全级纵深防御设施有效防止运行事件升级为事故工况，减少不必要的非能动系统动作，采用自动触发的非能动安全系统缓解设计基准事件。系统满足事故后"单一失效"准则并按"故障安全"准则设计，在事故后 72h 内不需要操纵员干预和外部支持，降低了应对事故过程中潜在的人因失误。

其次，由于相比 AP1000 堆芯衰变热增加，CAP1400 根据新的需求设计了包括非能动余热导出系统、非能动安全注射系统、自动降压系统、非能动安全壳冷却系统在内的非能动安全系统，优化了系统配置和管线布置，增加了设备容量和裕度，提升了关键部件性能，并进行充分的试验验证。相比于传统的钢筋混凝土安全壳绝热体来说，钢安全壳能够将安全壳内的热量有效地带到最终热阱，保障第三道实体屏障的完整性。另外，CAP1400 充分考虑非能动系统的流阻、热阻和风阻对安全与运行性能的影响，进一步提高非能动系统的可靠性和鲁棒性，进一步增强精准设计、精准制造、精准安装等要求的有效落实。

再者，CAP1400 设置了系统性的严重事故预防和缓解策略，并通过严重事故管理导则对操纵员进行指导。在事故发生早期利用自动降压系统降低堆芯压力，避免高压熔堆；通

＊作者为上海核工程研究设计院郑明光、申屠军、陈松。

过堆芯熔化后熔融物的堆内滞留 (IVR) 保证压力容器的完整性；对非能动氢气复合器和氢气点火器进行设计增强，确保其在安全停堆地震 (SSE) 时可用；通过防止冷却剂丧失事故 (LOCA) 以及蒸汽发生器传热管破裂 (SGTR) 事故后蒸汽发生器满溢，避免安全壳旁通；利用非能动安全壳冷却系统带出安全壳内热量，同时考虑了安全壳受控排放以防止安全壳晚期失效。

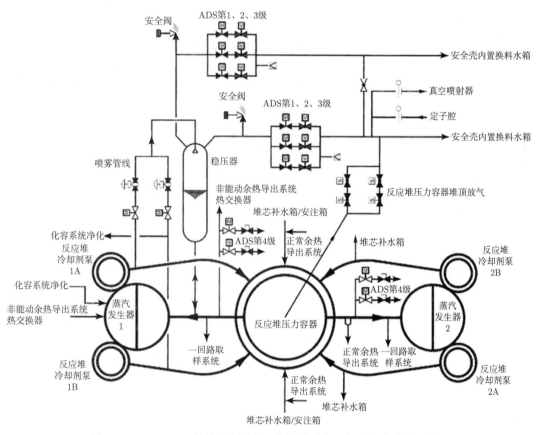

图 11-1　CAP1400 的冷却剂系统、非能动系统、主要辅助系统示意图

此外，及时落实福岛核电事故后的经验反馈和相关技术政策[5,6]：对正常余热导出系统、设备冷却水系统、厂用水系统、乏燃料水池冷却系统、备用柴油机系统及其相关设备和构筑物进行设计改进；为进一步确保 72h 后堆芯和乏燃料的衰变热移除路径，为安全壳冷却系统辅助水箱增设抗震水源接口并增设移动式柴油机泵，对应急水源和电源进行增强，提高系统可靠性，进一步降低剩余风险。

表 11-1 给出了 CAP1400 与传统核电站的安全性能指标以及 URD 要求，可见，其安全水平满足 URD 和我国的安全要求并有较大裕度。另外，CAP1400 根据 URD 关于最小应急的要求，在设计上消除需要厂外应急[7]的严重事故序列，从技术上能够满足无须应急撤离的准则要求。

表 11-1 CAP1400 与传统核电站的安全性能指标对比

性能指标	CAP1400	传统核电站	URD 要求
堆芯损坏频率	4.02×10^{-7}/(堆·年)	$< 10^{-4}$/(堆·年)	$< 10^{-5}$/(堆·年)
大量放射性释放频率	5.21×10^{-8}/(堆·年)	$< 10^{-5}$/(堆·年)	$< 10^{-6}$/(堆·年)
抗商用飞机撞击能力	具备	不具备	—
安全停堆地震	$0.3g$	$0.15 \sim 0.2g$	$0.3g$
操纵员可不干预时间 (堆芯不损伤)	72h	0.5h	72h

11.2 CAP1400 的环境友好性和运维优越性

CAP1400 的设计充分考虑辐射防护最优化和放射性废物最小化原则, 提高核电站的环境友好性。在辐射防护设计上, CAP1400 从源项的产生、迁移、释放及人员剂量和环境风险等角度, 对放射性源项控制和屏蔽措施进行优化, 确保辐射风险可控并达到合理、可行、尽量低的水平。这些措施包括控制设备钴元素成分, 主冷却剂化学控制, 改善设备表面条件, 构筑物、系统和部件 (SSCs) 设计时考虑合理的布置和有效的屏蔽, 部件具有较高的可靠性和可维修性, 全面的辐射监测系统设计等。另外, 与传统能动压水堆核电站相比, CAP1400 核电站还通过以下途径进一步降低了核电站潜在的辐射照射: 取消了硼回收系统和废液蒸发序列, 延长了燃料循环, 大量减少含放射性流体的部件, 将潜在的放射性区域 (控制区) 与干净区域 (监督区) 分隔布置。最终, CAP1400 的职业辐照集体剂量 < 0.67 人·Sv/(堆·年), 职业辐照个人剂量 < 20mSv/(堆·年)。

在三废处理方面, CAP1400 首先从设备、材料与运行方式的源头上控制放射性废物的产生。放射性废气处理系统采用先进的微正压活性炭延迟衰变处理工艺, 有效降低工艺放射性废气活度、浓度。放射性废液处理系统采用先进的过滤 + 化学絮凝 + 离子交换的工艺路线[8], 具有较高的去污因子和较少的二次废物产生量, 降低放射性废液排放浓度, 使滨海厂址放射性流出物浓度不超过 1000Bq/L, 内陆厂址不超过 100Bq/L[9]。此外, 由于采用非能动冷却系统, 在事故情况下 CAP1400 可以实现安全壳内冷却剂的循环使用, 减少可能需要进行处理的放射性废液产生量。放射性固体废物处理时利用上游余水和转运回水进行树脂流化循环和冲洗输送, 减少二次废液的产生量及可能出现的放射性积聚。最终, 在废物处理厂房采用干燥、蒸发、超压等成熟的并经过实际工程验证的减容技术, 尽可能降低固体包装废物的体积, 使全寿期内放射性包装固体废物体积小于 50m^3/a。

在运行策略上, 采用控制棒有效控制方式 (机械补偿), 可满足基本负荷、负荷跟随、初始启动、停堆再启动及快速降功率等功能需求, 大幅缩减基本负荷运行模式下的硼调节次数及负荷跟随运行模式下的硼废水量, 从而简化硼系统的设计, 降低核电站的建造、运行和维护成本。机械补偿运行模式通过使用轴向偏移棒组将轴向偏移控制在期望的目标值, 使用反应性调节棒组控制冷却剂平均温度来补偿燃料燃耗和可燃毒物消耗, 实现约两周一次的阶段性的硼浓度调节。在功率变化时, 反应性调节棒组允许插入堆芯较深程度, 以使堆芯快速降低或恢复功率而不需要改变硼浓度。这种快速的功率变化能力可以使 CAP1400 在一些功率频繁、快速变化的负荷跟随模式下可以依靠控制棒进行快速有效地控制, 大幅提升电厂的运行灵活性以及电网匹配性, 同时有效降低对蒸汽旁排能力的要求 (约 40% 的典型蒸汽旁排容量可应对 100% 甩负荷), 提高了核电站的运行竞争力。

此外, 全面采用人因工程优化主控室设计并提高检修维护的便利性, 提高人员效能, 减少人因故障, 同时提高检修维护的便利性, 减少在役检查等维修人员可能受到的辐射剂量。通过简化设计, 减少安全级的部件和在役检查次数, 降低运维负荷。采用可靠性设计和分配理念, 在优化部件可靠性分配的基础上提高系统的可靠性, 降低检修次数和非计划停堆次数。

11.3　CAP1400 的经济性

CAP1400 通过增加机组容量和提高可利用率、设计简化和标准化、设备国产化和模块化施工等措施保证机组的经济性。位于山东省荣成市的示范工程项目, 预估成本不会超过 15000 元/kW, 在第三代电站中具有较强的经济优势。

CAP1400 机组堆芯额定功率为 4040MWt, 输出电功率达 1500MWe, 通过大堆芯与大环路的优化组合有效提高了机组容量, 规模效应明显。通过可靠性设计理念确保在低维护要求下获得电厂高可靠性, 使电厂的可利用率达到 93%, 高于我国在运的第二代机组的利用率 (85%~90%), 进一步提高燃料经济性。CAP1400 堆芯燃料管理采用 18 个月长循环和平均卸料燃耗 53 000MW·d/tU 以上的高卸料燃耗策略。长换料循环周期为电厂的高可利用率提供了保证, 高卸料燃耗提高了燃料利用率, 降低了发电燃料成本。

CAP1400 采用非能动和设计简化的原则, 与传统的压水堆相比, 不仅显著提高了安全系统的可靠性, 而且使得电厂系统大大地简化, 设备、抗震厂房和材料大大减少。从经济性的角度来看, 设计简化带来的好处一方面是建设成本的下降, 另一方面是由于部件的减少提高了电厂的可维护性并减少了备品、备件的数量, 从而降低电厂运行维护成本。同时, 减少了设备故障可能导致的发电出力下降, 提高电厂负荷因子。

CAP1400 采用模块化建造技术。相对于传统的建造方法, 模块化施工技术将大量需要在现场进行的工作转移到工厂进行, 改善了工作环境及质量, 通过大量引入平行作业, 将土建、安装、调试等工序进行深度交叉, 从而极大的加快建造进度。同时, CAP1400 及时吸纳 AP1000 依托项目的经验反馈, 优化模块设计和建造, 减少现场施工组装的工作量, 缩短批量化建造阶段的建造工期, 从而降低总造价, 并为后续运行维护提供便利条件。

CAP1400 技术研发过程中, 对关键设备和大宗材料进行自主化开发, 目前基本实现设备和材料国产化, CAP1400 示范工程设备国产化率超过 85%。后续随着国产化率和自主化率的提高, 核电设备价格和机组建造成本可望进一步降低。除此以外, 充分发挥国家重大专项的作用, 依托 CAP1400 型号开发, 建立有效的设备产业链供应体系, 大部分设备都有两家以上的制造商, 不但保证有序有效的竞争, 而且能够促进技术的进步与经济性的提高。

批量化后, 基于标准化、设计固化、设备和材料国产化、更成熟的模块化以及更优化的工程管理, 学习效应将进一步显现, CAP1400 的建造成本将有效降低。分析表明, 学习率在 3%~10% 的范围时, 至第五座机组时比投资将下降 7%~21%。

11.4　小　　结

　　作为自主创新、集成创新与再创新形成的具有自主知识产权的先进第三代核电型号，CAP1400 设定了高水平的安全目标，充分考虑核电安全、辐射安全、环境友好性以及运维性能的要求，最大化地提升型号经济性。在实现上述目标时，按照国际最新核电法规、导则和标准的要求设计，采用先进的、经过验证的技术手段，及时吸纳其他工程的经验反馈，积极落实福岛核电事故后的政策要求。因此，具有突出性能的 CAP1400 将拥有广泛的市场应用前景和出色的市场竞争力，可有力支撑我国核电安全高效地发展和"走出去"战略的实施[10]。

参 考 文 献

[1] Schulz T L. Westinghouse AP1000 advanced passive plant. Nuclear Engineering and Design, 2006, 236(14-16): 1547-1557.

[2] 林诚格, 郁祖盛, 欧阳予. 非能动安全先进核电厂 AP1000. 北京: 原子能出版社, 2008.

[3] 周涛, 陈娟, 李宇, 等. 非能动概念与技术. 北京: 清华大学出版社, 2016.

[4] EPRI. Advanced Light Water Reactor Utility Requirements Document(URD). Rev.8, 1999.

[5] 国家核安全局. 福岛核事故后核电厂改进行动通用技术要求 (试行). 2012.

[6] EPRI. EPRI Utility Requirements Document (URD) Fukushima Lessons-Learned Treatment. 2013.

[7] 汤搏. "实际消除大规模放射性释放"概念的探讨. 核安全, 2013, 12(S1): 15-20.

[8] 刘昱, 刘佩, 张明乾. 压水堆核电站废液处理系统的比较. 辐射防护, 2010, 30(1): 42-47.

[9] 环境保护部科技标准司, 核安全管理司. GB 14587—2011 核电厂放射性液态流出物排放技术要求. 北京: 中国环境科学出版社, 2011.

[10] Zheng M G, Yan J Q, Jun S T, et al. The general design and technology innovations of CAP 1400. Engineering, 2016, 2(1): 97-102.

　　郑明光，研究员级高级工程师，国家科技重大专项"大型先进压水堆核电站"CAP1400 总设计师，国家核电技术公司副总经理、上海核工程研究设计院院长、国际质量科学院 (IAQ) 院士、国际原子能机构 (IAEA) 核能事务常务顾问组成员、国际先进压水堆专家组成员、世界核协会 (WNA) 理事、美国核学会 (ANS) 理事 (2012~2015 年)、中国核工业勘察设计大师、国家核安全局核安全专家委员会委员、上海交通大学博士生导师。

第 12 章

发展海上浮动核电站的核安全问题探讨[*]

12.1 我国发展海上浮动核电站的意义

21 世纪是海洋的世纪。党中央在十八大提出"发展海洋经济，建设海洋强国"，这是实现"中国梦"的一个重要组成部分。海洋经济的发展和海洋权益的维护，离不开能源供应的保障。

我国内地近些年经济持续快速增长，能源的需求增加，特别是由于煤电比例过高，使全国各地持续出现大面积雾霾，已严重影响人们的生活和身体健康，引起了人们的关注。而我国海洋经济的发展将面临同样的挑战。据分析，目前我国海洋资源开采年消耗油气约百万吨。随着我国海洋开发力量的加大，年消耗的燃油将达到 1000 万吨，大气二氧化碳排放量约有 3000 万吨。因此，我国应该提早谋划海洋经济开发能源保障的方式，避免能源的大量消耗对海洋环境造成污染。

核电站是把核能转变为电 (热) 能的一系列复杂系统和设备的组合，包含一个核反应堆以及保证正常运行和安全所需要的系统和设备。核电站一般建在水资源丰富的沿海或内陆地区的陆地上。而海上浮动核电站，则是将反应堆装置安装在可移动的海上浮动平台上，既可以在海面固定漂浮，又可以借助拖船或自带的推进装置在海上移动，可以在不同海域为用户供给电力、热能以及淡水等资源。

海上浮动核电站的特点决定了它是海上能源供应的最佳选择。首先，它一次装料运行周期长，可解决海上燃料长途运输和储存问题。海上核能一次装料运行周期达到 1~2 年，而核燃料质量和尺寸非常小，便于海上运输。其次，它功率密度大。在相同的质量体积条件下，核能产生的能量比石化机组产生的能量要大，是目前能替换石化机组的最佳能源。最后，它节能环保。核能在运行时不对外排放任何有害气体，在设计运行上加强对废水和废物的收集管理，核能就不会对外造成任何污染。目前，我国正处在海洋开发的高潮阶段，应及时开发海洋核能应用，保障海洋经济的绿色发展。

12.2 海上浮动核电站的核安全特点

核安全是保障海上浮动核电站正常运行的基本前提，也是直接影响其技术水平高低的

* 作者为中船重工第七一九研究所张金麟。

关键因素之一。一旦发生核事故，对平台上的工作人员、公众和环境会产生严重影响，造成重大的经济损失，甚至产生重大的政治影响。因此，必须高度重视核安全问题。

不同于陆上核设施，海上浮动核电站是核技术与船舶技术的有机结合，面临着海洋环境等更为苛刻的外部条件，存在多种严酷的环境因素以及危险源，运行工况切换频繁，舱内空间、淡水等各类资源有限，安全性问题更为复杂。因此，海上浮动核电站的核安全工作特点十分突出。经深入分析，对影响核动力装置核安全性的主要特点进行梳理，主要有以下几个方面。

(1) 环境条件苛刻。海洋环境：海上浮动核电站长期受到摇摆、升沉、盐碱以及海洋生物等恶劣环境条件的影响，易造成核动力装置性能下降、设备和管路腐蚀以及海水管路堵塞等问题；舱内环境：海上浮动核电站舱内运行的设备处于湿、热、霉菌、盐雾、振动以及核辐射的环境条件下，加速了设备的老化和腐蚀速度，降低了设备的可靠性；外部冲击：其他船舶碰撞、恐怖袭击以及石油开采平台爆炸的冲击风险，可能导致管路及设备的破损。

(2) 运行工况多变。由于海洋资源开采电网容量较小，能源需求波动较大，导致海上浮动核电站运行工况变化频繁，系统参数变化幅度大、频率高，系统和设备容易发生磨损和热疲劳现象。

(3) 内部空间狭小。海上浮动核电站对内部空间和设备重量控制相对严格，限制了专设安全设施的多重性、多样性、独立性，约束了安全辅助设施的数量和种类；人员疏散困难，且容易导致共因故障的发生，加重了事故后果。

(4) 保障资源有限。海上浮动核电站长期处于远海"孤岛"运行状态，能接受的外部保障和支援资源稀缺；受到舱室内空间和重量的限制，可携带的保障和应急资源有限；由于空间限制、分系统布置等因素，核安全有关资源难以实现统一配置，有效利用率较低。

(5) 始发事件复杂。海洋气候多变，海底地形复杂，海上浮动核电站存在倾覆、搁浅、触礁、进水以及沉没的风险；长期工作在封闭条件下，操作人员的负面情绪会提高人因事故的概率；舱室空间狭小，系统及设备配置复杂且布置紧凑，易造成叠加事故。

由于上述种种限制，使得海上浮动核电站的核安全设计是一项非常复杂的系统工程，需要全寿期、全系统进行谋划与设计。综合考虑核电与海洋工程领域的先进设计理念和成熟技术经验，以安全性、可靠性、经济性、可行性为目标，开展设计工作，实现我国海上民用核能利用零的突破。

12.3 国外核动力船舶安全技术的应用

12.3.1 国外核动力船舶发展概述

1954 年，美国海军的核动力潜艇"鹦鹉螺"号竣工服役，让人们看到了核动力应用于船舶推进具有的诸多优点。同年，时任美国总统的艾森豪威尔发表了关于和平利用核能的构想，其中就有建造核动力商船的议案。四年后，美国的核动力商船开始在纽约造船厂建造。1962年，第一艘核动力商船"萨瓦娜"号投入使用。在这之后，美国、苏联、日本、德国等开展了民用核动力船舶研究，建造了多艘核动力商船和核动力破冰船，主要包括美国"萨瓦娜"号、苏联的"列宁"号、日本"陆奥"号、德国"奥托汉"号等，而俄罗斯更是始终维持着一支核动力破冰船队在北冰洋航线上。世界各国民用核动力船舶发展概况如图 12-1 所示。

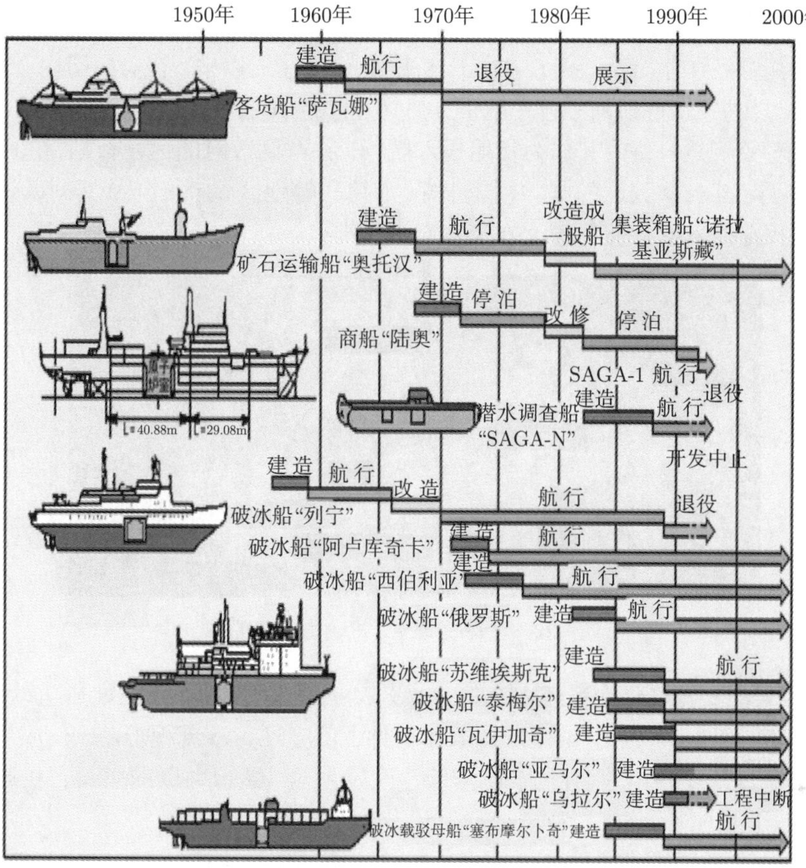

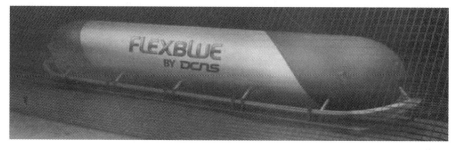

图 12-1　世界各国民用核动力船舶发展概况

除了上述已经建成使用的民用核动力船舶以外，随着各国对海洋权益的维护以及海洋资源开发的重视程度不断提高，近年来，各国均在积极地开展民用核动力船舶以及浮动核电站的研制工作，如法国的 FLEXBLUE 全潜水式核电站 (图 12-2)、美国的固定式海洋核电站等。

图 12-2　FLEXBLUE 小型核动力模块

近期，俄罗斯计划建造八座海上浮动核电站，主要用于滨海城市供电、供热和海水淡化。其第一座海上浮动核电站已于 2009 年 5 月开工，预计 2019 年交付使用。

12.3.2 　国外核动力船舶安全技术的应用

1) 美国"萨瓦娜"号客货船

美国"萨瓦娜"号客货船 (图 12-3) 自 1962 年 5 月建成以来,在美国国内 12 个港口进出。1964 年 5 月进入国际航海,曾在欧洲 14 个国家的 16 个港口停靠。到 1965 年 8 月基本达到该船的建造目的,决定其作为货船投入航行,并得到政府的运营补贴,在欧洲航线航行。1976 年 6 月,其首次到达韩国、中国台湾、菲律宾等地区。1968 年 9 月对其进行了燃料换料,后来又相继投入商业航行,1970 年宣布退役[1,2]。

图 12-3 　"萨瓦娜"号核动力客货船

"萨瓦娜"号的核蒸汽供应系统由 Babcock & Wilcox 公司提供,反应堆热功率为 80MWt,堆芯有 32 盒燃料组件和 21 组十字形控制棒组件,反应堆为双流程堆芯。反应堆冷却剂系统采用双环路,每条环路由一台卧式 U 形管蒸汽发生器、两台并联的主泵和相连接的管道组成[3]。

在反应堆装置设计中对船舶常见的碰撞等事故作了充分考虑,堆舱除了设置屏蔽层外,侧边还设置有碰撞保护系统。

在专设安全措施方面,"萨瓦娜"号反应堆采用应急海水冷却系统作为事故后的余热排出手段,该系统所有的设备都布置在安全壳内部,由三个回路组成:主冷却剂回路、冷却水回路和补水回路。主冷却剂回路中,冷却剂由一回路净化系统下泄管线下泄冷却器上游位置流出,由应急屏蔽泵升压后经应急冷却器和控制阀,然后返回反应堆压力容器[4]。

冷却水回路由应急海水泵循环海水或淡水,流经应急冷却器、安全壳冷却盘管和应急屏蔽泵冷却盘管。作为应急水源的海水取自右舷或港口的海水箱,吸取热量后排出船体。

由该反应堆的余热排出系统可知,由于反应堆多流程设计,一回路难以利用自然循环由堆芯导出热量,因此只能借助设置在一回路的应急屏蔽泵的运行导出余热,这与现役的压水堆核电厂存在差异;作为移动的核动力装置,虽然具有海水无限热阱,但该反应堆设计中也充分考虑了岸上设施作为备用水源。

"萨瓦娜"号的余热排出系统为高压型余热排出系统,系统入口设置在热管段,出口设置在冷管段,且只有一个环路,系统原理图如图 12-4 所示。该系统主要由一台应急屏蔽泵、一台应急冷却器及相应管道、阀门和仪表组成。该系统在主机和辅机停机后投入运行,此时主泵半速运行,冷却剂从主管道的热段引出,经换热器冷却之后返回主管道冷段。

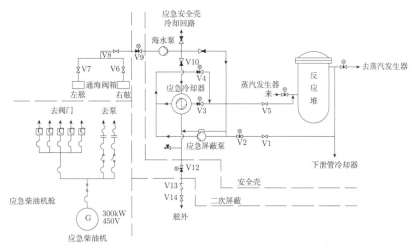

图 12-4　"萨瓦娜"号余热排出系统原理图

2) 日本"陆奥"号商船

日本"陆奥"号是日本的第一座，也是唯一一座核动力商船 (图 12-5)，却从未进行商业载货运行。"陆奥"号核动力商船的反应堆在 1972 年 8 月 25 日建成，9 月 4 日完成燃料装机。当官方人员宣布将会在 Ohminato 港口进行第一次试航的时候，当地的居民强烈抗议要求重新考虑这一决定。最终决定在距离 Cape Shiriya 800km 的公海进行试航。该商船在 1974 年 8 月 26 日离开 Ohminato 港口，反应堆在 8 月 28 日达到临界[5,6]。

图 12-5　"陆奥"号核动力商船

"陆奥"号反应堆为 36MWt，堆芯具有 32 盒燃料组件，有 112 根燃料棒和 9 根可燃毒物棒，燃料芯体采用不锈钢包壳。

"陆奥"号反应堆冷却剂系统采用双回路布置，一回路具有自然循环能力，设置有余热排出系统、净化系统等辅助系统。应急余热排出系统和压水堆核电厂类似，采用辅助给水的形式。事故后一回路依靠自然循环将热量导入两台蒸汽发生器，蒸汽发生器二次侧来自应急水箱的淡水经应急余热排出泵抽出分两列分别进入两台蒸汽发生器，吸收来自一回路的热量后成为饱和蒸汽，汇总后经同一蒸汽流道排出船体。"陆奥"号余热排出系统从主管道的热管段引出冷却剂，经换热器冷却之后返回主管道的冷管段，属于低压型余热排出系统，在反应堆冷却剂温度降到 150℃以下、压力降至 1.5MPa 以下时投入运行。该系统在停堆后 24h

以内，可以把冷却剂温度降到 60℃ 以下，系统发生故障而用一台热交换器和一台泵运行时，也能将冷却剂温度保持在 150℃ 以下。其原理图如图 12-6 所示。

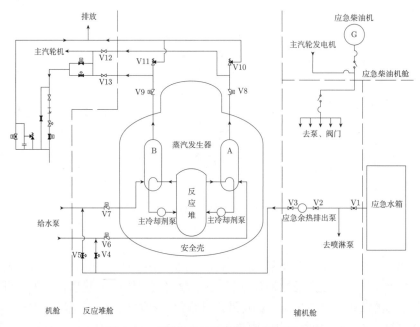

图 12-6   "陆奥"号余热排出系统原理图

"陆奥"号安全注射系统分为高压安全注射系统和中、低压安全注射系统两个主要部分。其中，高压安全注射系统的功能由补水系统来完成，在发生小破口失水事故或者主蒸汽管道破裂事故时，稳压器水位和压力缓慢降低，一旦低于规定值，则启动补水泵将来自补水系统的补水注入反应堆冷却剂系统。此时是在反应堆冷却剂系统高压下注水，为高压安全注射阶段。中、低压安全注射系统由应急注水箱和应急余热排出泵、一次屏蔽水箱和应急堆芯注水泵、疏水泵 (或排污泵) 和热交换器以及各自相应的管道、阀门组成。在发生中破口或大破口失水事故时，冷却剂外泄速度较快，稳压器的水位和压力迅速降低，此时投入高压安全注射系统进行注水已经无法补偿冷却剂的泄漏，则启动应急余热排出泵，将应急注水箱的水注入反应堆冷却剂系统。如果压力降低很快，低于低压安全注射压力整定值时，则应急堆芯注水泵启动，将屏蔽水箱的水注入反应堆冷却剂系统。

如果应急注水箱和一次屏蔽水箱的水都已用完，但反应堆还需要进行安全注射时，可启动疏水泵 (或排污泵) 将堆舱舱底水抽出，经热交换器冷却后注入反应堆冷却剂系统，此时为再循环注射阶段，可以维持较长时间。"陆奥"号商船安全注射系统原理图如图 12-7 所示。

3) 俄罗斯"罗蒙诺索夫"号浮动核电站

俄罗斯由于地广人稀，对可移动的小功率核电站的研究也非常重视。俄罗斯科学家和工程师们锲而不舍，在 20 世纪研究设计了几十个小型浮动核电站，如 1956 年就开始研制功率为 1500kW 的 ТЭС-3 型演示性小功率移动电站；1994 年设计开发了 KLT-40S 型反应堆浮动发电装置，并利用该装置建造了世界首座浮动核电站，命名为"罗蒙诺索夫"号，如

图 12-8 所示。

KLT-40S 型蒸汽发生装置的浮动动力模块的主要设计性能参数为：最大长度 122.5m；最大宽度 20m；至上甲板的舷高 10m；最大吃水 4.5m；排水量空载 9250t，满载 10 000t[7-11]。

在专设安全设施方面，KLT-40S 设置有能动应急堆芯冷却系统、非能动应急堆芯冷却系统、中子吸收剂注入系统、非能动紧急停堆冷却系统、非能动安全壳抑压系统、非能动安全壳应急降压系统、反应堆压力容器淹没系统及再循环冷却系统等。其安全系统原理图如图 12-9 所示。

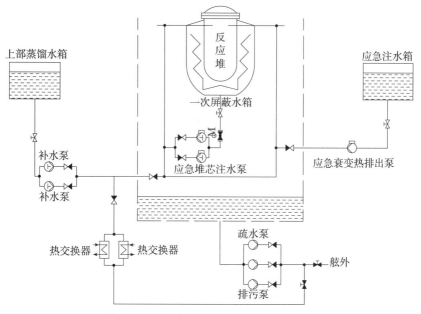

图 12-7　"陆奥"号安全注射系统原理图

图 12-8　"罗蒙诺索夫"号浮动核电站

KLT-40S 的安全注射系统由能动安全注射子系统和非能动安全注射子系统组成，其中能动安全注射子系统，由两台注水泵和两台再循环泵分别通过两条独立的管线进行供水；非能动安全注射子系统，由两台安注箱分别通过两条独立的管线进行供水。

KLT-40S 的应急余热排出系统由两台非能动堆芯余热排出水箱和相应的管道、阀门组成。在丧失给水工况下，该系统运行时间可达 12h。

KLT-40S 的安全壳应急降压系统采用两种途径，一个是透平装置，一个是鼓泡水箱，能保证在 LOCA 事故工况下，将汽液两相混合物限制在安全壳内 (图 12-10)。

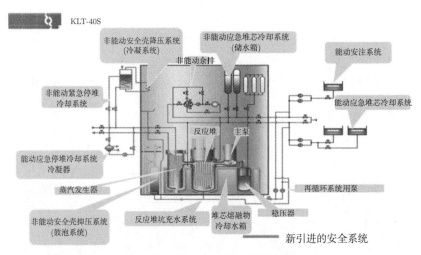

图 12-9 KLT-40S 安全系统原理图

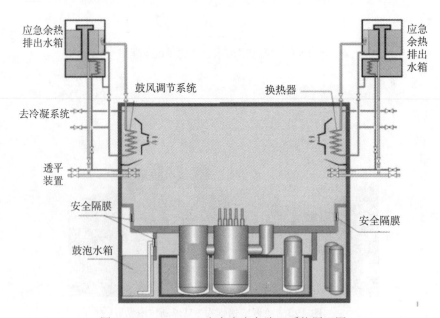

图 12-10 KLT-40S 安全壳应急降压系统原理图

12.4　我国发展海上浮动核电站的核安全问题探讨

12.4.1　面临的核安全挑战

1) 法规和标准问题

浮动式核动力堆不仅涉及反应堆安全，而且涉及船舶安全。从目前国外调研的情况来看，在法规和标准上不仅包含国际公约，而且包括国际组织标准等[12]。1960 年 6 月，《国际海上人命安全公约》(SOLAS) 中增加了有关原子能船的相关条款。2009 年版的《国际海上人命安全公约》中对核能船舶的辐射安全、安全鉴定、操作和事故等做了原则性要求[13]。1961 年，日本国土交通省也开展了原子能船安全标准的制定工作[14]。1968 年，IAEA 发布了安全系列第 27 号报告《核商船在停泊和航行过程中的安全考虑》[15]。1979 年，政府间海事协商组织船舶设计和装备分会第 20 次会议将核商船安全规范作为专项议程进行讨论，最终形成具有指导意义的《核商船安全规范》[16]等。

美国在设计海上浮动核电站时遵循国际公约、国际组织标准、美国船级社标准和美国核管理委员会的标准，并没有编制独立的标准[12]。而苏联根据《核商船安全规范》的要求，并结合本国相关标准的规定完成了《北方航线号原子破冰船安全分析报告》的编写工作[17]。为了指导核动力船舶和浮动设施的设计建造，俄罗斯于 2012 年发布了《核动力船舶和浮动设施的分级和建造规范》[18]。

我国在研制核动力舰艇的过程中，建立了相对完整的法规标准体系，并在近 50 多年的核动力舰艇工程经验的基础上不断完善，形成了核动力舰艇总体、设计、建造、运行、质保、维修和环境保护等系列标准体系。

目前，在海上浮动核电站方面，国家核安全局并没有建立有关选址、设计、建造、运行和退役等配套的法规和标准。从其用途来看，海上浮动核电站属于海上民用核设施，应该参照现行民用核设施的设计标准，并充分考虑其经济性指标。但是，从其使用环境上来看，与目前军用核动力装置的情况更为相似。所以，现有的民用和军用两套核安全标准体系都无法完全适用于海上浮动核电站的设计与评审工作，民用核安全标准体系没有考虑海洋条件的内容，军用核安全标准的安全裕度过大，经济性不高。因此，有必要组织有经验的相关设计单位综合现有的两套核安全标准系统，梳理、整合并建立适用于海上浮动核电站的核安全标准体系。

2) 海洋环境条件的影响

核动力装置在海洋环境条件中，受到海洋条件以及自身动作等因素的影响，会产生一系列运动，这些运动对核动力装置主要产生两方面的影响：一方面导致系统空间位置的周期性改变，另一方面引入了周期性变化的附加惯性力场[19]。这些因素直接影响流体的水力和传热特性，进而影响反应堆物理特性，最终对系统运行造成影响。

同时，海洋环境盐雾、霉菌以及海洋生物等对系统管路和设备造成腐蚀、海洋生物附着等现象，导致管道损坏以及换热性能下降等不利影响。

海洋环境条件的影响具有强烈的多因素耦合以及非线性特征[20]，分析海洋环境所造成的影响应站在系统角度综合考虑。

3) 核安全目标的问题

核电与火电相比，具有清洁、经济等诸多优点，但也存在一定概率向环境释放放射性物质的风险。与很多工程一样，人们需要在收益与风险的矛盾之间选择一个平衡点，如果这个平衡点是存在的，则该项目是可行的。对于核电来说，协调矛盾的过程就是解答"多安全算是安全"的过程，而这个平衡点就是所谓的核电安全目标。

目前，由国家核安全局发布的《核动力厂设计安全规定》[21]以及《核动力厂安全评价与验证》[22]给出了核电厂总的核安全目标和定量核安全目标。其中，定量安全目标对于运行核电厂堆芯损坏频率的目标是：对于已有的核动力厂为 10^{-4}/(堆·年)，对于新建的核动力厂为 10^{-5}/(堆·年)。针对小型压水堆核动力厂，国家核安全局于 2016 年发布了《小型压水堆核动力厂安全审评原则 (试行)》，其中总的安全目标与《核动力厂设计安全规定》保持一致，但是由于海上浮动核电站厂址环境条件、辐射影响方式等与陆上核电站区别较大，定量核安全目标的确定还需开展大量的研究。

4) 设计基准事件的选择

由于海上浮动核电站运行环境条件的特殊性，陆上核电站设计必须考虑的地震等设计基准被冲击、摇摆等新的海洋环境条件基准取代。这些新的设计基准限值的确定必须有效地平衡安全性和经济性。美国核管理委员会经过多年的探索，形成的风险指引基于绩效的方法来颁发执照，即使用确定论的工程判断和分析，加上基于设计的概率安全分析，来确定执照基准的方法[23]，是设计基准事件选取的途径之一。

5) 核应急问题

海上浮动核电站运行厂址远离大陆，从建造到运行厂址的应急准备和要求，我国目前的法律法规还没有明确的要求和规定。海上浮动核电站作为可移动的核设施，人员撤离和隐蔽、应急辐射监测、封锁等应急响应的实施存在较大困难，同时还需考虑极端海洋环境条件的叠加影响。但是小型堆源项小、采用非能动安全系统、事故进程较慢等特性在技术上为实现场外应急简化创造了条件[24]。

12.4.2　关键技术的突破

1) 关键技术科研工作

为了突破海上浮动核电站关键技术，从 2011 年起，国家先后发布了 863 计划"核动力船舶关键技术及安全性研究"、国家科技支撑计划"小型核反应堆发电技术及其示范应用"等科研任务，并成立了"国家能源海洋核动力平台研发 (实验) 中心"专项开展海上浮动核电站关键技术的研究和攻关工作。2014 年，国家能源局发布了"海洋核动力平台总体关键技术及装备研发"项目指南。这些研究工作为海上浮动核电站工程奠定了技术基础。

2) 关键装备的制造

虽然我国海上浮动核电站尚属空白，但是已实现了舰船核动力的自主研制，并具有 40 年的运行经验；核动力舰船具有完全的自主知识产权，核动力装置中的装备和系统也完全实现国产化，各大研究院所和装备制造厂商在船用核动力装置装备和系统制造方面具有丰富的建造经验，已形成具有从设计、设备成套、建造的完整产业链，这些实践经验为海上浮动核电站工程示范项目的建造奠定了基础。

经历二十多年安全运行实践的验证，我国核电发展已从起步阶段进入快速发展阶段，形成了一批优质的核电装备制造供应商，工程建造水平与世界保持同步，可为我国自主建造海上浮动核电站工程示范项目提供可靠的、可供借鉴的保障条件。

3) 总体建造技术

我国已有如渤海船舶重工、大连船舶重工、武昌船舶重工等一批具备 30 万吨以上造船能力的国有大型船厂，且具备核动力舰艇总装建造的成熟经验。海上浮动核电站只有大约 2 万吨排水量，国内各大船厂船舶建造的设施可基本满足海上浮动核电站的建造要求。

12.4.3　我国浮动核电站的核安全发展思路

只有在核安全可以得到有效保障的前提下，海上浮动核电站才能被人们所接受，公众对浮动核电站核安全的疑虑才能消除，因此保障核安全是全面推广浮动核电站应用的工程实践基础。而使浮动核电站核安全得到有效保障的技术途径主要包括以下几点。

1) 应用成熟舰船核动力技术

纵观美国、俄罗斯等国家民用核动力船舶的发展，均采用军转民路线，依托成熟的军用舰船核动力技术，能有效地缩短研制周期，规避技术风险。

我国军用舰艇核动力技术经过四十多年的发展，经历了陆上模式堆试验、航海试验、运行、维修、退役等全过程的验证，已实现了舰船核动力的自主研制；核动力舰船具有完全的自主知识产权，核动力装置中的装备和系统也完全实现国产化，各大研究院所和装备制造厂商在船用核动力装置装备和系统制造方面具有丰富的建造经验；在运行经验反馈的基础上，形成了一整套完善的核动力舰船设计、建造、试验和运行体系；培育了一支雄厚的核动力舰船研发和运行维护的专业团队，积累了丰富的工程实践经验，可为海上浮动核电站核安全提供有力保障。

2) 借鉴国外民用核动力船舶的工程经验

从 20 世纪 50 年代起，美国、苏联、日本、德国等就开展了民用核动力船舶研究，建造了多艘核动力商船和核动力破冰船，主要包括美国"萨瓦娜"号、苏联"列宁"号、日本"陆奥"号、德国"奥托汉"号等，且俄罗斯始终维持着一支核动力破冰船船队用于北冰洋航线。充分分析和掌握国外民用核动力船舶的核安全技术，可为浮动核电站核安全水平的提高提供有力支撑。

3) 参考成熟商用核电站工程经验

我国商用核电站经过二十多年的发展，通过"引进、消化、吸收和再创新"的发展，初步形成了具有自主知识产权的 CAP1400 第三代核电技术，借鉴成熟商用核电站的工程经验，特别是第三代核电提出的非能动技术，使浮动核电站的安全水平得到有效提高。

海上浮动核电站是船舶海洋工程与核能工程的有机结合，从美国、俄罗斯的海上浮动核电站的发展来看，均以成熟的军用核动力舰船技术为基础。因此，将我国成熟的核动力舰艇技术应用到海上浮动核电站是现实可行的方案。采用军转民的技术路线，是确保海上浮动核电站顺利实施的保障。

12.5　小　　结

开展海上浮动核电站工作符合国务院提出的《国家中长期科学和技术发展规划纲要》的

要求，符合国家能源局提出的国家能源科技规划的要求。海上浮动核电站在我国尚属空白，采用成熟的核动力舰船技术，开展海上浮动核电站项目的研制，突破军转民研制过程中的关键技术，完成海上浮动核电站的建设，形成具有自主知识产权的核心技术，实现海上核电零的突破，对我国节能减排、海洋权益维护和海洋资源开发、核能应用领域开拓等有着巨大的意义。

通过国家"863"计划、国家科技支撑计划和国家能源局"海洋核动力平台总体关键技术及装备研发"等项目的支持，以及"国家能源海洋核动力平台技术研发中心"等产、学、研单位的合作，已经突破了系统设计、设备生产、总装建造等众多关键技术，这些工作为海上浮动核电站奠定了技术基础。

经过四十多年核动力舰艇的发展，经历了陆上模式堆试验、航海试验、运行、维修、退役等全过程验证，我国形成了核动力舰艇较为完善的法规标准体系和配套成熟的工业体系，积累了丰富的工程实践经验，为海上浮动核电站奠定了工程基础。

虽然海上浮动核电站的核安全监管、设计、建造、运行、退役等过程中依然存在值得研究和探讨的问题，但是基于我国成熟军用舰艇核动力装置的军转民路线，结合国外核动力船舶安全设计经验，借鉴陆上核电厂核安全设计经验是发展我国海上浮动核电站的核安全最可行的技术途径，其核安全是有保障的，可达到第三代核电站的安全水平。

参 考 文 献

[1] United States Atomic Energy Commission. Nuclear Power and Merchant Shipping, 1964.

[2] "萨瓦娜"号的运行经验. 国外技术参考资料译文选之四十九, 1972.

[3] 张丹, 邱志方. 海洋民用核动力安全设计综述. 第一届全国小型堆安全监管研讨会, 2016.

[4] Takeshi M. Reliability analysis of emergency decay heat removal system of nuclear ship under various accident conditions: Comparison between nuclear ship "Mutsu" and nuclear ship "Savannah". Journal of Nuclear Science and Technology, 1984, 21(4): 266-278.

[5] 原子力船, 1979, No. 148(4).

[6] 日本造船学会誌, 1980, No. 1.

[7] Замуков В В, Бабуркин А Е, Дорощенко А В. Сравнительный анализ стоимости создания плавучей атомной теплоэлектростанции с водо-водяной и жидкометаллической реакторной установкой. Судостроение, 2009,(2):53-56.

[8] Слепцов О И и др. Проблемы северного завоза топлива и возможная роль использования плавучих АЭС // Межотраслевая научн.-практич. конф. Плавучие АТЭС-обоснование безопасности и экономичности ,перспективы использования в России и за рубежом (ПАТЭС-2008): Сб тезисов докл Н Новгород, 2008.

[9] Замуков В В, Пялов В Н и др. Плавучая атомная станция.Пат. 2188466 РФ от 11.01.2000г. // Изобретательство, 2004,Т.Ⅳ.№4.

[10]　Атомная теплоэлектростанция малой мощности на базе плавучего энергоблока с реакторными установками на основе ЖМТ для ЗАТО г.Вилючинска /ПЭБ-100-401. 010-07. Техн. отчет ФГУП СПМБМ Малахит, 2008.

[11]　Зродников А В, Драгунов Ю Г, Степанов В С, Тошинский Г И. Многоцелевой свинцово-висмутовый модульный быстрый реактор малой мощности СВБР-75/ 100/ Доклад на Междунар.конф. МАГАТЭ Иновационные ядерные технологии и инновационные топливные циклы ,IAEF CN-108-36.2003.

[12]　陶书生, 陈睿, 车树伟. 浮动式核动力堆关键技术及其思考. 第一届全国小型堆安全监管研讨会, 2016.

[13]　国际海事组织. 国际海上人命安全公约. 北京: 人民交通出版社, 2009.

[14]　潜艇技术通讯编辑室. 原子动力船安全标准. 1971.

[15]　IAEA. Safety Considerations in the Use of Ports and Approaches by Nuclear Merchant Ships. 1968.

[16]　政府间海事协商组织船舶设计和装备分会. 核商船安全规范. 1979.

[17]　Register of Shipping of the USSR. Information of Safety of Icebreaker-Transport Lighter/Container-ship with Nuclear Propulsion Plant Sevmorput. 1988.

[18]　核动力船舶和浮动设施的分级和建造规范. 2012.

[19]　谭思超. 关于海上浮动堆安审关键问题的若干思考. 第一届全国小型堆安全监管研讨会, 2016.

[20]　宋禹林, 谭思超, 付学宽. 晃荡对气泡上升运动影响的数值研究. 核动力工程, 2014, 35(S1): 71-74.

[21]　国家核安全局. HAF 102—2016 核动力厂设计安全规定. 2016.

[22]　国家核安全局. HAD 102/17 核动力厂安全评价与验证. 2006.

[23]　胡江. 浅议美国小型模块的执照基准事件选择方法. 第一届全国小型堆安全监管研讨会, 2016.

[24]　丁超, 王承智. 海上浮动核动力电厂应急计划的初步探讨. 第一届全国小型堆安全监管研讨会, 2016.

张金麟, 中国共产党党员, 毕业于哈尔滨工业大学涡轮机专业, 中国工程院院士。1960 年 10 月参加工作, 历任七一九所副总工程师、副所长、所长、工程型号总设计师。1992 年获国务院政府特殊津贴, 2003 年获国防科技工业武器装备型号研制一等功, 2005 年成为中央直接掌握联系的高级专家, 2007 年当选中国工程院院士, 2008 年中国造船工程学会授予"船舶设计大师"。获全国科学大会奖、国家科学技术进步奖特等奖、国家科学技术进步奖二等奖、中国船舶工业总公司科学技术进步奖特等奖等。

第三篇 第四代及其他先进核反应堆安全技术

本部分包含 6 章，根据我国开展的第四代及其他先进核反应堆 (铅基反应堆、钠冷快堆、高温气冷堆、超临界水堆、聚变裂变混合堆、聚变堆) 的相关研究，对其安全特性进行了全面的介绍。

中国科学院核能安全技术研究所吴宜灿所长等，阐述了铅基反应堆的基本特性和安全优势，包括中子物理学特性、热工安全特性和化学安全特性等；梳理出与铅基反应堆安全相关的研究热点，包括冷却剂相关研究、事故后现象研究、源项及放射性迁移、设计理念与监管技术；介绍了中国科学院核能安全技术研究所在相关领域的研究实践。

中国原子能科学研究院徐銤院士，以中国实验快堆为例阐述了钠冷快堆的安全性。中国实验快堆除具有钠冷快堆的固有安全特性外，设计有负的温度效应、功率效应和堆芯钠空泡效应，设有独立的非能动事故余热导出系统、非能动接钠盘、堆容器非能动超压保护系统、非能动冷却的堆芯熔化收集器等，达到了第四代核电系统的安全目标。

清华大学核能与新能源技术研究院张作义院长等，介绍了高温气冷堆对核安全的实践。高温气冷堆基于单相的氦气冷却剂、耐高温的全陶瓷堆芯、能自然散出余热的堆芯设计、所有工况下几近全部地包容放射性的 TRISO 包覆颗粒燃料等技术特点，使其在实现控制核功率的失控增长、导出堆芯余热、包容放射性三大安全功能时更加精巧。

GIF 超临界水堆主席、中国核动力研究设计院反应堆工程研究所副所长兼总工程师黄彦平等，总结了超临界水冷堆的主要技术特征和技术挑战，并介绍了日本、欧盟、加拿大、中国超临界水冷堆的研发状况、系统概念设计及专设安全系统设计。

中国工程物理研究院彭先觉院士等，介绍了 Z 箍缩驱动聚变裂变混合堆 (Z-FFR) 的研究进展，对其涉及的主要方面，即聚变靶、驱动器、爆室及换靶机构、次临界能源堆、余热安全、核燃料循环等进行了全面深入的研究，得出了在科学、技术、材料上没有不可逾越的障碍的结论。

中国科学院核能安全技术研究所陈志斌副研究员等，从聚变中子与材料活化、氚安全与环境影响、热流体与能量传输、可靠性与风险管理、安全理念与公众接受五个方面分别梳理聚变堆的安全特性，系统阐述其关键技术挑战和未来研究趋势，为建立聚变安全评价体系提供支持，进而服务于聚变堆的设计与建造。

第 13 章　铅基反应堆安全特性*

铅基反应堆是指以铅或铅合金 (统称铅基材料) 为冷却剂的反应堆，核能领域常用的铅合金包括铅铋合金、铅锂合金等。铅铋合金主要应用于裂变领域，铅锂合金主要应用于混合系统以及聚变领域。尽管应用领域不完全相同，但两种合金的主要物性相同，发展的相关技术可以共享。铅基材料固有的中子学、热工水力等物理化学特性，使得铅基反应堆具有良好的安全性与经济性，成为第四代先进核能系统、加速器驱动次临界系统 (ADS) 以及聚变堆包层的主要候选堆型之一。2014 年 1 月，"第四代核能系统国际论坛" (GIF) 发布的新版《第四代核能系统技术路线图》显示铅冷快堆有望成为首个实现工业示范的第四代核能系统[1]。

国际上铅基反应堆的研究主要包括铅基临界快中子反应堆、铅基 ADS 和铅基聚变堆包层等[2]。在铅基临界快中子反应堆、ADS 等裂变堆方面，1952 年起俄罗斯建造和运行了 7 艘以铅铋反应堆为动力的核潜艇，进入 21 世纪后俄罗斯的小型模块化铅铋反应堆 SVBR-100、铅冷示范快堆 BREST-OD-300 以及欧洲的采用铅铋冷却加速器驱动次临界反应堆 MYRRHA 和铅冷示范堆 ALFRED 的工程化工作均取得了良好的进展[3,4]。在铅基聚变堆包层方面，液态铅锂冷却是目前的主流方式之一，国际热核聚变实验堆 (ITER) 计划中欧盟、美国、印度均提出了以铅锂作为冷却剂和氚增殖剂的方案。中国科学院核能安全技术研究所 (以下简称核安全所) 在中国科学院战略性先导科技专项的支持下，针对中国铅基反应堆 CLEAR(China lead-based reactor) 开展了全面研发工作，已全面掌握铅基堆核心技术，具备工程实施能力[5-8]；同时长期开展以液态铅锂作为冷却剂和氚增殖剂的聚变堆和混合堆的研究工作[9-14]，正在为 ITER 实验包层模块计划以及中国聚变工程实验堆计划设计研发液态铅锂包层。

福岛核电事故后，核安全得到了进一步加强和重视。《核电安全规划 (2011—2020 年)》指出："安全是核电的生命线。发展核电，必须按照确保环境安全、公众健康和社会和谐的总体要求。"随着铅基反应堆的快速发展以及逐步进入商业应用，铅基反应堆安全相关研究也日趋得到加强。本章首先阐述铅基反应堆的基本特性和安全优势，在此基础上梳理出铅基反应堆安全相关研究热点，最后介绍中国科学院核能安全技术研究所在相关领域的研究实践。

---

* 作者为中国科学院核能安全技术研究所吴宜灿等。

13.1　铅基反应堆的基本特性和安全优势

铅基反应堆使用铅基合金作为冷却剂。铅基合金具有独特的物理化学特性,能给反应堆设计带来显著的安全优势,如铅基合金具有化学惰性和优良的热传导能力,反应堆可低压运行、利于快中子谱设计以及严重事故下放射性包容等。总体而言,铅基反应堆具有以下安全优势。

1) 铅基反应堆具有优良的中子物理特性

铅基材料中子慢化能力低、俘获截面小、质量数大,中子在铅基材料中的平均对数能降低。因此铅基反应堆可设计成较硬的中子能谱,并易利用富余中子实现嬗变、增殖等功能[15],这也成为 ADS 嬗变系统最终选择铅合金的核心因素;低的慢化能力会带来相对高的中子泄漏率,易于实现负空泡系数;采用较大的燃料元件栅距而不明显影响能谱,可以降低堆芯阻力以达到高自然循环能力;可采用较粗的棒径和较低的功率密度,容易实现长寿命的堆芯。这些特点可以进一步增强铅基反应堆的固有安全特性,并对防止核扩散有显著帮助[16]。

2) 铅基反应堆具有优良的热工安全特性

铅基合金作为液态金属,具有高热导率、低熔点、高沸点等特性,铅基材料与其他堆用冷却剂的物性对比参见表 13-1。其特性使反应堆能够运行在常压下,避免了高压系统 (例如水冷或气冷堆) 在压力边界破裂后,迅速丧失冷却剂而造成严重后果。其具有超过 1200℃的沸腾裕量,因而不会受临界热流密度的限制,且池式系统热惰性较大,使事故后有较长的缓解时间。铅基材料具有较高的密度,即使铅基反应堆在严重事故发生后,堆芯熔融物将会随冷却剂流动或上浮弥散,不会在下腔室堆积而发生再临界事故。铅合金有较高的热膨胀率和较低的运动黏度系数,从而具有很好的自然循环能力。此外,由于铅基材料的沸点远高于钠,使事故下产生沸腾空泡的可能性极低。

表 13-1　铅基材料与其他堆用冷却剂的物性对比

对比项目	铅 (723K, 0.1MPa)	铅铋合金 (723K, 0.1MPa)	铅锂合金 (673K, 0.1MPa)	钠 (723K, 0.1MPa)	水 (573K, 15.5MPa)	氦气 (1023K, 3MPa)
密度/(g/cm^3)	10.52	10.15	9.72	0.844	0.727	0.0014069
熔点/K	601	398	508	371	—	—
体积比热/[kJ/(m^3·K)]	1546	1481	1837	1097	3965	7.304
热导率/[W/(m·K)]	17.1	14.2	15.14	71.2	0.5625	0.368

3) 铅基反应堆具有优良的化学安全特性

铅基材料化学特性较不活泼,几乎不与水和空气反应,因此避免了反应堆可能发生的剧烈化学反应[17],因此通常在二回路可直接使用水进行发电,简化了中间回路的设计。整个铅基反应堆系统也几乎消除了氢气产生的可能。另外,铅还能与气态放射性核素碘和铯形成化合物,降低反应堆在事故工况下的释放源项[18]。

同时,对铅基材料进一步细分,如铅、铅铋和铅锂等,具有独特的优点,也带来不同的应用特性:

(1) 相比铅合金，铅有相对较低的腐蚀性，因此可设计在较高的温度条件下运行，可获得高热电转化效率；同时，铅的经济性好，在未来商用电站中极具潜力；此外，高的熔点还容易在发生小破口泄漏时形成自封，阻止冷却剂继续泄漏。

(2) 铅铋的熔点为 125℃，远低于铅的熔点 327.5℃，允许反应堆运行在相对低的温度下，降低了对设备的要求，作为前期研究具备优势；对于 ADS 系统，铅铋作为液态靶具有优良的散裂反应特性，使其和堆耦合时具有特殊的优势。

(3) 铅锂中的锂能够和中子反应产生聚变反应所需要的氚，因此在聚变堆中铅锂不仅作为冷却剂使用，同时起到提供聚变堆燃料的氚增殖剂的作用；对于 14MeV 的聚变中子，铅较易与其发生 (n,2n) 反应，还可起到中子倍增剂的作用。

13.2　研究热点

铅基材料的优良物理化学特性，带来了其在反应堆设计上的显著优势，但这些特点也带来了一些需要研究和关注的安全挑战。随着铅基反应堆逐步迈入商用化阶段，各国加大投入，近年来国际上对这些安全特性挑战的研究逐步加深，对现象和防御手段的认识也不断加深。

13.2.1　与冷却剂相关的研究

1) 材料相容性研究

在高温、高流速及高密度的液态铅基材料冲刷下，部分反应堆结构材料将会发生溶解腐蚀、氧化腐蚀、冲蚀、液态金属脆化等现象[19]，其中氧化腐蚀及产生的氧化层是影响腐蚀速率和堆内构件安全运行的关键因素之一。

目前认为采用氧测控技术是解决相容性问题的最可行且有效的方式。将液态铅或铅铋合金中的氧浓度控制在合适范围内可在材料表面形成具有保护性的氧化膜，既限制铅基材料中固态氧化铅杂质的产生，又可有效减弱材料的腐蚀进程。苏联在核潜艇中依靠氧测控技术的改进获得了多年的铅铋堆成功运行经验。此外，通过涂层等技术也可以限制腐蚀。

2) 浮力和抗震研究

铅基材料的密度约为水的 10 倍，因而带来浮力和抗震方面的安全挑战。堆内大部分结构、部件的密度都小于冷却剂，因此将受到一个向上的浮力，而不像水堆或钠堆主要受向下的重力。具体来说，对于燃料组件，无法直接"坐落"在下栅板上固定，控制棒如不加特殊考虑则无法下落，堆内构件的作用力方向也比较特殊。配重是解决思路之一，通过添加高密度的材料克服浮力，对于燃料组件和控制棒均适用；通过特殊的机械结构利用浮力向上压紧固定也是解决思路之一。

在铅基反应堆中，为了提高效率和安全性，通常一回路系统采用池式结构，整体质量大，抗震设计挑战大。此外，地震引发的堆池液面的高密度冷却剂晃动 (sloshing) 将直接冲击堆内结构。国际上对铅基反应堆的抗震问题开始重视，研究发现通过优化反应堆的容器支撑方式和高度直径会对抗震性能产生较大影响。欧洲第七框架协议下设立了 SILER 项目进行重金属冷却反应堆的抗震分析和隔震方案的专题研究。

3) 冷却剂凝固研究

当铅基材料在堆内凝固时体积会发生变化,可能造成结构的破坏。尤其是使用纯铅作为冷却剂时,其沸点高于二回路水的沸点,在余热排出时,主回路冷却剂可能在蒸汽发生器处冷凝而影响循环。此外,二回路加热一回路的方式无法使用。铅的凝固问题需要在设计予以考虑来避免,在欧洲的 ALFRED 和 ELFR 的安全研究中[20,21],明确将铅的凝固作为事故分析的判据之一。

13.2.2 事故后现象研究

1) 全堆芯瞬态现象

有/无保护的失流、失热阱和反应性引入是主要考虑的瞬态事故,其中足够的负反应性系数、自然循环的建立和余热导出系统的有效性等是确保全堆芯瞬态事故下安全的关键。铅基材料作为一种特殊的冷却剂,其瞬态事故分析程序及其中的传热、流动关系必须通过充分的实验验证才能获得应用。此外,在热池和冷池的某些区域会有明显的三维流场分布现象,一维的系统分析程序很难描述。目前的研究主要集中在系统分析程序的实验校验,以及组件传热和池内三维流场等现象的研究上。对于后者,计算流体力学 (CFD) 手段将起着越来越重要的作用,国外研究机构基于 HELIOS、NACIE、TALL、CIRCE 等实验回路开展程序验证及组件热工实验,OECD/NEA 也组织了 LACANES(lead-alloy cooled advanced nuclear energy system) 计划验证铅铋堆系统分析程序[22]。比利时 SCK·CEN(Belgin Nuclear Research Centre) 正在建造 E-SCAPE 池式平台并进行三维模化实验。

2) 管道破口与堵流现象

浸没在主容器冷却剂池内的蒸汽发生器发生传热管破口事故 (SGTR) 后的现象学研究也是研究领域重点关注的内容之一。当浸没在主容器冷却剂池内的蒸汽发生器发生传热管破口事故后,二回路中的高温高压冷却水与铅基材料直接接触后快速汽化,产生高压并迅速传播,将威胁结构材料的完整性。在此过程中汽化产生的气泡,可能向堆芯迁移,产生反应性引入的风险。然而在这方面的研究,理论分析还不够成熟,必须开展大型高压平台的实验研究,如意大利国家新技术能源和可持续经济发展研究院 (ENEA) 和俄罗斯物理与动力工程研究院 (IPPE) 分别搭建了 LIFUS-5 和 FT-216 实验装置进行了大量机理性实验研究[23]。此外,ENEA 和德国卡尔斯鲁厄理工学院 (KIT) 尝试基于 SIMMER 系列程序进行开发和分析研究[24]。

当使用带外壳的组件燃料时,发生无保护组件入口堵流将直接降低组件内部的冷却剂流量,特别是氧化物存在的可能性使得该事故得到研究者的重视。若堵流发生在燃料棒区域,由于氧化物的热导率较低,其后果是有可能导致局部的包壳损坏。对于组件入口堵流,多数研究机构采用系统程序进行了分析,为了缓解事故的后果,ALFRED 采用了特殊设计以提供入口堵塞后的旁流。对于燃料棒间的堵流,一般依赖于 CFD 分析和实验研究,特别是堵流部分的多孔率、分布等特性还需要实验进行确定。

3) 严重事故

由于铅基材料的高沸点,严重事故下铅基堆包壳熔化和裂变气体的释放要先于冷却剂的沸腾,燃料的重新布置和多相流流动也与钠冷快堆明显不同。由于实验手段研究的困难,对于严重事故的研究目前主要集中在理论上,日本和欧盟利用针对快堆开发的严重事故机理分析程序 SIMMER, 对各自提出的铅基反应堆方案分别进行了严重事故工况的模拟研究[25,26]。欧盟第七框架协议下设立了 SEARCH 项目和 MAXSIMA 项目, 重点研究堆芯熔化后燃料和冷却剂相容性、燃料迁移过程以及导致燃料损坏的瞬态事故。

13.2.3　源项及放射性迁移

1) 放射性核素在冷却剂内迁移

放射性核素在铅基材料中的迁移产生了一些新的现象: 液态铅基材料对裂变产物有一定滞留作用; 凝固后的铅基材料中的裂变产物及活化产物会出现向表面迁移的现象; SGTR 事故会造成冷却剂包含的裂变产物及活化产物随着水蒸气排出反应堆。瑞士保罗·谢尔研究所 (PSI) 和瑞典皇家理工学院 (KTH) 分别开展了液态铅铋合金中碘的释放研究[27]和液态铅基材料中碘、铯和锶的迁移释放规律研究[28]。

2) 铅铋中的钋 (Po) 安全研究

在使用铅铋作为冷却剂的反应堆中, ^{209}Bi 吸收中子或受到高能质子轰击均会产生 ^{210}Po (下文中的 Po 均指 ^{210}Po), 其会发生 α 衰变, 且具有化学毒性与挥发性。在铅铋堆中, 铅铋中 99.8% 的 Po 会和 Pb 反应生成稳定的 PbPo 并滞留在铅铋中, 但泄漏后的 PbPo 与空气中的水接触, 最终会分解出 Po 蒸汽。对于事故情况下逸出的 Po, 俄罗斯制定了在事故工况下 Po 污染防控的八条措施[29], 其中关键技术为 Po 蒸汽过滤材料和 Po 表面除污膜。在这两项关键技术的支持下, 俄罗斯成功处置了 1982 年的一起放射性铅铋泄漏事故。

13.2.4　安全设计理念与监管技术

目前国内外的安全监管主要针对的是压水堆或是其他已有的商用堆型。对于新型反应堆, 特别是铅基反应堆, 目前还没有导则层面或更具体的监管法规和与之相应的安全设计准则。为了满足日益增长的新堆型, 尤其是在第四代核能系统的带动下, 国际原子能机构 (IAEA) 和其他各国提出了新的许可证申请体系的研究, 力图突破目前严重受限于水堆的技术体系[30]。在方法学层面, 针对第四代反应堆, GIF 成立了方法学委员会, 并且基于 IAEA 的 "技术中立" 思想提出了 ISAM(integrated safety assessment methodology) 并给出应用指导[31], 旨在从概念设计阶段就作用于设计进程、支持风险和安全的对比及定性和定量的分析, 并计划应用于第四代反应堆的安全评价体系建设中。针对铅基反应堆, GIF 于 2014 年发布了《铅冷块堆风险和安全评价白皮书》[32], 目前正在编写铅基反应堆的系统安全评估 (system safety assessment) 和安全设计导则 (safety design criteria)。

此外, 俄罗斯和欧洲的铅基反应堆计划已经开始许可证申请工作。俄罗斯的 SVBR-100 计划在 2018 年获得运行许可证。比利时的 MYRRHA 计划也正式开展了 pre-licensing 工作, 已经向比利时核安全监管当局提交相关技术文件, 并获取了审查反馈。

13.3　核安全所的实践与研究进展

核安全所十余年来在 "863" 计划、中国科学院战略性先导科技专项等项目的支持下, 长期开展液态铅基材料及铅基反应堆安全研究, 从实验平台建设与实验研究、分析程序研发、安全分析与设计优化等方面均取得了部分进展。

(1) 核安全所经过十余年的努力,建造了目前世界上最大的液态铅基合金综合实验装置群,包括铅铋实验回路 (KYLIN 系列[33])、铅锂实验回路 (DRAGON 系列[14]) 等,可开展铅基反应堆材料的腐蚀、热工、安全等实验研究。其中材料实验回路最高实验温度达到 1100℃,样品表面最高流速 10m/s;热工回路可实现强迫、自然双模式循环,可开展全尺寸燃料组件的热工水力试验测试及余热导出实验,加热功率最大 300kW;大型安全实验装置设计压力为 25MPa,可开展破口试验。基于系列回路研制和运行经验,目前正在开展非核仿真铅基反应堆工程技术集成试验装置 CLEAR-S 的建造,可进行铅基反应堆集成安全特性及全堆三维流场的瞬态观测和程序验证研究。围绕解决铅基反应堆辐射安全问题,建成国际领先的强流中子源 HINEG 及辐射技术综合实验平台,开展了小型化精准设计、轻量化屏蔽技术、便携式辐射防护系统等小型化关键技术的研发验证。此外,建立了铅基反应堆放射性物质处置实验室,并着手开展含 Po 废气处理和铅基反应堆核事故应急领域的相关研究。

在相容性材料研发方面,发展了具有自主知识产权的中国抗辐照低活化马氏体 (CLAM) 钢,从工业制备规模和耐腐蚀、抗辐照性能等综合服役性能方面,具备了在铅基反应堆中应用的潜力[13],并正在进行法国核电标准 RCC-MRx 的准入申请工作。借鉴国外成功经验,自主发展了铅基合金的气相及固相氧测控和纯化技术,目前已成功实现了 KYLIN 系列服役性能测试装置的在线稳定氧控及纯化。针对中国抗辐照低活化马氏体 (CLAM) 钢开展了氚渗透实验,获得了高温气体环境下,氢氘氚在 CLAM 钢中的渗透系数[34]。

(2) 在事故分析程序方面,自主开发了中子学与热工水力学耦合瞬态安全分析程序 NTC[35],具备开展多组分多相流的分析的能力,可进行铅基堆 SGTR 事故和严重事故的数值模拟研究。针对瞬态热工过程,研发了三维计算流体力学 (CFD) 程序 FLUENT 与一维系统程序 RELAP5 的耦合分析程序。基于 DRAGON 和 KYLIN 系列铅基材料实验回路开展了瞬态事故分析程序的验证研究,并参与 OECD/NEA 组织的 LACANES 合作验证计划。核安全所还发展了聚变氚循环分析软件 TAS,可应用于聚变堆自持性分析、氚燃料管理优化、安全分析等领域[36]。

(3) 针对核安全所正在研发的 CLEAR 系列反应堆,开展了系统性的安全分析和设计优化研究。CLEAR-I 设计了 RVACS 非能动的事故余热导出系统,其由四套相互独立的 RVACS 冷却通道构成[37],具有排出全部余热的能力,并计划开展 RVACS 验证性实验;针对可能的放射性泄漏来源,如堆顶覆盖保护气体、一回路铅铋分析检测及纯化系统等设置了放射性包容小室;设置了主容器辅助加热方式避免堆内铅铋的凝固,该方式通过气体加热主容器的外表面,突破了二回路水的沸点限制,可应用于其他铅冷反应堆。

利用开发和验证的软件开展了 CLEAR-I 瞬态事故分析,论证了余热导出系统的有效性和冗余性;使用 NTC 软件对严重事故进行了堆芯熔化再凝固、堆芯熔融物的迁移等方面的研究;对堆本体的支撑形式和堆内结构布局等抗震设计进行了深入分析,设计了吊式容器固定方式增加抗震性,开展了针对重金属冷却反应堆结构-地基动力相互作用及隔振减震措施等方面的研究;针对铅基反应堆覆盖气体泄漏事故以及事故情况下放射性核素从包壳、冷却剂压力边界和压力容器释放全过程开展了分析;对堆内 Po 的产生及迁移进行了分析和计算[38],得出了在设置放射性包容小室的情况下反应堆厂房内 Po 的放射性浓度远低于美国 NRC 限值的结论。在安全理念和许可证方面,作为主要作者共同编撰了 GIF《铅冷快堆风险和安全评价白皮书》[32]，以及参与铅基反应堆系统安全评估和安全设计导则的编撰。正在针对 CLEAR-I 编写铅基反应堆设计准则，并与相关单位共同开展铅铋堆关键安全监管技术研究。

13.4　小　　结

铅基材料作为冷却剂在中子经济性、热工水力学特性、安全性等方面具有优势，在第四代核能系统、次临界堆和聚变堆中都是重要的选项，是目前先进核能系统研究的重要方向。它在未来的能量生产、核废料嬗变、核燃料增殖和聚变能利用中可以起到至关重要的作用，在产氚、制氢、钍资源利用、舰船/潜艇动力等方面未来也具有非常大的潜力。铅基反应堆的研究目前已经有六十余年的历史，在世界范围内积累了大量的研究经验和成果，已经有非常好的应用基础，具备在短期内大规模利用的潜力。

我国铅基反应堆的研究已经走上了一条发展的快车道，形成了裂变、聚变相互支撑、相互促进的优良发展模式，能实现近中远期发展的良性结合，通过不同铅基材料之间的技术共享，实现最优的科研投资效率，能够为我国核能科学与技术事业进步、国家能源安全和核能可持续发展做出重要贡献。

参 考 文 献

[1] OECD Nuclear Energy Agency for the Generation IV International Forum. Technology Roadmap Update for Generation IV Nuclear Energy Systems, January 2014.

[2] 吴宜灿, 柏云清, 宋勇, 等. 中国铅基研究反应堆概念设计研究. 核科学与工程, 2014, 34(2): 201-208.

[3] Alemberti A. The lead fast reactor: An opportunity for the future. Engineering, 2016, 2(1): 59-62.

[4] Alemberti A. Overview of lead-cooled fast reactor activities. Progress in Nuclear Energy, 2014, (77): 300-307.

[5] 詹文龙, 徐瑚珊. 未来先进核裂变能 ——ADS 嬗变系统. 中国科学院院刊, 2012, 27(3): 375-381.

[6] Wu Y, Bai Y, Song Y, et al. Development strategy and conceptual design of China lead-based research reactor. Annals of Nuclear Energy, 2016, 87(2): 511-516.

[7] 吴宜灿, 王明煌, 黄群英, 等. 铅基反应堆研究现状与发展前景. 核科学与工程, 2015, 35(2): 213-221.

[8] Wu Y. CLEAR-S: an integrated non-nuclear test facility for China lead-based research reactor. International Journal of Energy Research, 2016, 40(14): 1951-1956.

[9] Wu Y. Progress in fusion-driven hybrid system studies in China. Fusion Engineering and Design, 2002, 63-64(02): 73-80.

[10] 吴宜灿, 王红艳, 柯严, 等. 磁约束聚变堆及 ITER 实验包层模块设计研究进展. 原子核物理评论, 2006, 23(2): 89-95.

[11] Wu Y, FDS Team. Conceptual design activities of FDS series fusion power plants in China. Fusion Engineering and Design, 2006, 81(23-24): 2713-2718.

[12] Wu Y. Design status and development strategy of China liquid lithium-lead blankets and related material technology. Journal of Nuclear Materials, 2007, 367-370: 1410-1415.

[13] Huang Q, Li C, Li Y, et al. Progress in development of China Low Activation Martensitic steel for fusion application. Journal of Nuclear Materials, 2007, (367-370)A: 142-146.

[14] Wu Y, Huang Q, Zhu Z, et al. R&D of Dragon series lithium lead loops for material and blanket technology testing. Fusion Science and Technology, 2012, 62(1): 272-275.

[15] Cacuci D G. Handbook of Nuclear Engineering. Springer, 2010.

[16] U.S. Nuclear Energy Research Advisory Committee and the Generation Ⅳ International Forum (GIF). A Technology Roadmap for Generation Ⅳ Nuclear Energy Systems, 2002.

[17] OECD/NEA. Accelerator-driven Systems (ADS) and Fast Reactors (FR) in Advanced Nuclear Fuel Cycle – A Comparative Study. 2002.

[18] Jolkkonen M, Wallenius J. Report on Source Term Assessment for the EDTR (ALFRED), 2012.

[19] OECD/NEA Nuclear Science Committee, Working Party on Scientific Issues of the Fuel Cycle, Working Group on Lead-bismuth Eutectic. Handbook on the Lead-bismuth Eutectic Alloy and Lead Properties, Materials Compatibility, Thermal-hydraulics and Technologies, 2007.

[20] Bandini G, Polidori M. Report on the Results of Analysis of DBC Events for the ETDR (ALFRED). 2013.

[21] Bubelis E, Schikorr M. Report on the Results of Analysis of DBC & DEC Key Transients for the LFR Reference Plant (ELFR). 2012.

[22] OECD/NEA. Benchmark of Thermal-hydraulic Loop Models for Lead-alloy Cooled Advanced Nuclear Energy Systems, 2012.

[23] Besnosov V, et al. Research into the processes of steam generator leakage in a lead-cooled reactor circuit. Proc. of Conf. "Heavy Liquid Metal Coolants in Nuclear Technology". Obninsk: SSC RF-IPPE, 1999, 2(C3): 577-580.

[24] Ciampichetti A, Agostini P, Benamati G, et al., LBE–water interaction in sub-critical reactors: First experimental and modelling results. Journal of Nuclear Materials, 2008, 376(3): 418-423.

[25] Suzuki T, Chen X N, Rineisiki A, et al. Transient analyses for accelerator driven system PDS-XADS using the extended SIMMER-Ⅲ Code. Nuclear Engineering and Design, 2005, 235(24): 2594-2611.

[26] Rahman M M, Ege Y, Morita K, et al. Simulation of molten metal freezing behavior on to a structure. Nuclear Engineering and Design, 2008, 238(10): 2706-2717.

[27] Neuhausen J, Eichler B. Investigation on the thermal release of iodine from liquid entectic lead-bismuth alloy. Radiochimica Acta, 2006, 94(5): 239-242.

[28] Jolkkonen M. Radiotoxic vapours over lead coolant. EUROTRANS WP 1.5 Meeting, Madrid, 2007.

[29] Feuerstein H, Oschinski J, Horn S. Behavior of Po-210 in molten Pb-17Li. Journal of Nuclear Materials, 1992, 191-194(A): 288-291.

[30] IAEA. Proposal for a Technology-Neutral Safety Approach for New Reactor Designs. IAEA-TECDOC-1570, 2007.

[31] Risk and Safety Working Group, GIF. Guidance Document for Integrated Safety Assessment Methodology (ISAM) - (GDI). 2014.

[32] Alemberti A, Frogheri M L, Hermsmeyer S, et al. Lead-cooled Fast Reactor (LFR) Risk and Safety Assessment White Paper, 2014.

[33] Li Y, Lv K, Chen L, et al. Experiments and analysis on LBE steady natural circulation in a rectangular shape loop. Progress in Nuclear Energy, 2015, 81: 239-244.

[34] Chen X, Huang Q, Yan Z, et al. Preliminary study of HDA coating on CLAM steel followed by high temperature oxidation. Journal of Nuclear Materials. 2013, 442(1-3): S597-S602.

[35] Wang Z, Wang G, Gu Z, et al. Benchmark of Neutronics and Thermal-hydraulics Coupled Simulation program NTC on beam interruptions in XADS. Annals of Nuclear Energy, 2015, 77: 172-175.

[36] Song Y, Huang Q, Ni M. Tritium analysis of fusion-based hydrogen production reactor FDS-III. Fusion Engineering and Design, 2010, 85(7-9): 1044-1047.

[37] Wu G, Jin M, Chen J, et al. Assessment of RVACS performance for small size lead-cooled fast reactor. Annals of Nuclear Energy, 2015, 77: 310-317.

[38] Mao L, Dang T, Pan L, et al. Preliminary analysis of polonium-210 contamination for China lead-based research reactor. Progress in Nuclear Energy, 2014, 70(1): 39-42.

吴宜灿，研究员/教授，博士生导师，中国科学院核能安全技术研究所所长、中国科学院中子输运理论与辐射安全重点实验室主任、国际能源署 (IEA) 合作计划执委会主席、国际原子能机构 (IAEA) 顾问专家、国际热核聚变实验堆 (ITER) 组织核安全与许可证技术专家组成员、第四代核能系统国际论坛 (GIF) 铅基堆中方技术代表。长期从事核科学技术及相关交叉领域研究，主持包括 IAEA 及 ITER 国际合作计划、国家"973"/"863"计划、国家自然科学基金重大研究计划、国家磁约束核聚变能发展研究专项、中国科学院战略性先导科技专项等重大项目 30 余项，发表论文 400 余篇，ESI 十年全球 Top 1% 高被引论文 7 篇，出版专著 4 部，担任 FED 国际学术期刊副主编及其他 10 余家知名期刊编委，授权发明专利 30 余项，研发的软件在 60 多个国家获得应用。获国家自然科学奖二等奖、国家科学技术进步奖一等奖、国家能源科技进步奖一等奖等国家和省部级奖励 10 余项。

第 14 章

钠冷快堆的安全性*

我国经济的快速发展和人民生活水平的改善需要大规模清洁能源的支持，核能是清洁能源的一种。核能的能量密度高，核电站占地面积小，燃料运输量小。从各种能源相应电站的建造、燃料生产、运输和运行等整个生产链来比较，核能的单位电力生产放出的等效二氧化碳的碳当量是最少的[1]，而且它可作为基荷电站连续运行，可以大规模建造。2014 年，全世界核电已占总电力生产的 11.5%，有 13 个国家核电占 30% 以上，其中法国核电占 76.90%[2]。核能是世界重要能源，已积累了 14 000 堆·年的运行经验，这证明核电站的运行是清洁、安全的，人类已进入了核能时代。然而清洁、安全又不是绝对的。三哩岛、切尔诺贝利和福岛等核电站的重大事故，正说明对于人因、极端自然灾害还需要核电站的设计者、建造者、运营者吸取教训，更加重视对避免人因故障的培训和管理，对极端自然灾害采取应急预案和应急准备，保证核电站更加安全地运行。

我国核电站 (主要是压水堆) 已有约 100 堆·年的运行历史，截至 2017 年 12 月 31 日，国内在运核电机组 37 台，总装机容量达到 35GW。运行经验证明我国的核电站的运行是安全、清洁的。

为核能可持续应用，国务院科技领导小组于 1983 年 6 月在香山会议上提出我国核电发展的基本战略是"热堆—快堆—聚变堆"，目前我国发展的快堆是 20 世纪 60 年代以来民用的钠冷快堆。国外快堆发展已超过半个世纪，共建成不同功率的快堆 21 座，包括实验堆 15 座 (其中 Hg 冷 2 座、NaK 冷 1 座)、原型堆 5 座、商用验证堆 1 座，其中钠冷快堆 18 座。积累的快堆运行经验约 450 堆·年，钠冷快堆技术已达到成熟阶段。

14.1　钠冷快堆的安全目标

对于核电站反应堆或研究用的反应堆，最重要的安全目标是保证核电站的工作人员、公众和环境免受放射性的伤害。为达到这个目标，则用另外两个安全目标来保证：一是任何情况下均能够停堆；二是任何情况下都能够导出堆芯和燃料的余热。

为了实现这两个目标，有三个层次的安全措施来保证。其一是设计者在选择待发展的堆型时，应选择有固有安全特征，或称本征安全特征的堆型；其二是尽量用非能动安全系统；其

＊ 作者为中国原子能科学研究院徐銤。

徐銤. 钠冷快堆的安全性. 自然杂志, 2013, 35(2): 79-84.

三是装备冗余、可靠的主动安全系统。对于最主要的安全目标——限制放射性的过量释放，除保证实现前两个目标外还特别设计有多道屏障，这是核安全纵深防御原则的另一方面。

14.2　钠冷快堆的固有安全特性

世界上快堆的发展已超过半个世纪，对于冷却剂的选择，除早期建过两座小型汞 (Hg) 冷快堆 (Clementine，1946 和 БР-2，1956) 和一座钠钾合金 (NaK) 冷快堆 (DFR,1959) 外，20 世纪 60 年代初的快堆皆选择钠 (Na) 为冷却剂。对快堆而言，Na 除中子吸收截面小和散射慢化能力不强等适用于快堆的性能外，还有多种固有安全特性。

液态金属钠有较大的热导率，见表 14-1[3]。在快堆堆芯平均温度 (约 450℃) 下热导率是压水堆运行工况下水热导率的百倍以上，堆芯和燃料不易过热，在一回路冷却系统失电时，堆芯事故余热很快导入钠中，尤其是池式快堆有大量的钠，实验堆达 200 余吨，大功率商用快堆甚至上千吨，一回路钠成为最初热阱，对导出事故余热有利。

表 14-1　冷却剂物性表

冷却剂	熔点/℃	沸点/℃	密度/ (kg/m³)	热容/ [kJ/(kg·K)]	热导率/ [W/(m·K)]	运动黏度/ (m²/s)	热膨胀 系数[4]/K⁻¹
Na(450℃)	98	883	844	4.205	71.2	3×10^{-7}	2.4×10^{-4}
NaK(450℃)	−12.6	784	759	0.873	26	2.4×10^{-7}	2.77×10^{-4}
Hg(450℃)	−38.9	356.7	12510	0.13	13	0.60×10^{-7}	—
Pb(450℃)	327.6	1743	10520	0.147	17.1	1.9×10^{-7}	—
Pb-Bi(450℃)	208.2	1638	10150	0.146	14.2	1.4×10^{-7}	—
He(450℃, 6MPa)	—	—	3.955	5.193	0.2893	35.79×10^{-6}	—
H₂O(280℃, 6.4MPa)	—	—	610.7	8.95	0.456	1.14×10^{-7}	25.79×10^{-4} (6MPa)
H₂O(342.16℃, 15MPa)	—	—	758.0	5.29	0.5777	1.239×10^{-7}	72.1×10^{-4}

钠的沸点在大气压下是 883℃，一般一回路钠出口工作温度在 550℃以下，大约有 300℃的温差，因此一回路不需要为获得更高出口温度而加压。唯一需要的是为避免空气漏入一回路，堆本体充氩气保护而加压到约 0.05MPa，加上钠液高度的静压，最高压力也只在 0.15MPa 以下；因此，相比高压系统，万一管道或容器破裂，钠冷快堆无喷射使堆芯裸露之可能。

纯钠在 800℃以下对奥氏体不锈钢、铁素体钢、铁素体马氏体钢几乎无腐蚀，钠温 700℃以下杂质控制在 3ppm(1ppm=10⁻⁶) 以下时，快堆用不锈钢的腐蚀率只有 5μm/a[4]，所以快堆钠容器和钠管道不易因腐蚀而泄漏。

万一快堆发生严重事故，组件中的燃料有可能局部熔化，熔融燃料与冷却剂相互作用 (MFCI) 是必须考虑的。大量堆内、堆外的实验表明，MFCI 情况下，即熔融的燃料流入钠中没有剧烈的能量释放，不会产生"钠蒸汽爆炸"。其原因是[5]：瞬时钠成泡需要高温，而围着熔融燃料的是大量的钠，比其沸点温度低 400 多度，钠有很强的导热能力，很快将熔融燃料的热传向大范围的钠。所以，即使快堆发生燃料熔化，也不会造成过量放射性释放。

天然的钠只有一种同位素即 $^{23}_{11}\text{Na}$，在中子照射下有三个核反应：

$$^{23}_{11}\text{Na} + \text{n} \rightarrow {}^{23}_{10}\text{Ne} + \text{p},$$

$$^{23}_{11}\text{Na} + \text{n} \rightarrow {}^{24}_{11}\text{Na},$$

$$^{23}_{11}\text{Na} + \text{n} \rightarrow {}^{22}_{11}\text{Na} + 2\text{n}。$$

$^{23}_{10}\text{Ne}$ 是 γ 发射体，半衰期 38s，所以从钠中迁移到覆盖气体中，很快就衰变了。$^{24}_{11}\text{Na}$ 和 $^{22}_{11}\text{Na}$ 也是 γ 发射体，半衰期分别是 15h 和 2.6a。它们的放射性寿命均不长，在快堆退役时，只要将一回路的钠冷却剂衰变 50a，再将钠转变成稳定的 Na_2CO_3 等，就可以当一般废物处理，对环境无害。

从表 14-1 看出，钠在快堆工作温度下运动黏度不太大，流动性尚可，温度升高时，液态体积膨胀，易于在一回路中设计非能动事故余热导出系统，靠自然对流和自然循环将堆芯的事故余热从一回路通过该系统钠的二回路，并利用空冷器排向大气。也就是，因钠对快堆的固有安全特征，有助于实现非能动事故余热排放，提高快堆安全性。

但是，钠是化学性质活泼的碱金属，钠也有固有的不安全因素。

钠在空气中会燃烧，着火点依赖于空气的湿度，一般在 140~340℃；如果是喷雾，可能在 120℃时起燃[5]。钠火是放热反应[6]：

$$2\text{Na}(液) + \frac{1}{2}\text{O}_2 \rightarrow \text{Na}_2\text{O}(固), \quad \Delta H = -99.4\text{kcal/mol};$$

$$2\text{Na}(液) + \text{O}_2 \rightarrow \text{Na}_2\text{O}_2(固), \quad \Delta H = -122.1\text{kcal/mol}。$$

然而，钠的燃烧烈度不如汽油，见表 14-2。

表 14-2　钠与汽油燃烧比较(1m^2 面积)[5]

项目	汽油	钠
燃烧率/[kg/(m^2·h)]	180	45
燃烧热/(kJ/kg)	43 600	10 900
1m 高处温度/℃	~800	<100
火焰高度/m	~4	<1
沸点/℃	80	883
汽化潜热/(kJ/kg)	360	4 340

在钠冷快堆的蒸汽发生器中，二回路钠的热量通过管壁传给水，使之汽化直至过热蒸汽进入汽轮发电机发电。蒸汽发生器内是钠水反应可能发生的部位。钠接触水有激烈的钠水反应[6]：

$$\text{Na}(固) + \text{H}_2\text{O}(液) \rightarrow \text{NaOH}(固) + \frac{1}{2}\text{H}_2, \quad \Delta H = -33.67\text{kcal/mol};$$

$$\text{Na}(液) + \text{H}_2\text{O}(液) \rightarrow \text{NaOH}(固) + \frac{1}{2}\text{H}_2, \quad \Delta H = -35.2\text{kcal/mol};$$

$$\text{Na}(液) + \text{H}_2\text{O}(汽) \rightarrow \text{NaOH}(固) + \frac{1}{2}\text{H}_2, \quad \Delta H = -45.7\text{kcal/mol};$$

$$2\text{Na}(固)+\text{H}_2\text{O}(液)\rightarrow\text{Na}_2\text{O}(固)+\text{H}_2, \quad \Delta H = -31.05\text{kcal/mol}。$$

钠过量时的后续反应是

$$\text{Na}(液)+\frac{1}{2}\text{H}_2\rightarrow\text{NaH}(固), \quad \Delta H = -13.7\text{kcal/mol};$$

$$\text{Na}(液)+\text{NaOH}(固)\rightarrow\text{Na}_2\text{O}(固)+\frac{1}{2}\text{H}_2, \quad \Delta H = -1.59\text{kcal/mol}。$$

所以总的反应是

$$4\text{Na}+\text{H}_2\text{O}\rightarrow2\text{NaH}+\text{Na}_2\text{O}$$

为防止发生钠火和钠水反应，设备和管道均用核安全的纵深防御的原则来设计。首先，容器、管道采用符合标准、经过验证的材料，设备设计和制造采用核级标准，沿管线和容器下方布置全程泄漏探测系统，重要部位采用双层导管。万一泄漏，有烟雾探测、温度探测以及放射性探测。采用快速阀门关闭泄漏的管道，卸压排钠至贮存罐。对泄漏的钠采用非能动接钠盘，可将大量漏钠的 93%～97% 接收在盘内而不致燃烧，燃烧的部分用 N_2、负压的措施和膨胀石墨粉使其快速灭火。气溶胶经过水雾吸收和过滤后释放排入大气，做到对环境无害。

对蒸汽发生器中的钠水反应，微漏时首先探测的是产生的 H_2，扩散式氢计灵敏度达到 0.005ppm。在氢计动作时，判断微漏的发展，继而停堆、卸压排水、排钠。随着可能的钠水反应事故扩大，相继用空泡噪声、压力、液位及流量变化来判断和自动触发切断给水，继而停堆、排水、排钠，全部自动进行。因二回路钠几乎无放射性，与二回路泄漏产生的钠火一样都属于工业事故。一回路放射性钠则有更全面的钠火防护，设多层屏障防止放射钠气溶胶的泄漏。一回路在钠池中还设有保护容器，夹层充有氩气，容器泄漏有探测报警。保护容器同时泄漏的可能性极低，属于超设计事故或严重事故，设计者将设立一系列阶段行动保证堆芯不致熔化。

所以，从钠火、钠水反应事故的本质看来，它是一般的工业事故，设计者的责任是避免它引发成核事故，基于各国钠冷快堆半个世纪的 450 堆·年经验，从未发生过放射性严重污染环境的事故。

14.3　中国实验快堆的安全性

中国实验快堆 (CEFR) 是一座热功率为 65MW、电功率为 20MW 的钠冷池型快堆。CEFR 于 2011 年 7 月实现 40% 功率并网 24h，达到了国家验收目标。2014 年年底开始满功率运行。堆本体和主热传输系统见图 14-1 和图 14-2。

在设计之初，对中国实验快堆安全性的基本要求是：堆芯熔化概率低于 1×10^{-6}/(堆·年)，任何事故下不用厂外应急。

为此，设定了 153m 边界居民所受最大有效剂量当量，见表 14-3。

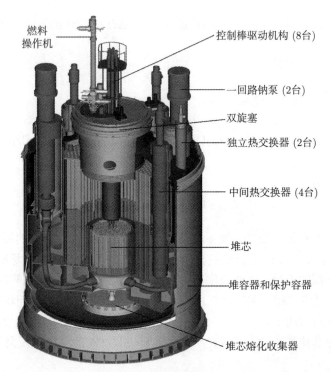

图 14-1　中国实验快堆堆本体

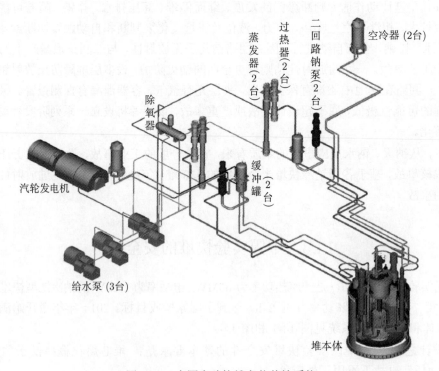

图 14-2　中国实验快堆主热传输系统

表 14-3　CEFR 厂址边界 153m 处居民个人最大有效剂量当量

项目	CEFR	GB 6249—2011
正常运行	0.05mSv/a	0.25mSv/a
设计基准事故	0.5mSv/2h	5～100mSv/2h
超设计基准事故	5mSv/2h	250mSv/2h

要求在正常运行、设计基准事故和超设计基准事故工况下，在 153m 边界处居民所受到的最大有效剂量当量限值分别为国家环境标准 GB 6249—1986 (后升版为 GB 6249—2011，标准的限值未变) 规定的 1/5、1/10～1/200 和 1/50。

中国实验快堆的安全性设计是由固有安全特征、非能动安全系统和主动安全系统来保证的。

14.3.1　固有安全特征

除上节阐述的钠冷快堆拥有的固有安全特征外，通过设计，还有与堆芯、堆本体相关的固有安全因素。如表 14-4 所示，CEFR 的温度反应性效应、功率反应性效应和钠空泡反应性效应全是负值，说明温度升高、功率升高或出现钠沸腾，不需要操作人员干预，CEFR 本身就能产生负反应性效应抑制这些意外事件，堆的功率自动下降，表现出固有的安全特征。

表 14-4　CEFR 设计的固有安全特征

项目	设计值/pcm	测量值/pcm
温度反应性效应 (250～360℃)	−457	−465
功率反应性效应 (360℃，0～100%功率)	−485	−468
钠空泡反应性效应 (燃料区)	−3644	−3159

作为 CEFR 调试实验之一，完成了小反应性扰动实验，实验初始状态热功率稳定于 2.5MW，一回路钠堆芯出口温度是 279℃。实验时，调节棒手动提升 24mm，7min 后功率自动升至 3.09MW，随后因负反馈堆功率缓降至 2.81MW 而稳定 (图 14-3)，堆芯出口温度稳定在 282℃。该实验验证了负反馈使 CEFR 有自稳性。

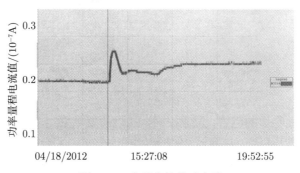

图 14-3　小反应性扰动实验

14.3.2　非能动安全性

反应堆安全系统应尽量设计成非能动性的，无人控、电控、动机和阀门，靠自身的物理原理实现其功能，提高系统的可靠性，又减少人因故障。中国实验快堆有多种安全系统设计成非能动系统，如非能动事故余热导出系统，原理图见图 14-4。该系统由置入堆容器的 Na-Na 热交换器和带拔风烟囱的空冷器及管道组成，在失去外部、内部电源的事故下依靠液态钠热膨胀、密度减小和运动黏度不大产生冷热钠对流的原理，形成一回路的自然对流和该系统回路钠的自然循环，非能动地将事故余热导出。又如用于钠大量泄漏的非能动抑制钠燃烧的接钠盘，可将大量漏钠的 93%～97% 限制在接钠盘中，不致燃烧；堆本体覆盖气体氩气的非能动超压保护装置以及用于严重事故的堆芯熔化接收盘，非能动地将其余热导出，使熔融的堆芯燃料冻结于接收盘内，强放射性物质被限制在堆本体内，不会污染环境。

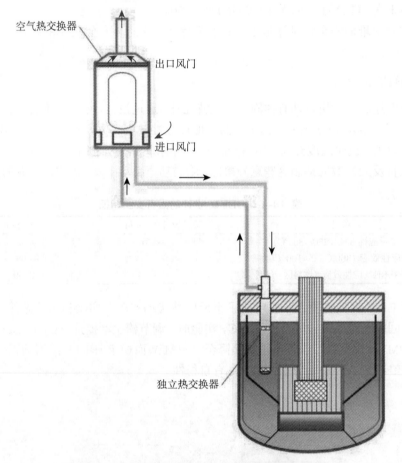

图 14-4　中国实验快堆非能动事故余热导出系统

　　另外，对于放射性物质的包容，遵守核安全法规的要求采用多道屏障，这也是纵深防御原则的体现。它包括燃料包壳、堆容器、保护容器和防护罩、安全壳及通风系统等。材料、制造采用核级设备的标准以及应用可靠的通风系统，如此实现正常运行和事故工况下的环境辐射安全。

14.3.3　主动安全系统

　　中国实验快堆与其他核电反应堆类似，有两套独立的停堆系统：第一停堆系统由三根补偿棒和两根调节棒组成，第二停堆系统由三根安全棒组成。每套停堆系统均能在一根最大效率棒卡住的情况下仍然能使运行的堆停堆，且有足够的停堆深度。主控制室运行人员在需要时可手动停堆，还有 21 类保护参数，任何一个达到限值时，将触发自动停堆，其中包括地震保护参数，保证安全停堆。

两套独立的热传输和核蒸汽供应系统，保证中国实验快堆的正常运行。

14.3.4　中国实验快堆的安全性

在较完整的安全设计和建造原则下，为获得设备的可靠性，从国外进口了一些关键设备，其占中国实验快堆设备费用的 30%，国产化率达到了 70%。

一级概率风险分析指出，CEFR 堆芯熔化概率为 $4 \times 10^{-7}/(\text{堆} \cdot \text{年})$[7]。

通过对正常运行、预期运行事件、设计基准事故和超设计基准事故的确定论分析，均能满足表 14-3 对 CEFR 提出的环境影响限值，不需要厂外应急。所以，中国实验快堆的安全性达到了第四代安全目标[8]。

14.4　小　　结

开发建造任何堆型，保证核安全是关键。在三哩岛、切尔诺贝利和福岛事故后，核能界会更加重视堆的固有安全特征和非能动安全系统的实现，更加重视安全文化的培养，严格运行纪律，尽可能避免人因故障。针对选定厂址可能遭受的极端自然灾害，应制订应急计划，做好应急演习和应急准备。业主、核电站运行部门还应与地质、水文、气象部门保持热线联系，减少事故概率。即使发生事故，也应限制在非居住区以内，放射性物质不致过量释放，保证不影响到核电站的非居住区以外。

由于我国经济的发展和温室气体减排的要求，各种清洁能源都将因地制宜地做出贡献，核能这种清洁的基荷能源将会得到大规模发展。现实的能有效利用核资源和焚烧、嬗变高放射性废物的钠冷快堆按我国"热堆 — 快堆 — 聚变堆"发展的基本原则，必将得到快速发展，实现我国核能的可持续发展。目前电功率 600MW 的中国示范快堆正处于施工设计阶段，汲取中国实验快堆安全设计的经验，为发展大功率钠冷快堆，进一步创新地开发非能动安全系统，保证中国大功率快堆能全面实现第四代核能系统要求的目标。

参 考 文 献

[1] OECD 核能机构评估核能在低碳能源未来中的作用//核科技动态. 北京: 中国原子能科学研究院, 2012, (13): 2.

[2] 伍浩松, 郭志锋. 世界核电现状. 国外核新闻, 2015, 7: 1-3.

[3] 〔俄〕П. Л. 基里洛夫. 核工程用材料的热物理性质. 吴兴曼, 郑颖, 张玲, 等译. 2 版. 北京: 中国原子能出版传媒有限公司, 2011: 52, 74.

[4] 叶奇蓁, 李晓明, 俞忠德, 等. 中国电气工程大典 (第 6 卷): 核能发电工程. 北京: 中国电力出版社, 2009: 1040(第 6 篇, 第 1 章).

[5] IAEA-TECDOC-908. Fast Reactor Fuel Failures and Steam Generator Leaks: Transient and Accident Analysis Approaches. Vienna, Austria: International Atomic Energy Agency, 1996: 87, 200-201.

[6] 三木良平. 高速增殖炉. 日刊工业新闻社, 1972: 21-22.

[7] 杨红义. 中国实验快堆一级概率安全评价. 北京: 中国原子能科学研究院, 2004.

[8] GEN Ⅵ International Forum. Annual Report, 2007: 9.

　　徐銤，中国核工业集团有限公司快堆首席专家，中国工程院院士。1965 年起研究快堆技术；1970 年 6 月 29 日领导本班实现我国快中子零功率装置首次临界；1986 年起在技术上负责快堆技术开发，主持确定我国快堆发展战略和技术路线，提出中国实验快堆的安全要求和关键安全技术方案；1996~2012 年任中国实验快堆总工程师，负责设计、设备制造、建造、安装、调试的技术决策以及设计验证项目的选择和技术决策。

<table>
<tr><td>第 15 章</td><td>高温气冷堆对核安全的实践[*]</td></tr>
</table>

第 15 章　高温气冷堆对核安全的实践*

15.1　高温气冷堆的发展历程和特点

高温气冷堆是一种石墨慢化、氦气冷却、包覆颗粒燃料的先进堆型，具有能输出高温、可高效发电、可用于高温工艺热应用、特别适合于高温水解制氢的特点，并具有很好的安全特性，可以建造在接近工艺热应用负荷中心，从而能进一步扩展核能的应用范围和领域。

在具体结构上，高温气冷堆的堆芯有球床、柱状两种形式。对于球床高温气冷堆，堆芯由球形燃料元件堆积而成，球床堆芯由石墨反射层支承，球形燃料元件直径通常为 6cm，由石墨基体和弥散在石墨基体中的三重包覆 (TRISO) 的包覆颗粒燃料构成。冷却剂氦气从球床中球形燃料元件之间的间隙流过。对于柱状高温气冷堆，TRISO 包覆颗粒燃料弥散在石墨基体中，形成棒状的燃料密实体，燃料密实体再装入六棱柱状的石墨块的孔道中，构成完整的燃料组件。六棱柱燃料组件堆砌成近似圆柱状的堆芯，同时，六棱柱燃料元件中有专门的氦气流通孔道，以便核裂变产生的热量载出。虽然燃料的外形差别大，但它们有同样的TRISO 包覆颗粒、石墨堆芯结构、氦气冷却剂，有类似的一回路和二回路布置、类似的一回路主要设备和类似的温度参数，都能用于工艺热应用的特点，以及同样的固有安全特性。因此，球床高温气冷堆和柱状高温气冷堆属于同类反应堆，拥有相同的技术基础和设备基础。国内主要发展的是球床高温气冷堆，以下若不特殊说明，均按球床高温气冷堆为例说明高温气冷堆的特性。

高温气冷堆是在英国建造的二氧化碳冷却的气冷堆 (Magnox) 和改进型气冷堆 (AGR) 的基础上发展出来的，通过把冷却剂由二氧化碳改成氦气，把整个堆芯结构和燃料改成耐高温的全陶瓷材料，特别是燃料采用能更好包容裂变产物的弥散在石墨基体中的包覆颗粒，来进一步提高安全性和输出温度，不但可以提高发电效率，还可以用于高温工艺热应用，特别是可用于高温裂解水进行大规模核能制氢。已建造运行并退役的高温气冷堆有英国的DRAGON、德国的 AVR[1] 和 THTR-300[2]、美国的 Peach Bottom Ⅱ 和 Fort St. Vrain[3]。现在还在运行的高温气冷堆有日本的 HTTR[4] 和中国的 HTR-10[5]。在当前技术条件下，氦气出口温度可以达到 950℃，这已在德国 AVR[1] 和日本的 HTTR[4] 上实现了长期稳定的运行验证。

20 世纪 60 年代已确定了高温气冷堆的基本技术特点：氦气冷却、石墨慢化和包覆颗粒燃料。在 20 世纪 80 年代，应对三哩岛核电站事故，德国科学家[6,7]提出了具有固有安全特

＊作者为清华大学核能与新能源技术研究院张作义、李富、董玉杰、王海涛、吴宗鑫。

性的模块式高温气冷堆,通过限制功率密度、优化堆芯结构,保证即使在冷却剂完全丧失的极端工况下,不需要外部任何干预,衰变发热也能自然地导出堆芯,保证燃料元件的完整性,从而在任何事故下,使裂变产物几近全部地包容在包覆颗粒内,从而实际消除放射性大量释放到环境的可能性。属于模块式高温气冷堆的设计方案有:德国的 HTR-MODUL,美国的 MHTGR、GT-MHR、NGNP,南非的 PBMR,法国的 ANTARES,中国的 HTR-10、HTR-PM[8,9]等。模块式高温气冷堆的概念[10],意味着较小的单堆功率、多反应堆模块的机组、模块化的建造、简化的场外应急、可建在负荷中心附近等特点,符合近年来小型模块堆 (small modular reactor) 或中小型反应堆 (small and medium reactor) 的发展潮流,进一步扩展了核能的应用领域。现在大家说的高温气冷堆,通常就是指模块式高温气冷堆。

在 21 世纪初,第四代核能系统国际论坛 (GIF) 推荐的六个先进核能系统中,超高温气冷堆 (VHTR) 维持了模块式高温气冷堆的技术特点,并希望把其出口温度从 950℃ 进一步提高到 1000℃ 以上,以便为制氢等工艺热应用提供更高的温度、达到更高的效率。这需要把当前燃料元件的事故后耐受温度从 1600℃ 提高到 1800℃,可能需要采用新的燃料颗粒的包覆材料,并需要发展能在 1000℃ 以上工作的换热器或中间热交换器所用的金属材料,以便可靠地使用 1000℃ 以上的高温与外部的工艺热应用装置相连。经过 GIF 十多年的技术研究和市场调研,发现当前 TRISO 包覆颗粒燃料也许可以工作在更高温度,但能在 1000℃ 以上可靠工作的工业级的金属材料还需要进一步的大量研究。同时,950℃ 的出口温度已经可以较好地满足绝大部分的工艺热应用,包括氦气透平发电、裂解水制氢,而且市场上需求最大的工艺热应用 (如化工、石化、石油炼制、煤液化、海水淡化、集中供热等) 是基于 400~600℃ 蒸汽的应用。因此,1000℃ 出口温度的需求不那么强烈,反倒是已经成熟的 700~950℃ 的出口温度的模块式高温气冷堆的市场应用还不充分,还未与工艺热应用连接起来。因此,在 2014 年发布的升版的 GIF 技术路线图[11]中,仍然把今后出口温度达 1000℃ 以上的反应堆作为 VHTR 的第二阶段和长久的发展目标之一,而把当前反应堆技术已基本成熟的模块式高温气冷堆定义为 VHTR 的第一阶段和重点研究对象,其研究重点是验证反应堆的工业成熟性,开发和验证核电站与工艺热应用装置的连接与耦合技术,完善工业规模的裂解水制氢技术和制氢装置与核装置的连接技术。

按照 GIF 的定义[11],正在中国山东建设的高温气冷堆核电站示范工程 (HTR-PM)[9,12]属于世界上第一个第四代核能系统示范工程。HTR-PM 示范工程的基本参数见表 15-1。HTR-PM 示范工程由清华大学核能与新能源技术研究院研发,由中核能源科技有限公司承担核岛工程总承包(engineering procurement construction, EPC),业主单位华能山东石岛湾核电有限公司是由中国华能集团公司、中国核工业建设集团有限公司、清华控股合资建立的公司。HTR-PM 示范工程正处于设备安装阶段,计划于 2018 年并网发电。示范工程除了核级石墨材料和一些特殊阀门是进口的,主要设备都是国内设计、国内制造,由此形成了中国高温气冷堆的完整产业链。示范工程建成后,将进一步推动国内和世界上高温气冷堆的商业推广。

表 15-1　高温气冷堆核电站示范工程主要参数

参数	单位	值 (说明)
额定电功率	MWe	210
反应堆热功率	MWt	2×250

续表

参数	单位	值 (说明)
设计寿期	a	40
堆芯平均功率密度	MW/m³	3.22
发电效率	%	42
一回路压力	MPa	7
堆芯入/出口温度	℃	250/750
燃料类型	—	TRISO (UO$_2$)
活性区直径	m	3
活性区高度	m	11
平均卸料燃耗	GW·d/tU	90
蒸汽发生器	—	直流螺旋盘管
主蒸汽压力	MPa	13.24
主蒸汽温度	℃	566
给水温度	℃	205
汽机进汽量	t/h	673

15.2 核安全的通常实现方式

对于核电站，由于核裂变会产生很多放射性物质，如果它们不受控制地释放到环境，就会对环境、对公众造成很大的危害。因此，核电站设计的首要原则是保证核安全。

核裂变是一种自持的链式反应，如果不考虑温度反馈、电站系统的载热能力，链式反应理论上可以提供无限大的功率，就像脉冲堆。因此，控制反应堆的反应性，使堆芯的发热与载热能力匹配，不失控增长，是保证反应堆安全的基本要求之一。

对于核电站，要保证核安全的难点是核裂变的裂变产物有很多是不同衰变寿命的同位素，因此核反应堆具有几乎会持续无限长时间的衰变余热。即使反应堆停堆，链式裂变反应停止，衰变余热仍然长期存在，而且达到停堆之前裂变功率的百分之几或千分之几，对于功率巨大的核电站，比如百万千瓦的压水堆，停堆 1h 后，衰变余热仍有 30MW 左右。因此，如果不能有效载出余热，余热会继续加热堆芯，高温下堆芯仍然可能损坏，燃料就可能融化，如三哩岛和福岛事故那样造成严重后果。因此，在所有系统都正常工作的情况下，维持和保证反应堆的完整性可能相对容易，而在系统或设备出现故障时，要可靠地导出余热，防止堆芯燃料损坏，才是反应堆设计的最大挑战，因为要针对所有可能出现的系统或设备的故障以及各种外部事件。

因此，在反应堆设计的安全要求[12]中，定义了"总的核安全目标：在核动力厂中建立并保持对放射性危害的有效防御，以保护人员、社会和环境免受危害。"为了实现总的核安全目标，要求采取以下措施：

(1) 控制运行状态下人员的辐射照射和放射性物质向环境的释放。

(2) 限制导致核动力厂反应堆堆芯、链式反应、辐射源、乏燃料、放射性废物或任何其他辐射源失控事件发生的可能性。

(3) 如果上述事件发生，缓解这些事件产生的后果。

这些要求可以具体化为核反应堆、核动力厂的基本安全功能：① 控制反应性；② 排出堆芯余热和贮存燃料的热量；③ 包容放射性物质、屏蔽辐射、控制计划的放射性排放以及限制事故的放射性释放。

为了保证核动力厂的安全，设计上多采用纵深防御、多重屏障、ALARA 等原则。比如，HAF102 要求的五层纵深防御定义如下[12]：

(1) 第一层次防御的目的是防止偏离正常运行及防止安全重要物项失效。

(2) 第二层次防御的目的是检测和控制偏离正常运行状态，以防止预计运行事件升级为事故工况。

(3) 设置第三层次防御是基于以下假定：尽管极不可能，某些预计运行事件或假设始发事件的升级仍有可能未被前一层次防御制止，而演变成事故。

(4) 第四层次防御的目的是减轻第三层次纵深防御失效所导致的事故后果。通过控制事故进展和减轻严重事故的后果来实现第四层次的防御。

(5) 第五层次，即最后层次防御的目的是减轻可能由事故工况引起潜在的放射性物质释放造成的放射性后果。这方面要求有配备恰当的应急响应设施以及制定用于场内、场外应急响应的应急计划和应急规程。

对于当前设计的核电站，基本都按以上要求和逻辑来实现核安全。控制反应性、防止核功率失控增长就需要可靠的停堆手段，需要负温度反馈，需要保护系统可靠工作。可靠地导出堆芯余热，就需要设置可靠的专设安全设施，需要可靠的余热排出系统。要可靠包容放射性，更需要纵深防御的理念，需要多重的物理屏障 (燃料包壳、一回路边界、安全壳)。这已在不同类型的核电站上进行了广泛、有效的实践，特别是轻水堆核电站。

但是，对于以上核安全的要求，每个环节都有不成功的例子。对于要求控制反应性、防止核功率失控增长，切尔诺贝利核事故就是最惨痛的教训，因此切尔诺贝利型的核电站全都关停了。对于要求可靠地导出堆芯余热，三哩岛核事故和福岛核电事故的直接原因就是未实现此要求，从而导致堆芯融化。在三哩岛核事故中，虽发生了堆芯融化，但安全壳基本上包容了事故放射性。在福岛核电事故中，由于氢气爆炸损坏了安全壳，大量放射性释放到环境中，未实现放射性的包容。由此需要第五层的纵深防御 (厂外应急、人员撤离) 来保护公众。

基于这些核事故的惨痛教训，很多人认为应加强纵深防御的第四层和第五层，即强化安全壳，强化场外应急。这是大部分核电站的实现思路。但是，我们是否有更好的实现思路呢？高温气冷堆给出了另外一种核安全的实践思路。

15.3　高温气冷堆对核安全的实现思路

三大核安全功能，或者说实现核安全的三个措施 (控制反应性、导出余热、包容放射性) 确实是有效的。但对于高温气冷堆，其实现思路更简单、更直接，其侧重点与其他反应堆是不同的。

对于控制反应性的安全功能, 由于高温气冷堆具有全范围温度负反馈, 过剩反应性小, 停堆后堆芯允许有几百度的升温, 而且大多数事故后堆芯不强迫冷却, 并要利用衰变余热来升温从而补偿事故反应性等特点, 虽然也配置了保护系统, 配置了可靠的停堆手段——控制棒和吸收球, 但是, 对于高温气冷堆, 事故后即使控制棒、吸收球不下落, 反应堆也会由于温度负反馈而自动停堆, 事故后堆芯虽然升温但可维持其完整性。因此, 高温气冷堆完美地实现了此安全功能。

对于可靠导出余热的安全功能, 高温气冷堆的实现思路在各种反应堆中特点最突出。高温气冷堆不依赖、不设置专门的余热导出系统, 不管是能动的还是非能动的。相反, 高温气冷堆在任意事故后, 哪怕是其他反应堆不会假设的冷却剂全部丧失的极端工况下, 堆芯余热也可通过热传导、辐射等机制自然地传导到压力容器之外, 不需要采取附加的专设安全设施。在初期, 余热会导致堆芯温度升高, 其效果是: ① 温度升高的负反馈效应导致反应堆自动停堆; ② 可以补偿很大的事故正反应性; ③ 停堆后堆芯温度升高主要取决于余热, 事故引入的正反应性导致的短期核功率贡献很小; ④ 温度升高导致堆芯温度与压力容器外的温度梯度变大, 余热散出能力提高。由于余热是随停堆时间衰减的, 余热衰减和堆芯与外部温差决定的余热散出能力的此消彼长, 使得堆芯温度在升高到一定时间后 (HTR-PM 上是 30h) 开始下降, 并一直下降, 从而保证堆芯的燃料最高温度不超过设计限值以及燃料的完整和包覆颗粒对裂变产物的包容能力。这种设计理念彻底消除了堆芯融化和燃料大规模损坏的可能性。当然, 这种设计的前提和代价是堆芯的功率密度要与堆芯自然散热的能力匹配, 即通常采用瘦长的堆芯形状和约为压水堆三十分之一的功率密度。

对于包容放射性的安全功能, 基于高温气冷堆余热自然散出、事故后燃料温度不会超过限值的特点, 在所有事故工况和正常工况下, 裂变产物都几近全部地包容在包覆颗粒中, 由 TRISO 颗粒坚固的 SiC 包覆层包容。即使再叠加一回路进水、进气等工况[5], 包覆颗粒也不会大量附加失效。虽然高温气冷堆的一回路压力边界也依照一般反应堆的惯例按安全一级进行设计, 在一回路压力边界外, 反应堆厂房 (通常称为通风式低耐压型安全壳 (VLPC)) 也能进一步阻滞、过滤从一回路释放出的少量放射性, 但是, 一回路破损 (如管道破裂)、VLPC 的过滤功能不起作用时, 由于裂变产物都几近全部地包容在包覆颗粒中, 进入一回路然后释放到环境的放射性量是有限的, 不会超过场外应急的限值。因此, 高温气冷堆主要依赖 TRISO 颗粒来包容放射性, 不像轻水堆主要依赖安全壳来包容放射性, 因为轻水堆要假设堆芯融化这种严重事故。

TRISO 包覆颗粒对放射性的包容性可类比于轻水堆的安全壳的包容功能, 不过 TRISO 颗粒是承压能力更大、数量更多 (每个球形燃料元件有上万个颗粒, 一个反应堆有几十万个球形燃料元件)、相互之间独立、没有共模失效模式的微型安全壳, 其可靠性更高。TRISO 颗粒是大批量制造的, 允许微量的失效率 (大致在 $10^{-5} \sim 10^{-4}$ 的量级), 其在制造阶段、堆内辐照运行阶段和停堆后升温阶段的失效率, 已有大量验证实验, 并在运行期间可通过一回路氦气中惰性气体的活度进行监测, 因此是可靠的、保守的。需要说明的是, 即使微量的包覆颗粒失效 (假设颗粒的 SiC 包覆层有裂纹), 失效颗粒中的大部分气态裂变产物释放出来, 但大部分其他裂变产物仍包容在包覆颗粒的燃料核芯的燃料晶格中, 燃料石墨基体、一回路边界、反应堆厂房也会成为这些裂变产物释放通道上的屏障和阻滞手段。由此可以看出, 正常运行和事故工况下, 逸出包覆颗粒的裂变产物的量是很少很少的。

因此，高温气冷堆使用的 TRISO 颗粒燃料是一种事故容错燃料 (accident tolerant fuel,
ATF)，结合适当的堆芯结构设计和功率密度选择，可以在所有工况下包容裂变产物，是高温
气冷堆安全性的主要基础，从而实际地消除了堆芯严重损坏、放射性大量释放的可能。高温
气冷堆虽然也设置了各种安全系统、专设安全设施、事故缓解系统，甚至政府监管部门还可
以要求设置一定的应急准备和响应措施，但高温气冷堆的安全性更强调从源头上在 TRISO
颗粒内包容放射性，其实现思路、纵深防御的侧重点与其他反应堆是不同的。

15.4　试验与验证

从 15.3 节可以看出，高温气冷堆的安全性主要依赖于包覆颗粒燃料的包容性能和由物
理、热工特性决定的余热自然散出的性能。

对于高温气冷堆的物理热工特性，最核心的是功率密度的控制、余热分布功率、余热
导出能力、温度负反馈等特性。这些特性不是模块式高温气冷堆特有的，但是在模块式高
温气冷堆上得到更好的优化与平衡。从 20 世纪六七十年代建造运行的实验堆 AVR、Peach
Bottom Ⅱ 和原型电站 THTR-300、Fort St. Vrain，以及 90 年代建造、仍在运行的 HTTR
和 HTR-10 上，已对这些特性进行了大量的验证。比如 HTR-10 曾进行了一个安全性验证试
验，在反应堆运行时，抽出控制棒，引入正反应性。这时功率快速增长，保护系统触发，但
旁路保护系统的落棒功能人为使控制棒始终不下落，仅切断氦风机电源、二回路的供水。这
时，反应堆由于温度负反馈自动停堆，反应堆始终处于安全状态。类似的试验在早期的 AVR
上也进行过，这也是高温气冷堆安全特性最具代表性的一类演示试验。中国和日本还计划在
HTTR、HTR-10 上进行大量的其他验证试验。

对于燃料元件的性能，特别是按工业生产规模和条件生产的包覆颗粒燃料的制造破损
率、运行条件 (或包络运行条件，包括温度和燃耗) 下的破损率，以及模拟事故升温条件下
的破损率，在德国、美国、日本和中国有大量的试验。试验结果表明，TRISO 包覆颗粒燃料
的制造工艺已经成熟，性能满足现在模块式高温气冷堆的要求，安全分析使用的颗粒破损率
有足够的保守性。试验结果还说明，包覆颗粒燃料对放射性的包容性在所有类型的反应堆燃
料元件中性能最优，并有专家建议把包覆颗粒燃料应用于其他类型的反应堆。近年，美国、
欧盟和中国仍在进行燃料元件新的考验试验和新型包覆技术的研发，取得了更加令人鼓舞
的结果，表明现有的 TRISO 颗粒燃料元件可工作在更高温度下，且可达到更高的燃耗 (比
如美国的试验已证明可达到 180GW·d/tU)，实现更低的破损率。这些正是第四代核能系统
国际论坛超高温气冷堆领域的重要研究方向和最新研究成果，将推动高温气冷堆技术和产
业的进一步发展。

15.5　结论和展望

高温气冷堆具有安全性高、输出温度高、发电效率高、可用于工艺热应用等突出优点，
是第四代核能系统中很有前途的堆型。

高温气冷堆同样遵循核安全法规的要求，同样满足控制反应性、有效导出余热、有效包
容放射性三大安全功能。但是，基于单相的氦气冷却剂、耐高温的陶瓷堆芯、全工况包容裂

变产物的 TRISO 包覆颗粒燃料、能自然散出余热的堆芯结构和较低的功率密度等特点，高温气冷堆在实现三大安全功能时更加精巧、彻底，可在冷却剂全部丧失的极端工况下保证燃料元件的完整性；放射性包容能力主要依赖 TRISO 包覆颗粒，而不是一回路之外的安全壳，从而可以从源头上实际地消除放射性大量释放的严重后果。虽然高温气冷堆的运行经验还不多，但高温气冷堆的安全性、高温工艺热应用的潜力得到大家的认可，其安全性也得到大量的试验验证。

在国家科技重大专项的支持下，高温气冷堆核电站示范工程正处于设备安装的紧张阶段，预计 2018 年并网发电。通过示范工程，中国建立了完整的产业链，具备商业推广的能力和进入国际市场的潜力。不光是国内，也包括国际上，示范工程将是第一个第四代核能系统的示范工程，它的建成将有力地推动高温气冷堆及其他第四代核能系统的发展。特别是高温气冷堆，其固有安全性与高温输出、可工艺热应用能力的珠联璧合，可以扩展核能的应用范围，特别是非电应用，这也是世界各国对高温气冷堆感兴趣的关键因素，从而可以推动高温气冷堆在世界范围内的进一步发展。

参 考 文 献

[1] Krueger K, Ivens G, Kirch N. Operational experience and safety experiments with the AVR power station. Nuclear Engineering and Design, 1988, 109(1-2): 233-238.

[2] Baeumer R, Kalinowski I, Roehler E, et al. Construction and operating experience with the 300MW THTR nuclear power plant. Nuclear Engineering and Design, 1990, 121(2): 155-166

[3] Moore R A, Kantor M E, Brey H L, et al. HTGR experience, programs, and future application. Nuclear Engineering and Design, 1982,72(2): 153-174.

[4] Ogawa M, Nishihara T. Present status of energy in Japan and HTTR project. Nuclear Engineering and Design, 1992, 233(1-3): 5-10.

[5] Wu Z, Lin D, Zhong D. The design features of the HTR-10. Nuclear Engineering and Design, 2002, 218(1-3): 25-32.

[6] Lohnert G H. The consequences of water ingress into the primary circuit of an HTR-Module - From design basis accident to hypothetical postulates. Nuclear Engineering and Design, 1992, 134(2-3): 159-176.

[7] Reutler H, Lohnert G H. Advantages of going modular in HTRs. Nuclear Engineering and Design, 1984, 78(2): 129-136.

[8] Zhang Z, Dong Y, Li F, et al. The Shandong Shidao Bay 200 MWe high-temperature gas-cooled reactor pebble-bed module (HTR-PM) demonstration power plant: An engineering and technological innovation. Engineering, 2016, 2(1): 112-118.

[9] Zhang Z, Wu Z, Wang D, et al. Current status and technical description of the Chinese 2×250MWth HTR-PM demonstration plant. Nuclear Engineering and Design, 2009, 239(7): 1212-1219.

[10] International Atomic Energy Agency. Current Status and Future Development of Modular High Temperature Gas Cooled Reactor Technology. IAEA-TECDOC-1198, 2001.

[11] Gen IV International Forum. Technology Roadmap Update for Generation IV Nuclear Energy Systems, 2014.

[12] 国家核安全局. HAF 102—2016 核动力厂设计安全规定. 2016.

张作义，教授，博导，教育部长江学者特聘教授，清华大学核能与新能源技术研究院院长兼总工，国家科技重大专项高温气冷堆核电站总设计师。兼任清华大学校务委员会委员，清华大学学术委员会委员，中国核学会常务理事，是国家发展和改革委员会任命的核电自主化专家组成员之一。先后获得教育部科技进步奖一等奖、国家科学技术进步奖一等奖、"十一五"国家科技计划工作先进个人等荣誉称号。

第 16 章

超临界水冷堆主要技术特征及安全性设计考虑*

超临界水冷堆 (SCWR) 是第四代核能系统中唯一的水冷堆,代表水堆技术未来的发展方向[1]。超临界水冷堆并不是一个新近提出的核能系统概念。早在 20 世纪 50 年代,美国和苏联的科学家就提出利用超临界水作为反应堆冷却剂的想法并进行探索性研究,但限于当时的科学技术工业水平未能持续。20 世纪 90 年代,真正意义上的超临界水冷堆研究才由日本的科学家率先开展。随后,欧盟、加拿大、中国、俄罗斯等国家和地区相继开展 SCWR 的研究[2]。2006 年 11 月,加拿大、日本和欧盟联合签署了超临界水冷堆 (SCWR) 系统安排协议来开展 SCWR 的国际合作研发。随着大量卓有成效的工作的推进,超临界水冷堆不仅在经济性上得到大幅提高,而且在安全性、可持续性、防核扩散等方面也取得了长足进步。

2014 年 5 月 20 日,中国国家科技部正式向第四代核能系统国际论坛 (GIF) 政策组提交了中国加入 GIF 超临界水冷堆 (SCWR) 系统安排的协议书。5 月 22~23 日,在巴黎召开的 GIF 政策组会议,宣布接纳中国为 GIF-SCWR 系统正式成员。至此,中国完成了加入 GIF-SCWR 系统的法律程序。2015 年 3 月,在芬兰赫尔辛基召开的 GIF-SCWR 系统指导委员会上,通过全体成员国与会代表的表决,选举中国正式代表担任新一届系统指导委员会主席。

16.1 主要技术特征和挑战

16.1.1 主要技术特征

超临界水冷堆是一种高温高压水冷反应堆,它运行在水的热力学临界点(374℃, 22.1MPa)之上。与常规水冷堆相比,超临界水冷堆具有以下突出的优点。

1) 机组热效率高

超临界水冷堆核电机组与常规亚临界轻水堆机组相比,热效率明显提高,可达到约 45%。从原理上讲,蒸汽的高温、高压会提高反应堆的热效率,按沸水堆的蒸汽条件 (约 290℃, 7MPa),热效率为 35%,而按 SCWR 的条件 (>500℃, 25MPa),热效率可提高到 40% 以上。热效率的提高,可降低燃料循环费用。

2) 系统简化

在系统配置方面,SCWR 的系统可以大大简化。超临界压力水的密度随温度变化而连

---

* 作者为中国核动力研究设计院黄彦平、臧金光、周之入。

续变化,不存在明确的相变,也不存在沸腾现象,是一种单相流体。与沸水堆 (BWR) 系统相比,不需要汽水分离系统,堆芯的冷却为简单的直流式。堆芯出口的冷却剂就是高温高压蒸汽。同样,与压水堆 (PWR) 相比,由于采用直接循环,PWR 有两个回路,而 SCWR 只有一个回路,SCWR 不需要蒸汽发生器、主循环泵和稳压器。系统简化可大幅度减少建造费用。

3) 主要设备和反应堆厂房小型化

与常规轻水堆相比,相同功率的 SCWR 机组主要设备可小型化。由于超临界水焓值较高,单位堆热功率所需的冷却剂质量流量较低,因此反应堆冷却剂泵和管路的尺寸可能减小。由于反应堆冷却剂装量较少,因此,在发生 LOCA 事故时,质能释放降低,可以设计较小的安全壳。由于采用简单的直接循环系统,核蒸汽供应系统布置紧凑,从而使反应堆厂房小型化。主要设备和反应堆厂房小型化意味着机组经济性的提高。

4) 技术继承性好

在技术继承性方面,尤其对中国而言,包括已经建造运行和正在建造的是第二代和二代加压水堆核电站,正在引进和开发的是第三代压水堆核电站。我国主要的核电技术基础是压水堆,核电工业体系也主要是压水堆。而 SCWR 是高参数 (温度和压力) 轻水堆,因此,在反应堆系统技术方面可充分采用现有压水堆的技术基础并充分利用现有压水堆核电站的设计、研发条件以及制造、建造、运行、维护和管理的经验。另外,从原理上讲,SCWR 汽轮机系统与超临界压力火电机组是一样的,可直接借鉴超临界火电汽轮机的技术。我国已经能够建造 1000MWe 级超临界和超超临界火电机组,正在开发更大功率的超临界机组。因此,中国已经具有发展 SCWR 反应堆技术和相应的汽轮发电机组技术的良好基础,SCWR 具有很好的技术继承性,可减少开发所需的成本及时间。

5) 核燃料利用率高

超临界水冷堆的突出特点之一是堆芯冷却剂平均密度较低,冷却剂慢化能力低,容易实现超热中子谱或者快中子谱堆芯。这种堆芯可裂变燃料转换比高,甚至有报告称快中子谱堆芯可达到大于 1 的转换比,还可以燃烧锕系元素,从而有效提高燃料利用率。由于我国核燃料资源有限,要持续发展核电,必须选用燃料利用率高的堆型。因此,发展超临界水冷快堆有利于我国核电的长期持续发展。

16.1.2 主要技术挑战

超临界水冷堆运行参数的提高、冷却剂物性的快速变化以及相关结构的特殊设计等,为这一新技术的工程应用带来了设计、热工水力和材料方面的挑战。具体而言,这些挑战包括以下几个方面。

(1) 堆芯内非均匀功率分布和冷却剂流量分配,加上进出口冷却剂的明显升温容易导致局部温度热点。可以借鉴超临界火电机组的经验,采用多流程加热,辅以中间冷却剂混合。然而,这种方式也增加了堆芯设计的复杂程度。

(2) 超临界水的单相流体特征从物理上免去了堆芯发生沸腾危机的可能性。然而,当热流密度或质量流速越过设计限值也会造成包壳表面温度过高。

(3) 较高的流体温度带来更高的燃料包壳温度,此时锆合金不再适用,必须寻求可承受高温的新型金属材料，同时需要考虑替代材料对燃耗和包壳峰值温度的影响。

(4) 沸水堆上经验证的安全技术可以应用于超临界水冷堆，然而由于堆芯的内循环消失，安全控制策略将由控制冷却剂装量调整为控制冷却剂流量。

(5) 堆芯内冷却剂密度沿程的剧烈变化可能诱发流动不稳定性，以及中子学特性变化和较高的燃料包壳表面温度。

(6) 超临界水化学环境给水的辐射分解和腐蚀产物迁移带来挑战，需要建立水化学控制策略以明确相关的材料试验条件。

(7) 若采用超临界快中子谱堆芯设计，堆芯内任何位置的负空泡反应性系数会限制中子的正增殖系数。

(8) 压力容器内水的质量减少，因而堆芯的热惯性减少，这就使得瞬态过程的时间尺度变小，对安全系统提出更高的要求。

(9) 超临界水冷堆堆芯出于减小热管因子的考虑采用多流程结构，需要确保事故下非能动堆芯安注顺利进入堆芯，并冷却燃料组件。

16.2　典型概念堆安全系统设计考虑

16.2.1　日本 SCWR 的研发活动

1. 研发进程

日本 SCWR 计划始于 20 世纪 90 年代。自 1989 年日本东京大学开始超临界水堆概念研究至 2011 年，日本形成了两大研发团队。一个由东京大学牵头，开展与"快中子谱"超临界水堆的相关研究工作。另一个由东芝公司领头，主要从事"热中子谱"超临界水堆的相关研究工作。由于 2011 年 3 月 11 日发生了福岛第一核电站事故，日本政府对超临界水冷堆的投入减少，相关的研发工作受到影响。

2. 概念设计方案

日本的早稻田大学 (Waseda University) 联合东京大学在开展热谱型 Super LWR 和快谱型 Super FR 的概念设计研究，以及这两种堆型的热工水力、材料和水化学方面的研究工作[3]。Super LWR 的研发目标是通过降低基建成本来提高核能系统的市场经济竞争力，而 Super FR 则是进一步发展经济性指标甚至优于 Super LWR 的快谱型概念设计。初步分析认为，Super LWR 将比现有轻水堆的基建成本少 20%～30%。Super LWR 与 Super FR 早期均采用双流程设计，现在正在开展单流程的设计研究，以简化压力容器的堆内构件结构。

日本热中子谱超临界水冷堆的初步概念设计 JSCWR 于 2010 年按 GIF 的标准通过国际评估。其主要特征包括：以轻水作为慢化剂和利用冷却剂、热中子谱、压力容器型堆芯、直接朗肯循环式汽轮机系统。详细的堆芯设计和安全系统分析证实了这种概念的可行性以及较好的经济性。JSCWR 的安全系统包括高压输助给水系统 (AFS)、自动降压系统、低压安注 (LPCI) 系统，同时也用作余热排出系统 (图 16-1)。停堆、AFS 和 LPCI 的触发信号来自堆芯的低流量信号，而不是现有沸水堆常用的液位信号。

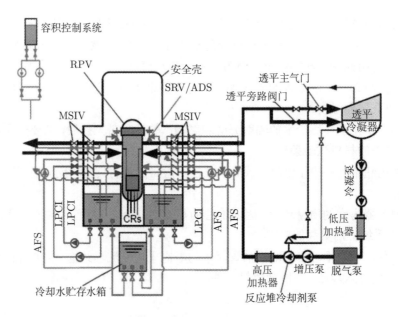

图 16-1　日本 JSCWR 安全系统设计图

RPV-反应堆压力容器；SRV-安全释放阀；ADS-自动降压系统；MSIV-主蒸汽隔离阀；

AFS-辅助给水系统；LPCI-低压安注

16.2.2　欧盟 HPLWR 的研发活动

1. 研发进程

欧盟 SCWR 研究项目"高性能轻水反应堆"(HPLWR) 起于 2000 年，在欧盟委员会框架计划的资助下分别经过了超临界轻水堆的第一阶段研究计划 (2000~2002 年)、第二阶段研究计划 (2006~2010 年) 和第三阶段研究计划 (2011~2015 年)。该项目由德国卡尔斯鲁厄研究中心牵头，参与者包括了欧洲主要的研究机构。基于前两个阶段的研究成果，在第三个阶段启动超临界水堆燃料鉴定试验 (SCWR-FQT) 项目，与中国合作开展相关研究。

2. 概念设计方案

欧洲 SCWR 项目"高性能轻水反应堆"(HPLWR) 的概念设计于 2010 年完成[4]，并按 GIF 的标准通过了国际评估。这种 SCWR 概念的特点是采用热中子谱反应堆堆芯，堆芯冷却剂采用三流程设计，并利用中间冷却剂交混将包壳峰值温度降低至 650℃ 以下。

欧盟 HPLWR 安全系统概念可以看成是现有 BWR 的改进升级。在 BWR 中，堆芯系统在非 LOCA 事故中都可以淹没在水中，通过蒸发带走堆芯衰变余热。超临界水堆采用强迫循环方式，反应堆内不存在内循环，因此需要保证堆芯内有稳定的质量流量。解决措施包括采用多重给水泵或者压力容器降压喷放等。这些安全设施同样也可以应用于严重事故条件。沸水堆最新的安全设计理念一般可以用于 HPLWR。

HPLWR 的安全系统设置如图 16-2 所示，含有四组给水和蒸汽管线，每支管线上装有两台安全壳隔离阀，位于安全壳内外，在管线破口时会自动关闭。反应堆停堆后，卸压阀打开，通过 8 个鼓泡器将蒸汽排入到上部 4 个水池中，堆芯余热通过 4 路低压冷却剂注射泵带出。在安全壳内蒸汽管线破口发生后，安全壳内压力通过位于安全壳下半部分的大容积抑压水池抑制，安全壳和抑压水池之间由 16 个抑压排放管连接。另外，还将考虑增加非能动专设安全系统，包括增加高压注入水箱、鼓泡器溢流管线等。非能动安全壳的长期冷却是通过冷凝器将热量传递给安全壳顶部的乏燃料水池实现的。

安全分析表明，HPLWR 对于反应性类事故具有较好的抵抗性。根据总体评估结果，在正常运行条件下，甚至考虑了运行不确定性和安全裕度后，该概念设计仍能满足最高包壳温度和最高燃料温度的设计限值。

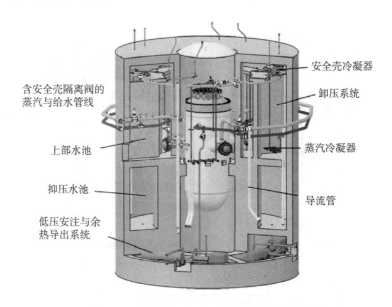

图 16-2　欧洲 HPLWR 安全系统概念设计图

16.2.3　加拿大压力管式 SCWR 的研发活动

1. 研发进程

加拿大的 SCWR 研发活动是由工业研发部门主导的从基础科研到工业应用全产业链的研发活动。主要由加拿大原子能公司 (AECL) 承担超临界水冷堆的研发工作，其致力于开发满足第四代要求的超临界 CANDU 堆[5]。加拿大分别于 2008~2011 年和 2011~2015 年开展了两个周期的超临界水堆研发项目。第一周期为研发能力建设，开展基础性研究，为 SCWR 的概念设计提供支持。第二周期由共性基础研究转入目标驱动的关键技术研发，进一步深化 CANDU SCWR 的系统设计。

2. 概念设计方案

加拿大着重开发压力管式 SCWR，这源自于完善的 CANDU 反应堆。该概念的特点是：采用模块化燃料通道布置，冷却剂与慢化剂分开；采用了一个装燃料组件的高效燃料通道；重水慢化剂与压力管直接接触；重水慢化剂存储于低压排管容器内；采用钍燃料循环，以实现 GIF 的技术目标，提高安全性、资源可持续性、经济性和防核扩散性。

加拿大超临界水冷堆的安全系统设计借鉴了现有先进压水堆，同时考虑了超临界水在跨越拟临界点的特殊现象，为了达到固有安全性目标，采用了非能动的设计理念 (图 16-3)。反应堆堆芯具有负空泡反应性系统，在遇到大破口失水事故时，不会发生明显的功率跃升；将慢化剂与冷却剂进行物理隔离，使得事故条件下，慢化剂可以为冷却剂提供巨大热阱。在破口事故且堆芯应急注水功能丧失时，燃料元件会通过辐射换热方式将热量传递给周围压力管壁，再传递给慢化剂，使得燃料元件在极端工况下也不会熔化。同时，为了保证堆芯长期的冷却能力，还设置了非能动慢化剂冷却系统，可以满足在正常运行和事故工况下慢化剂内的热量导出，相关小比例试验已经验证了该系统的有效性，大比例试验装置正在建设中。

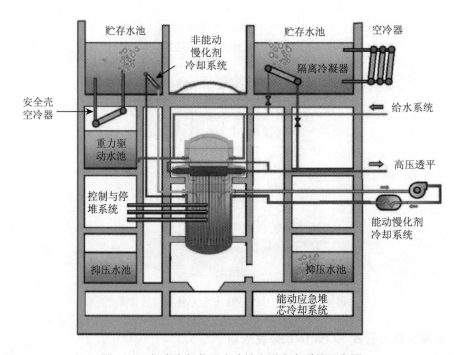

图 16-3   加拿大超临界水冷堆专设安全系统示意图

16.2.4   中国 CSR1000 的研发活动

1. 研发进程

2007 年，由上海交通大学、中国核动力研究设计院、中国原子能科学研究院等国内多家单位联合承担了国家科技部 "973" 计划——"超临界水堆关键科学问题的基础研究" 项目。2009 年，国家国防科技工业局正式批准了中国核动力研究设计院申报的 "超临界水冷堆技术研发 (第一阶段)" 项目立项。中国核动力研究设计院联合国内多家高校和科研机构，广泛开展超临界水冷堆技术协作。经过三年的研究，确定了超临界水冷堆研发的总体技术路线和总体技术方案，提出了全周期发展规划，完成了关键技术研究，取得了一批重要研究成果，达到了第一阶段预期的研发目标。

中国国家科技部还支持了 "超临界水冷堆关键技术基础研究" 国际科技合作项目。同时，中国国家国防科技工业局也支持了 "堆内超临界辐照实验回路设计技术研究" 项目，以推动中国与欧盟在超临界水堆燃料鉴定试验方面的交流与合作。

2. 概念设计方案

CSR1000 采用热谱堆芯、压力容器式反应堆设计，堆芯功率为 2300MW，输出电功率为 1000MW，堆内采用双流程结构，考虑了不同冷却剂的分离与密封设计，并对上部蒸汽腔室进行结构简化，有效地分离两个流程的冷却剂。CSR1000 每个燃料组件含四个子组件，子组件中心为慢化剂通道，采用环形燃料芯块。子组件间由格架定位，燃料棒间利用螺旋肋定位。

CSR1000 的专设安全系统 (图 16-4) 考虑了非能动安全系统，主要包括自动降压系统、堆芯补水箱 (RMT)、隔离冷却系统 (ICS)、非能动安全壳冷却系统 (PCCS) 和重力驱动冷却系统 (GDCS)。此外，还设计有事故后可用的能动式正常余热导出系统 (RNS)。选取失流事故对上述专设安全系统的运行进行分析，验证结果满足安全相关要求。

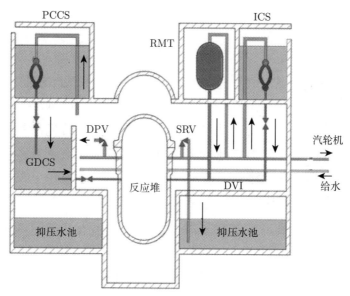

图 16-4　中国 CSR1000 专设安全系统示意图

PCCS-非能动安全壳冷却系统；ICS-隔离冷却系统；RMT-堆芯补水箱；DPV-卸压阀；SRV-安全释放阀；

GDCS-重力驱动冷却系统；DVI-直接注入管线

16.3　小　　结

超临界水冷堆作为新型的满足未来能源需求的先进核能动力系统，其顶层设计的制定、发展规划与我国能源发展战略是一致的。超临界水冷堆具有突出的技术优势，是水堆技术未来的发展方向，但面临设计、热工、材料方面的技术挑战。在安全系统设计方面，超临界水堆可以充分借鉴现有压水堆和沸水堆的设计思路，同时需要考虑超临界水冷堆的自身特点，进行针对性设计。本章介绍了日本、欧盟、加拿大、中国在超临界水堆方面的研发状况、系统概念设计及专设安全系统设计。这些设计的有效性一方面需要通过设计分析程序进行评估，另一方面还需要开展与之配套的分离效应实验和系统整体性能试验。GIF 超临界水冷堆系统安排在其热工水力和安全 (TH&S) 项目计划中有规划，也是超临界水堆后续科研工作的重要内容之一。

参 考 文 献

[1] GIF Group. Technology Roadmap Update for Generation Ⅳ Nuclear Energy Systems. 2014.

[2] Kelly J E. Generation Ⅳ International Forum: A decade of progress through international cooperation. Progress in Nuclear Energy, 2014, 77:240-246.

[3] Oka Y. Progress of Super Fast Reactor and Super LWR R&D. ISSCWR6, Shenzhen, 2013.

[4] Schulenberg T, Leung L, Oka Y. Review of R&D for supercritical water cooled reactors. Progress in Nuclear Energy, 2014, 77:282-299.

[5] Leung L. Status of Canadian Gen-Ⅳ National Program in Support of SCWR Concept Development. ISSCWR7, Helsinki, 2015.

黄彦平，博士/研究员，第四代核能系统国际论坛超临界水冷堆系统指导委员会 (GIF-SCWR-SSC) 主席、中国核动力研究设计院反应堆工程研究所副所长、中核核反应堆热工水力技术重点实验室主任，获各类科技奖 20 余项，其中国防科学技术进步奖一等奖 1 项，省部级特等奖 1 项、一等奖 2 项；荣立型号研制个人二等功，获四川省突出贡献专家称号；发表论文 140 余篇，SCI 收录 30 篇；国际、国内学术任职 48 次，第 20、21 届国际核工程大会技术委员会主席，中法、中韩双边国际学术会议的发起人和组织者。

第 17 章　Z箍缩驱动聚变裂变混合堆(Z-FFR)研究进展[*]

能源是人类生存和幸福最最重要的物质基础。

随着工业化的进程和人口的大幅增加，进入 21 世纪后，人类越来越感觉到能源危机已近在咫尺。目前全世界每年消耗的能源约 180 亿 ~200 亿吨标准煤，传统化石能源将在百年左右消耗殆尽，而且化石能源的大量开采、利用，使人类陷入环境、气候恶化的严重威胁中。因此，寻找安全、清洁、持久、经济的新能源是科学家当前面临的最重要的任务之一。

中国工程物理研究院从 2000 年开始就注意到 Z 箍缩能够为惯性约束聚变提供足够的驱动能量，并为此组织了相关研究团队，开始了核聚变能源的探索研究。到 2008 年，形成并提出了 Z 箍缩驱动聚变裂变混合堆 (Z-FFR) 的基本概念。到 2016 年年底，团队在院、国防科技工业局、ITER 专项和国家自然科学基金委员会的支持下，对 Z-FFR 所涉及的各个方面进行了非常深入的理论和设计研究，并与当前国际国内所有核能概念进行了比较，最终团队形成了如下认识：

(1) 核能应成为未来规模能源的主力。

(2) 当今的 Z 箍缩技术，能够最经济、最简便、最有效地创造大规模聚变的条件，特别是直线型变压器驱动源 (linear transformer driver, LTD) 技术路线提出来后，可以解决作为能源应用的重复频率运行问题。

(3) 团队创造性提出的"局部整体点火"聚变靶概念及与之配套的负载、靶设计及能量转换技术，物理清晰、技术成熟，非常有效地解决了对能源的要求。

(4) 团队创造性提出的"次临界能源堆"概念，巧妙地利用聚变高能中子的加入，解决了裂变堆的关键瓶颈问题；提出的系列创新、有效的技术措施使 Z-FFR 在简便、安全、经济、持久和环境友好等方面都具有非常突出的优良品质，能够成为未来最具竞争力的千年能源。

(5) 由于安全性的完满解决，且 Z-FFR 可靠近城市建造，因而可方便地实现热电联供，并将大大提高能源的利用效率。

(6) 团队提出的三回路水准闭式循环方案，为堆建造场址的选择提供了极大的方便。

(5) 和 (6) 结合，为改变未来规模能源的布局 (主要采用分布式) 创造了条件。

上述这些关键技术解决方案的提出，使我们看到了一种有效应对未来能源危机和环境气候问题的新能源曙光。

---

[*] 作者为中国工程物理研究院彭先觉、邓建军、李正宏、李茂生。

17.1　Z-FFR 总体概况

Z-FFR 主要由三部分构成，即 Z 箍缩驱动器 + 聚变靶、换靶机构及爆室 + 次临界能源堆。Z-FFR 总体结构示意图如图 17-1 所示。

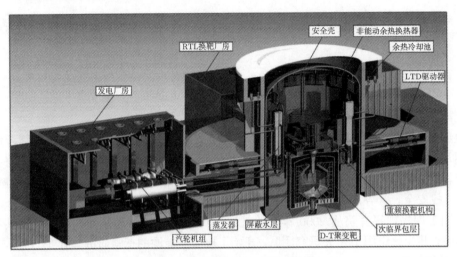

图 17-1　Z-FFR 总体结构示意图

17.2　Z 箍缩驱动聚变研究进展

17.2.1　Z 箍缩概念

当电流通过一根导体 (或导线) 时，在导体的周围要产生磁场 (图 17-2)。

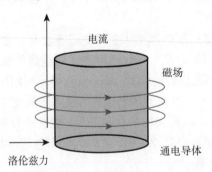

图 17-2　电流、磁场及洛伦兹力示意图

由麦克斯韦方程，可得磁场强度 $\vec{H}$ 为

$$\nabla \times \vec{H} = \vec{J}$$

式中，$\vec{J}$ 为电流密度。沿离导线中心 r 处的圆环积分，可得

$$\vec{H} = \frac{I}{2\pi r}$$

磁感应强度为 $\vec{B} = \mu \vec{H}$，在真空中，$\mu = \mu_0$，$\mu_0 = 4\pi \times 10^{-7} \mathrm{H/m}$，称为真空磁导率。若导线是金属导体，电流将从导体表面很薄的一层内流过，则导体内部无磁场，磁场只分布在表面一层和导体外的空间，而运动的电荷将受洛伦兹力的作用，即

$$\vec{F} = e\vec{v} \times \vec{B}$$

式中，e 为电荷所带电量；$\vec{v}$ 为电荷运动速度。

经过变换之后，在磁流体力学中把洛伦兹力变成了磁压 (P_m) 形式，即

$$P_\mathrm{m} = \frac{1}{2}HB = \frac{B^2}{2\mu} = \frac{1}{2}\mu H^2$$

数十兆安的电流可以产生数百万大气压的向心推力，使负载迅速获得 $10^7 \mathrm{cm/s}$ 以上的高速度，电磁场能转化为物质动能。高速运动的负载在对称中心 Z 轴上止滞 (stagnation)，物质动能转化为物质内能和辐射能，形成高温高密度等离子体并辐射出大量 X 射线。

以下是一种典型的实验。

在阳极和阴极之间放置一负载靶 (金属套筒或金属丝阵围成的套筒)，套筒的外半径为 r，长度为 L，流经套筒的电流为 I(是时间函数)。实验结构如图 17-3 所示。

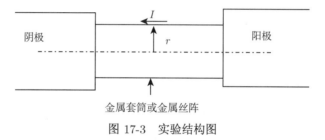

图 17-3　实验结构图

金属套筒的外边界 r 处的磁压 (P_m) 可表示为

$$P_\mathrm{m} = \frac{1}{2}\mu_0 H^2 = \frac{1}{2}\mu_0 \left(\frac{I}{2\pi r}\right)^2 = \frac{10^{-7}}{2\pi}\frac{I^2}{r^2}$$

当 I 不变时，套筒表面的压力随其半径 r 变小而增大。

用半定性、半定量的方法看磁压对套筒所做的功。假设磁场在整个套筒的表面是均匀的，套筒整体向内运动，在运动过程中电流 I 不随时间变化，因此当套筒表面由初始半径 r_0 运动至 r_1 时，单位长度套筒获得的功 $W(r_0, r_1)$ 为

$$W(r_0, r_1) = \int P_\mathrm{m} 2\pi r \mathrm{d}r = \frac{1}{4\pi}\mu_0 I^2 \ln\left(\frac{r_0}{r_1}\right)$$

此式也是 Z 箍缩驱动下，套筒所能获得的最大动能。如果套筒的初始半径为 6cm，碰靶时半径为 0.8cm，I=60MA，则套筒碰靶时的最大动能为 7.2MJ/cm。通过 "0" 维及一维模型的计算，在较优化的条件 (包括电流上升前沿、负载质量、负载初始半径及靶半径) 下，套筒的碰靶动能都可达上述最大动能的 80% 以上。故如果负载有效高度 $\geqslant$2cm，则对上述靶，套筒碰靶动能 $\geqslant$10MJ。

17.2.2 Z 箍缩驱动聚变物理清晰，理论可靠，数值模拟结果可信度高

美国曾在 20 世纪 70 年代末至 20 世纪 80 年代中后期进行了以"百人队长"命名的多次核试验，得到的结论是：10MJ 左右的 X 射线能量可以实现惯性约束核聚变。

这点也为我们的设计研究所证明，也可以说，这就是获取惯性约束聚变能的基本物理条件 (当然地下核试验受诸多条件限制，实验室中可做得更好)。

经多年研究和各方面提供的信息，我们认为，能源靶必须有 GJ 规模的聚变放能，外界提供的能量，必须达 10MJ 量级，而且必须在 10ns 级的时间提供。故简言之，就是 10ns 和 10MJ。

Z 箍缩驱动聚变的主要过程可分三阶段：

(1) 电磁驱动套筒内爆 → 碰泡沫靶阶段。该阶段主要是磁流体力学过程 (碰靶时动能计算，对套筒或带阵，"0"维模型即有很高可信度)。

(2) 套筒动能 → 靶丸压缩阶段。该阶段主要是辐射流体力学过程。

(3) 聚变能量释放阶段。该阶段主要是带核反应的非平衡辐射流体力学过程。

对所有这些过程的描述都基于成熟的物理 (有不很确定的部分是各阶段的界面不稳定性发展，但我们在设计中都有相应对策，并可通过分解实验证明)，因此认为，现有理论预估基本正确。

17.2.3 数值模拟计算的主要结果

1) 聚变对驱动能量的需求

"局部整体点火"靶的一维球形计算结果如表 17-1 所示。

表 17-1 "局部整体点火"靶的一维球形计算结果

套筒碰靶动能/MJ	聚变释放能量/MJ
≥ 1.5	≥ 100
≥ 6.0	≥ 1500
≥ 9.0	≥ 2400

因此，要求套筒碰靶的动能达 10MJ 为好。

2) Z 箍缩可提供的驱动能

"0"维模型的计算结果 (电流上升前沿 200ns) 如表 17-2 所示。

表 17-2 "0"维模型的计算结果

电流峰值/MA	套筒半径/cm	泡沫靶半径/mm	套筒质量/(mg/cm)	碰靶动能/(MJ/cm)
60	6	7	20	7.18
60	6	8	30	6.13
70	6	7	30	9.68
70	6	8	40	8.42

在实际应用中，负载及靶高度可达 2~3cm，因此，Z 箍缩能够提供给靶的能量可远大于 10MJ。如果驱动器最大电流达 70MA，那将有充足的能量保证聚变点火和能源级的聚变放能。

3) 压缩情况计算

这里只展示二维计算中心 DT 区压缩最紧时刻主要各区的形状 (图 17-4)。

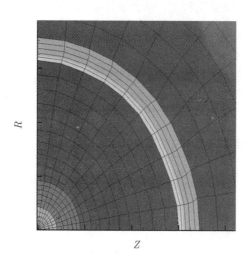

图 17-4　DT 区压缩最紧时刻主要各区的形状

R 表示径向；Z 表示轴向

由图 17-4 可以看出，系统有很好的球对称性。这是我们通过设计手段，使靶球压缩处于非常好的黑腔均匀辐射场环境的结果。因此可以预料，一切结果都应与球形一维计算相近。

17.3　Z 箍缩驱动加速器

Z 箍缩驱动是实现惯性约束聚变最简明、最经济、最有效的手段。

17.3.1　对驱动器的基本看法

我们提出了 LTD 型驱动器的初步设想方案 (由电容器及开关通过串联、并联来实现)。方案中电容器标称储能 ≤100MJ(意味着聚变系统能量增益 $Q \geqslant 5$)。驱动器建造尽管很难，目前还没有成功建造的先例，但从基本参数看，尚未有不可克服的障碍。至少用于聚变研究的 60MA 电流的驱动器是可建成的。对于能源应用而言，要求更高，准确判断条件还不完全成熟，需做进一步的研究。

17.3.2　中国工程物理研究院 60~70MA 级驱动器方案设想

为实现 60~70MA 电流驱动器，我们提出的主要技术措施是：

(1) 采用 LTD 拓扑结构，降低基本放电单元的能量和功率，增大电流脉冲上升前沿时间和负载半径，增加装置路数等；

(2) 汇流采用多层并联结构；

(3) 采用长磁绝缘传输线 (magnetically insulated transmission line, MITL)。

此方案有望解决主要的技术难题。

17.4 　次临界能源堆

17.4.1 　对聚变能的观点：聚变能利用，混合堆是必然之路

裂变：可大幅度降低聚变作为能源的规模，减少建堆成本；提高能量输出效率；增加氚自持的可能性；大幅降低对材料的抗高能中子辐照的要求。

聚变：大量高能中子的加入可大幅改善裂变堆的性能，如可把铀、钍资源利用率提高至 90% 以上；用"干法"进行核燃料循环并大幅减少核废料的产生量；堆次临界运行，安全性获根本性提高等。

17.4.2 　主要设计思想和措施

(1) 提出了与"传统"次临界堆概念完全不同的设计理念，以能源为目标，力求简明、简便、安全、经济；

(2) 提出了以天然铀金属合金为初始燃料，轻水为传热、慢化介质并与压水堆技术结合的设计技术路线 (也可从热堆乏燃料开始)；

(3) 提出了水从 Zr 合金水管中流过，水管穿过块状金属铀部件的设计方案，解决了堆建造的工程可行性；

(4) 提出采用合适的铀水比，以获得较高的易裂变核素增殖比，使核燃料在许多年内都可以保持核性能的技术方案，据此，提出了采用"干法"进行核燃料循环的技术路线；

(5) 采用较大爆室尺寸 (半径大于 7m) 和大的裂变燃料装量 (大于 1000t)，以降低聚变爆炸的影响，同时降低燃料区的脉冲升温幅度和放能的功率密度，提高了热工水力的安全系数，并为余热安全设计创造很好的条件；

(6) 对核放能区和造氚区 (图 17-5) 进行模块化设计 (又称功能模块)，以便于安装拆卸，并确保模块的独立性与安全性；

(7) 设立专门的屏蔽区，确保外部环境为极低放射性水平，为堆场址的长期使用创造了条件；

(8) 创新地设计了高效闭式水汽循环 (水直接送至燃料区边及爆室) 的非能动余热导出系统、非能动放射性气体导出系统及放射性气体容纳空间，彻底解决了反应堆的余热安全问题。

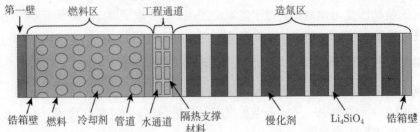

图 17-5 　燃料区、造氚区和工程通道示意图

17.4.3　主要计算结果

1) 计算程序及条件

计算程序：MC+ORIGENS(燃耗计算)。

计算条件：5 年换料；2500℃ 干法处理 (去易挥发裂变碎片)；换料时加入 5t 贫化铀 (或钍)。

2) 计算结果

计算结果只列出能量放大倍数 M 随时间的变化曲线(图17-6)。计算的 Keff 200 年内 $\leqslant 0.8$，始终处于深次临界；M 值原则 $\geqslant 20$；氚增殖系数 TBR$\geqslant 1.1$。

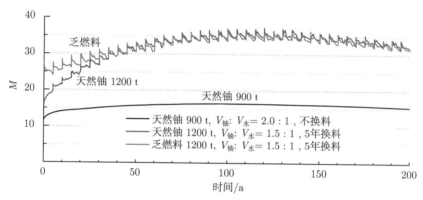

图 17-6　能量放大倍数 M 随时间的变化曲线

17.5　对 Z-FFR 的基本看法

1) 安全性

深次临界运行，无超临界事故；堆内功率密度低，热工水力运行安全裕量大；非能动余热导出系统可长期运行 (水闭式循环)；模块中可配备非能动放射性气体导出系统；涉放射性操作部分可置于地下。由于其可靠的安全性，堆可靠近城市建造。

2) 经济性

堆的建造成本低 (约 30 亿美元，输出电可高达 100 万千瓦以上)；核燃料换料周期长，循环主要用"干法"进行，且不必另行嬗变次锕系元素；也可从压水堆乏燃料 (湿法处理后) 开始，为热堆乏燃料处理和次临界堆燃料资源提供新出路；可实现热电联供。

3) 持久性

可持续烧 ^{238}U 和 ^{232}Th，陆地资源能单独维持人类数千年 (乃至万年) 的能源供给。

4) 环境友好性

"干法"过程中，可实现对不同放射性核素的分别处理，长寿命核素量少，处理方便 (每年需处理 10~100 年半衰期的核素质量仅为裂变核质量的 6% 左右，需要长期封存处理的 100 年以上半衰期的核素质量约为裂变核质量的 5% 左右，且均为 β 衰变，γ 强度极弱)；三回路水可实现闭式循环，这还为电厂厂址的选择带来极大方便。

总之，Z-FFR 是一种高品质千年能源。目前来看，此堆没有物理和技术上的不可逾越的障碍，只需建一个 40MA 左右的驱动器来验证聚变，之后商用能源堆便指日可待！

彭先觉，中国工程院院士，中国工程物理研究院研究员，博士生导师，核武器物理及核能专家，曾任院科技委主任，曾获国家科学技术进步奖一等奖 4 项、二等奖 2 项、三等奖 2 项，1997 年获何梁何利基金科学与技术进步奖物理学奖。

第 18 章

聚变堆安全技术挑战*

18.1　概　述

18.1.1　聚变堆研究现状

核能的发现和应用标志着人类认识和利用自然规律的能力达到了原子核层面的水平。相比于已经获得大规模商业应用的核能利用方式——裂变堆,聚变堆作为一种更为先进的核能形式,尚未进入商业应用阶段。但是,世界各大国已在磁约束核聚变和惯性约束核聚变领域取得长足的进步。磁约束聚变装置是当前公认最有希望实现商业发电应用的装置,其中研究最为成熟的是托卡马克装置。目前,国内外已经建设多个托卡马克装置,如中国的 EAST、欧洲的 JET、美国的 TFTR 及日本的 JT-60 等。以验证聚变能科学可行性和工程技术可行性的国际热核聚变实验堆 (ITER) 计划的正式启动代表着聚变研究由"磁约束 (磁场约束等离子体)"向"聚变 (氘氚聚变燃烧)"的转变[1],而主要参与方包层实验模块 (TBM) 合作协议的签署是聚变"能 (聚变能安全有效提取)"研究的标志性开始。

在 ITER 计划之后,聚变"能"规模化利用的核装置——聚变示范堆 (DEMO) 及聚变动力堆的实现,将真正开启聚变商业化的时代。目前,世界上各主要国家都在向这个方向积极地探索,代表性的商业聚变堆设计方案有欧盟的 PPCS 系列[2]、美国的 ARIES 系列[3]、中国的 FDS 系列[4]等。而作为一个能源消费大国,我国已将聚变能作为"核能发展规划"的战略目标[5,6],目前正在规划和制定聚变能发展路线图,适时推进聚变堆的设计与建造[7-9]。随着我国聚变能发展的快速推进,聚变安全也开始进入公众的视野。

18.1.2　聚变堆总体安全特性

根据 IAEA 定义, (核) 安全指的是保护人类和环境免于辐射风险以及引起辐射风险的设施和活动的安全,包括正常情况下和事故工况下的辐射风险等。聚变安全主要包括保护工作人员,使其受到的电离辐射尽量小;保护公众和环境免受放射性危害等[10,11]。安全原则是聚变堆设计、建造和运行过程中必须坚持的最高原则。而确保核安全也是聚变堆获得建造和运行许可的一个前提条件。

与裂变堆相比,聚变堆安全性上的优势主要体现在聚变反应具备固有安全特性,不会引

---

* 作者为中国科学院核能安全技术研究所陈志斌等。

吴宜灿,郁杰,胡丽琴,陈志斌,等. 聚变堆安全特性评价研究. 核科学与工程, 2016, 36(6): 802-810.

起类似裂变电厂中的瞬发超临界事故；聚变堆停堆后余热功率密度低，难以引起堆内构件熔化，而且聚变反应不会产生长寿命的放射性核素。但是，聚变堆也有其他方面的特点：①聚变产生的中子能量高，材料活化与辐照损伤严重；②放射性氚的盘存量大，而且真空室内会产生大量的放射性粉尘，给人和环境带来潜在辐射风险；③系统结构复杂，具有庞大的热流体与能量传输系统，给整体可靠性带来挑战。这些不同于裂变堆的特殊性，不仅带来了发展适用于安全理念研究的需求，而且伴随着公众对聚变堆的接受度问题，以期得到社会和公众的理解与支持。

核安全是聚变能发展的生命线，核安全技术是聚变能应用的核心技术之一。ITER 国际组织将核安全放在头等重要的位置，并为此专门成立了核安全部门。我国急需在全面消化吸收 ITER 安全及许可证技术的基础上，依托软硬件平台建设和国内外合作交流，开展聚变核安全关键技术研究。

本章从聚变中子与材料活化、氚安全与环境影响、热流体与能量传输、可靠性与风险管理、安全理念与公众接受五个方面分别总结现阶段聚变安全研究存在的问题，梳理其关键技术的挑战并总结未来的技术突破点，为建立聚变安全评价体系提供支持，进而服务于未来聚变堆的设计、建造与运行。

18.2 关键技术挑战

18.2.1 聚变中子与材料活化

中子是聚变能量的主要载体，是聚变堆辐射安全问题的"源头"之一。与裂变堆中子学相比，聚变堆中子学具有如下特点：①中子能量高 ($\sim$14MeV)、流强大 ($1\sim10$MW/m^2)、能谱范围宽且复杂；②中子散射各向异性强烈。中子辐照会导致材料原子发生位移，造成材料结构缺陷，影响聚变系统中核心部件、电子元器件等的性能。同时，中子和材料中原子核发生作用，会引起材料中的核素发生嬗变与活化，一方面导致材料的核素成分发生变化进而影响材料性能；另一方面在核设施运行、维修、退役等阶段给人和环境等带来潜在的放射性危害。因此，高流强中子辐照是聚变堆安全所面临的一大挑战。

中子输运理论研究中子在介质内的运动过程与规律，是核安全研究的基础[9,12]。聚变堆结构复杂、空间尺度大，模拟计算存在深穿透效应等特殊性使得现有的中子输运理论与仿真方法存在诸多挑战，集中体现在适用于复杂条件的中子输运理论、复杂几何的精细建模方法、核数据库及核软件的评价与验证三个关键方面。现有的大多数程序基本都在输入模型的建立、计算过程的相互耦合、海量数据的存储与处理等方面存在着诸多不足，难以满足聚变核安全计算分析中对精度、速度和可靠性的要求[13-18]。

聚变堆中，高能高流强的中子会对材料造成辐照损伤，尤其是对面向等离子体结构的材料。辐照损伤会引起材料宏观性能的变化，进而对聚变堆的结构安全造成潜在危害。目前，抗辐照材料的研究主要集中在提高其抗中子辐照性能上。相比于传统不锈钢等结构材料，聚变堆抗辐照材料，如新型铁基材料、钨基合金、新型纳米结构材料等的抗辐照性能都有明显的提升，但是能否满足需求还有待进一步地验证。所以，确保装置的重要部件及结构材料在使用寿期内的辐照损伤低于其可承受的限值，也是目前聚变堆发展面临的一个关键挑战。

被中子活化的材料中含有大量放射性核素,成为聚变堆电离辐射源项的主要来源。在聚变堆正常运行和退役过程中,这些放射性核素的衰变产生的辐射造成了核设施维修过程中工作人员较高的职业照射剂量,而可能对运行人员的健康产生危害。如何降低工作人员的职业照射剂量也是聚变堆设计所要考量的一个重要因素。

聚变堆活化材料部件的退役和维修部件替换等将会产生远高于同功率裂变堆的放射性废物。这些废物一般具有体积大、含氚等特点。对这些放射性废物的处置,国际上的研究倾向于采用回收利用的方式。但是仍有一系列问题需要解决,如复杂的活化部件的拆解和材料的分离、材料的除氚问题[19,20]以及长时间处置之后放射性剂量仍然高于目前放射性废物可回收的标准,缺少必要的回收技术等问题。因此,有必要针对放射性废物的处理和回收技术开展深入研究。

18.2.2　氚安全与环境影响

氚是聚变反应最重要的燃料且需求量大,但是氚在自然界中极其稀有,聚变堆必须增殖氚以满足自身的消耗。以 1GWe 电功率的聚变电站为例,氚盘存量约数千克量级,而年满功率运行消耗量约为 150kg,远远大于现有聚变装置[21]。保证氚安全是实现聚变堆安全的一个重要技术挑战,主要包括:氚对材料结构性能的影响、防氚渗透及除氚工艺问题、氚在环境中的迁移模型和对生物体的潜在影响。

氚自身发生的 β 放射性衰变产生 ^{3}He,半衰期约为 12.3 年。由于氚在高温下的强渗透能力,聚变堆 (特别是聚变包层系统) 中的氚易从包容屏障中渗透、泄漏出来,溶解在结构材料中会导致氢脆和氦脆效应,影响聚变堆的结构安全,这对现有多重包容系统的有效性与可靠性提出了更高的挑战以及实验上系统验证的需求。同时,有关氚安全问题的一些工艺与技术,如防氚渗透涂层的耐辐照、耐腐蚀等服役性能、含氚废物的除氚化、低浓度氚水的处置等,也尚需大量的实验研究与工程技术验证。

不同于裂变堆的 ^{131}I、^{137}Cs 等主要放射性核素,氚在环境中具有特殊的扩散迁移性质。由于氚价格昂贵并受国家管控等原因,氚在环境中的迁移机理性实验研究开展相对不足,大量氚释放的氚气 (HT) 及氚化水 (HTO) 土壤迁移和植物体内迁移转化等方面的实验数据仍旧十分匮乏[22]。模型研究方面,虽然 IAEA 组织了研究氚环境迁移的 EMRAS(environmental modelling for radiation safety) 计划[23],但各国氚环境安全评估模型的模拟偏差较大,暂无一致性的评估方法。

裂变堆氚盘存量较小,以压水堆为例,堆内氚盘存量在克量级,且氚的毒性相对较小,事故工况下的氚环境影响未引起较大关注。但聚变堆氚盘存量在数千克量级,严重事故下存在大量氚释放的风险。此外,聚变堆气态排放氚的主要形态是 HTO 和 HT[24],混合源 (HTO/HT) 在环境中的行为更为复杂,尤其是大量气态氚进入环境可能引起的潜在生物学效应尚不明确。目前,已经在动物身上开展了大量的氚毒理学实验,但在人体上尚较难开展。未来如何将动物实验结果合理地外推至人体需要进一步的研究。

18.2.3　热流体与能量传输

聚变堆中常见的热流体包含液态金属、高温高压氦气或水,是聚变堆能量转化和传输的主要载体,其热工水力学特性将直接决定能量转化和传输的效率,并影响着聚变堆能否长期安全稳定运行。因此,热工水力学效应及热流体耦合能量传输的研究是聚变堆最重要的研究内容之一[25−28]。其关键科学技术包括聚变包层系统内热流体的流动与传热特性、多流体耦合传热以及流体与材料间相互作用等[29,30]。

包层内流体性能对包层结构安全、产氚能力等具有至关重要的影响,且包层内流体的流动非常复杂,冷却性能需借助实验和理论分析进行充分验证。液态包层中采用液态金属作为冷却剂流体,然而液态金属流体在强磁场作用下会产生显著的磁流体动力学 (MHD) 效应,从而导致流量不平衡、驱动机构负荷增大等问题[31,32]。液态金属对结构材料会产生腐蚀,不但会影响聚变堆的结构安全,而且腐蚀产生的杂质在结构材料表面沉积则会影响液态金属的有效传热能力[33]。对于固态包层来说,由于其本身增殖剂的导热能力较差、增殖剂布置特点以及可选冷却方案有限等因素,容易出现冷却不均导致局部温度过高,进而有可能引起冷却剂流道破口等事故。

聚变堆热流体相关事故的演化机理远不同于裂变堆,例如流体进入等离子体或增殖区将导致停堆甚至真空室内的放射性物质泄漏等更为严重的后果,铍水反应产生的氢气和真空室内的粉尘可能发生爆炸。另外,未来聚变能的实际应用将会对热流体的性能有更高的需求,如实现包层流体的更高出口温度从而进一步提高聚变能利用效率,实现聚变包层设计的固有安全性从而延长其服役寿命等。因此,还需要开展一系列的聚变堆结构设计和热流体分析工作[34],搭建大尺寸的综合试验平台,对聚变堆热流体进行专门研究。

18.2.4　可靠性与风险管理

聚变堆设计是一项庞大的工程,可靠性是聚变堆工程化的重要组成部分和有力工具。研究适用于聚变堆的可靠性设计、评价方法,提高聚变堆系统的运行安全性和可用性,是聚变堆设计领域的重要研究方向,也是聚变堆风险管理的技术需求。聚变堆的可靠性和风险管理工作存在以下四个方面的挑战。

(1) 安全目标和可靠性指标体系还不完善。聚变堆的风险水平需要降低到什么程度才能最大限度地保障公众安全又不造成资源浪费,需要给出一个量化的安全目标并进行监督管理。可靠性指标体系是聚变堆进行可靠性设计及风险管理的重要量化指标。基于多年的运行经验,裂变堆主要系统和设备的可靠性要求明确,可靠性指标体系可以很好地指导裂变堆的设计、建造、安装、调试、运行、退役等一系列可靠性工作的实施[35−38]。但在聚变领域,这些还很不完善。聚变堆的物理特性与工程特点决定了不能照搬现有裂变堆的成熟经验,如何建立适用于聚变堆安全目标的可靠性指标体系是一个难题。

(2) 目前的材料和设备的可靠性难以满足聚变堆要求。材料的性能是设备可靠性的基础,受控核聚变对温度和压力的需求极高,相应的对材料和设备结构强度带来了极高的要求。此外,部分设备和材料需要直接面对高热等离子体及高能量中子,对其抗高热和辐照的能力提出了更高的要求。如何提高材料和设备的可靠性以满足系统需要,是现阶段发展聚变安全技术面临的巨大挑战[39]。

(3) 在线维修与检测技术尚不成熟。在线维修和检测技术能够在不中断聚变堆运行的情况下,保证系统的可靠性和安全性,是提高系统可用性的重要手段。需要研发聚变堆在线维修检测技术来提高其可用性,以达到实验及商业化要求,但聚变堆严苛的服役环境和高度复杂的系统构成给在线维修检测技术的应用带来了更大挑战[40]。

(4) 缺乏有效数据及运行经验。精确的失效数据是可靠性分析的基石和前提条件，而现阶段尚无真实的聚变堆的运行经验，聚变堆可靠性分析的数据主要来自于裂变堆、火电厂、化工厂等工业系统通用可靠性数据或者聚变装置试验数据[40−42]。此外，由于聚变堆庞大复杂，各子系统的运行环境差异大，操作要求各异，因此针对聚变堆的可靠性分析中存在诸多不确定性因素。而且，在针对人因失误、组织失误事件的分析上缺乏相关数据，对其形成机理认识尚不完全也造成其评估存在不确定性。以上这些原因导致聚变堆可靠性分析结果的可信度不高。如何完善聚变可靠性数据、优化聚变可靠性模型是目前聚变可靠性和风险管理领域亟须解决的一个问题。

18.2.5　安全理念与公众接受

安全理念是安全监管的重要支撑，是保障聚变堆安全工作的理论基础。在世界范围内，裂变堆经过多年的实践经验，形成了较为完善的安全理念，总结形成完备的理论体系。聚变堆的技术特点明显区别于裂变堆，因而需要在既定体系框架基础上从事针对性研究，以期满足未来聚变堆建造运行的需求[43]。目前在聚变堆安全理念认知方面仍存在以下四个方面的问题待解决。

(1) 聚变堆的安全目标还不清晰。反应堆的安全目标作为反应堆安全分析工作的基础，一直处于不断演变之中，由"两个千分之一"发展到"堆芯损伤频率与放射性大量释放频率"再到"设计上实际消除大规模放射性释放可能性"的迫切需求。但安全目标的演变一直以裂变反应堆的实践经验为基础，由于聚变堆技术特点和裂变堆不同，难以对其实际工作体现充分的指导意义。明确聚变堆的安全目标是完善聚变堆安全理念的基础和聚变堆安全监管的需求，也是目前亟须开展的一项工作[44]。

(2) 安全设计导则相对不成熟。在 IAEA 组织的安全设计导则基础上，GIF 组织已经启动了安全设计导则的编制工作[45]来总体指导第四代反应堆的安全设计。相应的，在考虑聚变技术特点的基础上，聚变堆相应的导则也应提前部署，服务于未来聚变堆的设计与建造。

(3) 安全评价方法相对不完整。裂变堆已经发展了确定论和概率论相结合的方法，GIF 组织在此基础上提出了 ISAM 的方法[45,46]，包括定性的安全性能评估 (QSR)、现象识别及排序技术 (PIRT)、目标规程树 (OPT)、确定论与现象学分析 (DPA)、概率安全分析 (PSA) 五部分。目前聚变装置 (如 ITER) 仅采用确定论的评价方法，尚未对概率安全评价方法进行系统研究[44]，未来聚变堆的安全评价方法体系仍待深入探讨。

(4) 目前聚变能公众接受度方面的研究比较缺乏，缺少一个系统性的部署。聚变能发展的根本目的是造福于民，因而发展聚变能必须得到社会和公众的理解与支持。随着 ITER 于 2012 年获得建造许可证并开工建设，聚变能研究正逐步向工程化转变，我国也将适时启动未来聚变堆的设计与建造。2011 年日本福岛核电事故之后，日本、德国和意大利等国家出现了反核大游行，致使相应政府的核电发展决策再次陷入困境。我国内陆核电政策受到了公众的质疑，核能的公众接受度受到了严峻的挑战，这势必也将影响未来聚变能的发展。我国风险认知的研究与国外相比还存在不小的差距，核电的风险认知研究与核能的快速发展趋势相比颇显不足，现有的研究内容显然是滞后的，而对于聚变能的公众接受度问题的研究更是缺乏，所以必须及早部署和开展这一方面的工作。

18.3 研究趋势

18.3.1 聚变中子与材料活化

结合上文列出的关键技术挑战，聚变中子与活化材料部分的未来研究趋势主要体现在以下三方面：中子学计算与仿真软件及核数据库的研发、低活化抗辐照材料及先进维修技术的研发、先进的放射性废物管理策略及处理技术。

中子学计算与仿真软件及核数据库的研发。应针对此研发拥有自主知识产权的先进聚变堆中子输运程序软件，研发包括输运数据库、活化数据库以及衰变数据库在内的聚变核数据库，为我国未来聚变堆的核设计与安全分析工作奠定坚实的基础。同时，建设可真实模拟聚变堆中子环境的高流强聚变中子源实验平台，开展聚变堆中子学分析方法及程序验证、聚变核数据的验证与补充测量、高能聚变中子的材料活化与辐射防护等聚变中子学基础研究。

低活化抗辐照材料及先进维修技术的研发。低活化抗辐照材料在聚变堆中的应用，既可以降低工作人员的职业剂量，有效减小聚变堆放射性废物的寿命，又是保障聚变堆的结构安全的一个关键因素。因此，开展聚变堆极端的运行环境下材料辐照损伤机理、部件核性能的测试与验证技术、低活化抗辐照材料的研发等核技术的基础研究就显得尤为重要。与此同时，研发能应用于聚变堆部件维修和放射性物质处理的远程操作设备来替代人的手工作业也是保障人员辐照安全的一个重要方面。

先进的放射性废物管理策略及处理技术。针对聚变堆放射性废物面临的问题，设计易替换和分离的部件，发展先进的部件材料分离技术。同时，实施废物最小化策略，发展聚变堆放射性物质回收的后端处理技术，最大化部件再利用，减少废物的产生，优化废物管理策略。

18.3.2 氚安全与环境影响

未来氚安全与环境影响的研究趋势主要在三个方面：氚安全工艺的工程验证研究、氚环境迁移机理性实验及环境影响研究、氚生物效应的机制性研究。

在氚安全工艺的工程验证研究方面，需发展高性能防氚渗透涂层技术、原位氚检测技术、高效除氚与包容回收系统等关键工艺技术。其次，对于氚盘存量多的聚变堆氚循环系统，则需工程验证其工业化的处理、回收、净化以及包容能力。

在氚环境迁移机理性实验及环境影响研究方面，需要针对氚事故性释放后在环境中的干、湿沉降和土壤迁移及植物 OBT 的转化等方面开展实验研究。此外，还要开展氚环境迁移模型研究，考虑动态气象参数、复杂地形等多种影响因素构建全面的氚环境安全评估模型。针对聚变堆氚环境安全评估，进行关键参数的敏感性分析，进而开展全面的氚环境安全分析。

在氚生物效应的机制性研究方面，随着实验手段的不断进步，应逐渐开展细胞水平、分子水平和基因水平上氚生物效应的机制性研究，深入理解氚的辐射毒性。同时根据机理，一方面，开发保护剂和促排剂，从而为氚中毒提供有效的治疗手段；另一方面，还应开展流行病学调查，对接受不同剂量的人群进行详细的健康检查，验证研究结果的合理性。

18.3.3　热流体与能量传输

热流体在聚变堆环境下的流动传热特性是聚变堆结构安全和聚变能利用效率的关键影响因素之一，因而也是聚变安全研究的重要方向。根据聚变堆的发展规划和技术可行性，首先需要开展堆外非核热工流体技术研究，然后进行堆内真实环境中的验证实验，最终走向工程化。

热流体未来的研究重点将主要集中在以下三个方面：首先，是热流体的流动与传热特性研究及关键热工设备研发，包括聚变堆环境 (如高磁场、第一壁热流、中子体积核热等) 实验模拟技术、换热器技术、泵与风机技术、包层热工水力学综合性能测试等。其次，则是事故演化实验与模拟及事故缓解技术，包括聚变堆事故 (如冷却剂流道破口事故、粉尘/氢气/蒸汽爆炸事故等) 实验模拟与分析、事故安全分析软件开发与实验验证等。最后，还包括冷却剂杂质在线分析与纯化技术，包括氚测量技术、氦气冷却剂除氚技术、液态金属流体杂质去除技术等。

另外，由于聚变堆需要在安全性、经济性和可持续性上满足更高的要求，这就让发展应用于聚变堆的多物理耦合与集成仿真技术有了必要性。开展多种物理过程的耦合模拟与集成仿真研究，以精确模拟反应堆各类行为和性能，包括中子学/热工/流体/结构/活化性能多物理耦合模拟方法、反应堆高保真全尺度仿真技术等研究工作。更进一步，建设可真实模拟聚变堆内核环境 (含中子、离子、磁场、热等) 的聚变体中子源综合测试平台，开展聚变堆部件的多物理耦合测试研究。

18.3.4　可靠性与风险管理

聚变堆可靠性与风险管理的未来研究应聚焦于安全目标、可靠性试验、可靠性方法以及数据等方面。

在目标层面上，研究适合聚变堆的安全目标，并搭建聚变堆的可靠性指标体系，建立聚变堆可靠性指标体系和安全目标的映射关系，将安全目标转化为具体可行的技术指标；设立安全重要系统设备的可靠性设计指标以及各级性能指标，并以此为依据，对聚变系统中的结构、系统、设备进行更为科学的安全分级，完善聚变堆的质量保证体系；系统地鉴别始发事件及缓解手段，选择合适的聚变堆的安全目标，最终建立适用于聚变堆的可靠性指标体系。

在试验层面，针对关键设备，开展与之相适应的可靠性试验，确保设备与材料的可靠性满足要求。由于现有材料和设备难以满足聚变堆高温、高压和强中子辐照严苛条件下的运行需求，因此针对一些未达可靠性要求的部件和材料，制定合理的可靠性增长目标，制定相适应的可靠性增长试验、可靠性验证试验、寿命验证试验等，在试验中对部件和材料施加其寿命周期内的任务剖面转换得来的综合环境应力或实际使用的环境应力。针对暴露出的问题采取有效的纠正措施，确保其可靠性达到预定标准。

在方法层面，研究采用更先进的维修策略、在线监测和遥操技术，提高聚变堆的运行可用性。研究聚变堆的维修过程对聚变堆的运行、维护、管理等带来的影响，规划更先进的维修策略，研究在线监测维修技术，并研发相应的遥操设备以提高聚变堆的实际可用性。

在数据层面，健全并完善聚变可靠性数据库。首先搜集已有的聚变装置可靠性通用数据并加以分类和整理，完善自身的聚变可靠性数据库，以支持现阶段聚变装置和未来聚变堆的可靠性分析工作。在此基础上，研究通用可靠性数据的适用性，考虑不同的运行环境对聚变装置的影响，以提高聚变装置可靠性分析结果的精确性，降低结果的不确定性。此外，还需要开展聚变堆人因和组织失误分类、人因操作失误/可靠性分析、数字化仪控系统 (DCS) 人因失误实验研究，提高人因可靠性和组织失误分析的精确度。

18.3.5 安全理念与公众接受

为保证聚变堆的安全运行，在参考裂变堆安全体系的条件下，必须针对聚变堆的特点，扩展安全理念的范畴，使安全理念能够切实地指导聚变堆安全工作从而提升公众对聚变堆的接受程度。未来亟须在以下几个方面展开研究工作。

在安全理念和安全设计研究方面，需要与裂变堆的安全理念进行对比分析，顺应革新型核能系统安全理念的演进趋势，结合聚变堆的安全特性，建立聚变堆的量化安全目标，制定相应的安全设计导则，发展聚变堆的安全评价方法体系。安全理念与安全评价应当且必须在聚变堆设计初期引入，进而确保安全的"built-in"而不是"added-on"。

建立健全聚变堆安全监管的法律法规体系。评估现有核安全监管体系对聚变堆的适用性，结合聚变堆的安全理念，参考 ITER 的监管机制，系统性地建立聚变堆监管体系。另外，为保证聚变安全监管的独立性，适时引入第三方监督和评价；同时加强政府公信力及调控政策研究，推进核能事业的可持续发展。

扩大科普宣传，加强公众沟通，缩小政府部门、聚变科学界以及公众之间对聚变堆安全上的认识差距。以风险认知的概念与内涵为基础，构建适用于聚变能风险认知的测量量表，为后续公众接受度研究建立好理论基础。社交媒体对公众风险认知过程有着巨大的影响，公众对核能的"陌生""恐惧"很大程度上源自于媒体的舆论导向。社交媒体盛行的网络时代，不断呈现新的传播特点，研究当代社会社交媒体变化对于公众风险认知过程的影响显得尤为重要，也有利于利用当代媒体形成有效的舆论导向，提升公众对聚变能的认知，使聚变能得到社会公众的理解与支持。

18.4 小   结

随着聚变技术的发展，人们对聚变堆已经逐渐有了清晰的认识，其固有安全特性并不能完全保证聚变堆系统的安全，聚变堆在商业应用前仍存在众多的安全技术问题亟待解决[47]。目前，我国聚变核安全研究已经起步，并已初步构建了较为全面和丰富的国内外合作平台：中国科学院核能安全技术研究所已联合核工业西南物理研究院、中国工程物理研究院、苏州大学等多家单位于 2012 年成立"聚变核安全 (联合) 研究中心"；2013 年核安全所被推选为国际能源署 (IEA) 聚变能环境、安全和经济技术合作计划 (ESEFP TCP) 执行委员会主席单位，并于 2015 年连任；这些合作平台的建立为开展聚变核安全体系化研究奠定了良好的基础。

为适应我国未来聚变堆建造的需求，我们应积极吸收消化 ITER 成果，借助国内外合作平台，集中力量攻关对聚变安全有重大影响的关键技术。综合以上对聚变商业化应用所存在的五个方面技术问题的梳理，从保障我国聚变能研究应用规划顺利实施的角度出发，我们建议提前部署一些关键领域：高流强聚变中子源技术、低活化抗辐照材料与技术、热流体综合试验平台与技术、氚辐射防护与核生态安全、可靠性设计优化与风险管理以及安全评价与许可证技术等。

参 考 文 献

[1] Neilson G H, Abdou M, Federici G, et al. International Perspectives on a Path to MFE DEMO. 24th IAEA Fusion Energy Conference, 2012.

[2] Maisonnier D, Cook I, Sardain P, et al. A Conceptual Study of Commercial Fusion Power Plants. Final Report of the European Fusion Power Plant Conceptual Study (PPCS). European Fusion Development Agreement, 2005.

[3] Najmabadi F, Abdou A, Bromberg L, et al. The ARIES-AT advanced tokamak, advanced technology fusion power plant. Fusion Engineering and Design, 2006,80 (1-4): 3-23.

[4] Wu Y, FDS Team. Conceptual design activities of FDS series fusion power plants in China. Fusion Engineering and Design,2006, 81 (23-24): 2713-2718.

[5] 潘垣, 庄革, 张明, 等. 国际热核实验反应堆计划及其对中国核能发展战略的影响. 物理, 2010, 39(6): 379-384.

[6] 潘传红. 国际热核实验反应堆 (ITER) 计划与未来核聚变能源. 物理, 2010, 39(6): 375-378.

[7] Wu Y, Jiang J,Wang M, et al. A fusion-driven subcritical system concept based on viable technologies. Nuclear Fusion, 2011, 51(10):103036.

[8] Wu Y, FDS Team. Conceptual design of the China fusion power plant FDS-Ⅱ. Fusion Engineering and Design, 2008, 83(10-12): 1683-1689.

[9] Loughlin M, Angelone M, Batistoni P, et al. Status and verification strategy for ITER neutronics. Fusion Engineering and Design, 2014, 89 (9-10):1865-1869.

[10] Taylor N, Cortes P. Lessons learnt from ITER safety & licensing for DEMO and future nuclear fusion facilities. Fusion Engineering and Design, 2014, 89(9-10): 1995-2000.

[11] Girard J, Garin P, Taylor N, et al. ITER, safety and licensing. Fusion Engineering and Design, 2007, 82(5-14): 506-510.

[12] Wu Y C, Zhu X X, Zheng S L, et al. Neutronics analysis of dual-cooled waste transmutation blanket for the FDS. Fusion Engineering and Design, 2002, 63-64: 133-138.

[13] Wu Y C, Song J, Zheng H Q, et al. CAD-based Monte Carlo program for integrated simulation of nuclear system SuperMC. Annals of Nuclear Energy, 2015, 82: 161-168.

[14] Wu Y C, FDS Team. CAD-based interface programs for fusion neutron transport simulation. Fusion Engineering and Design, 2009, 84 (7-11): 1987-1992.

[15] Wu Y C, Xie Z S, Fischer U. A discrete ordinates nodal method for one-dimensional neutron transport calculation in curvilinear geometries. Nuclear Science and Engineering, 1999, 133 (3): 350-357.

[16] 吴宜灿, 李静惊, 李莹, 等. 大型集成多功能中子学计算与分析系统 VisualBUS 的研究与发展. 核科学与工程, 2007, 27(4): 365-373.

[17] 吴宜灿, 俞盛朋, 程梦云, 等. 多物理耦合分析自动建模软件 SuperMC/MCAM 5.2 的设计与实现. 原子能科学技术, 2015, 49(S1): 23-28.

[18] 吴宜灿, 何桃, 胡丽琴, 等. 核与辐射安全仿真系统 SuperMC/RVIS 2.3 研发与应用. 原子能科学技术, 2015, 49(z1): 77-85.

[19] Zucchetti M, Pace L D, Guebaly L E, et al. The back end of the fusion materials cycle. Fusion Science and Technology, 2009, 55(2):109-139.

[20] Zucchetti M, Pace L D, Guebaly L E, et al. An integrated approach to the back-end of the fusion materials cycle. Fusion Engineering and Design, 2008, 83(10-12): 1706–1709.

[21] Sawan M E, Abdou M A. Physics and technology conditions for attaining tritium self-sufficiency for the DT fuel cycle. Fusion Engineering and Design, 2006, 81(8-14): 1131-1144.

[22] Galeriu D, Davis P, Raskob W, et al. Recent processes in tritium radioecology and dosimetry. Fusion Science and Technology, 2008, 54(1): 237-242.

[23] IAEA. Modeling the Environmental Transfer of Tritium and Carbon-14 to Biota and Man. Vienna: IAEA, 2010.

[24] Ota M, Nagai H, Koarashi J. Importance of root HTO uptake in controlling land-surface tritium dynamics after an-acute HT deposition: a numerical experiment. Journal of Environmental Radioactivity, 2012, 109: 94-102.

[25] Wu Y C, FDS team. Design status and development strategy of China liquid Lithium-Lead blankets and related material technology. Journal of Nuclear Materials, 2007, 367-370:1410-1415.

[26] Wu Y C, FDS Team. Design analysis of the China dual-functional Lithium Lead (DFLL) test blanket module in ITER. Fusion Engineering and Design, 2007, 82(15-24): 1893-1903.

[27] 吴宜灿, 黄群英, 朱志强, 等. 中国系列液态锂铅实验回路设计与研发进展. 核科学与工程, 2009, 29(2):161-169.

[28] Wu Y C, FDS Team. Conceptual design and testing strategy of a dual functional Lithium-Lead test blanket module in ITER and EAST. Nuclear Fusion, 2007, 47(11): 1533-1539.

[29] Wong C P C, Salavy J F, Kim Y, et al. Overview of liquid metal TBM concepts and programs. Fusion Engineering and Design, 2008, 83(7-9): 850-857.

[30] Feng K M, Pan C H, Zhang G S, et al. Overview of design and R&D of solid breeder TBM in China. Fusion Engineering and Design, 2008, 83(7-9): 1149-1156.

[31] Morley N B, Malang S, Kirillov I. Thermofluid magnetohydrodynamic issues for liquid breeders. Fusion Science and Technology, 2005, 47: 488-501.

[32] Mistrangelo C, Buhler L. Liquid metal magnetohydrodynamic flows in manifolds of dual coolant Lead Lithium blankets. Fusion Engineering and Design, 2014, 89(7-8): 1319-1323.

[33] Krauss W, Konys J, Li-Puma A. TBM testing in ITER: Requirements for the development of predictive tools to describe corrosion-related phenomena in HCLL blankets toward DEMO. Fusion Engineering and Design, 2012, 87(5-6): 403-406.

[34] Ihli T, Basu T K, Giancarli L M, et al. Review of blanket designs for advanced fusion reactors. Fusion Engineering and Design, 2008, 83(7-9): 912-919.

[35] NRC. Regulatory Structure for New Plant Licensing, Part 1: Technology Neutral Framework. Rockville: NRC, 2004.

[36] ASME. Standard for Probabilistic Risk Assessment for Nuclear Power Plant Applications. New York: ASME, 2009.

[37] IAEA. Procedures for Conducting Probabilistic Safety Assessment for Non-reactor Nuclear Facilities. Vienna: IAEA, 2002.

[38] 卢文跃, 李晓明, 韩庆浩, 等. 核电站设备可靠性管理体系的探索与运作. 核动力工程, 2005, 26 (6S1): 65-72.

[39]　van Houtte D, Okayama K, Sagot F. ITER operational availability and fluence objectives. Fusion Engineering and Design, 2011, 86(6-8): 680–683.

[40]　Cadwallader L C, Sanchez D P. Secondary Containment System Component Failure Data Analysis from 1984 to 1991. Idaha: Idaho National Engineering Laboratory, 1992.

[41]　Cambi G, Pinna T, Angelone M. Data collection on component malfunctions and failures of JET ICRH system. Fusion Engineering and Design, 2008, 83(10-12): 1874–1877.

[42]　Pinna T, Cambi G, Kinpe S, et al. JET operating experience: Global analysis of tritium plant failure. Fusion Engineering and Design, 2010, 85(7-9): 1396–1400.

[43]　吴宜灿. 革新型核能系统安全研究的回顾与探讨. 中国科学院院刊, 2016,31(5): 567-573.

[44]　Wu Y C. Overview of Fusion Safety and Licensing of DEMO and its Implications on Design and Operation. 12th International Symposium on Fusion Nuclear Technology, Jeju Island, 2015.

[45]　Nakai R. Status of GIF Task Force on SFR Safety Design Criteria. 6th GIF/INPRO Interface Meeting, Vienna, 2012.

[46]　GIF. An Integrated Safety Assessment Methodology (ISAM) for Generation Ⅳ Nuclear Systems. Generation Ⅳ International Forum, 2011.

[47]　Wu Y, Chen Z, Hu L, et al. Identification of safety gaps for fusion demonstration reactors. Nature Energy, 2016,1.

陈志斌, 博士, 毕业于英国金斯顿大学, 2012 年 11 月任职于中国科学院合肥物质科学研究院, 2015 年 3 月升任副研究员, 目前担任核能物理与新概念部部长; 国际能源署 (IEA) 聚变能环境、安全与经济技术合作计划 (ESEFP) 执行主席助理; 国际聚变核技术大会 (ISFNT) 的技术委员会委员。以第二作者在 *Nature Energy* 期刊上发表聚变安全领域首篇 Nature 系统期刊论文, 参与国家磁约束聚变能发展研究专项 (ITER973) 项目。

第四篇　核能安全关键技术研究进展

这部分包含 5 章，从核燃料的发展趋势、先进核燃料的发展与创新、环保型结构材料、乏燃料后处理技术及数字社会环境下的虚拟核电站五个方面，介绍了我国核能安全技术的研究进展。

中国核学会理事长李冠兴院士等，介绍了我国商用核燃料技术的现状 (包括压水堆、重水堆、高温气冷堆和快堆燃料)，以及我国自主化核燃料的研发进展；结合成熟的商用核电技术发展前景及第四代核电技术方向，分析了我国核燃料技术的发展方向，并对核燃料技术发展趋势进行了分析。

中广核研究院副总工程师肖岷等，针对压水堆核电站介绍了国内外先进核燃料技术的最新发展趋势。福岛核电事故后，对核燃料的安全性、可靠性和抗事故能力提出了更高的要求。从包壳、芯块、结构设计等方面总结了当前商用压水堆核燃料技术的发展趋势，并介绍了新一代事故容错燃料 (ATF) 技术的国内外发展情况以及面临的挑战和困难。

中国科学院核能安全技术研究所副总工黄群英研究员等，介绍了环保型抗辐照结构钢的研究背景和发展现状，从环境安全性和服役安全性两个方面重点分析了材料的设计思路及其主要性能，剖析了目前存在的主要问题和挑战，并展望了未来发展方向，以推动其在革新型核能系统中的及早和广泛应用。

中国科学院高能物理研究所柴之芳院士，综述了近年来我国在乏燃料后处理领域的主要研究进展，主要包括：基于有机无盐试剂的先进 PUREX 流程，实现对铀、钚的回收和分离；高放射性废液分离技术，实现高放射性废液中长寿命核素"分离–嬗变"处理；干法后处理，实现 U 与 RE 元素的分离等。

中国科学院核能安全技术研究所副总工胡丽琴研究员等，将核科学与信息科学深度融合，首次提出"核信息学"概念，研发了与数字环境和数字社会充分融合的虚拟核电站 Virtual4DS，可实现核能系统多工况运行仿真、核事故过程演化以及核应急智能推演与决策的大时空综合仿真，为安全高效核能系统研发与设计提供了有力支撑。

第19章 我国核燃料发展现状及趋势[*]

核电作为清洁能源，正在成为我国现代能源的重要组成部分。截至 2017 年 12 月 31 日，我国投入商业运行的核电机组有 37 台，装机容量约 35807.16 兆瓦；在建核电机组 19 台。按照国家核电规划，到 2020 年，我国核电装机容量将建成 5800 万千瓦，在建 3000 万千瓦[1-2]。

伴随着核电的发展，我国的核燃料从自主技术起步，之后一直采取引进、消化、吸收国外先进技术的技术路线。目前，在我国积极推动核能"走出去"的大背景下，我国自主化的核燃料品牌建设正迅速地推进，并已取得一批阶段性成果。同时，我国先进燃料的研发也紧跟国际步伐，开展了大量卓有成效的工作。本章对我国在运、在建核电机组所采用的核燃料进行概括，介绍我国自主化燃料和新型燃料的研发现状，并对我国核燃料发展趋势进行分析。

19.1 我国核燃料发展现状

19.1.1 商用核燃料技术发展现状

我国在运和在建的核电机组主要包括四种堆型，即压水堆、重水堆、高温气冷堆和快堆，其中以压水堆为主要堆型。与核电堆型和机型相匹配，我国的核燃料采用了较为多样化的技术，但总体可分为压水堆核燃料、重水堆核燃料、高温气冷堆核燃料和快堆核燃料。

19.1.1.1 压水堆核燃料

1. 商用压水堆核燃料技术现状

压水堆核燃料普遍采用 UO_2 陶瓷芯体，以锆合金为包壳。我国的压水堆核燃料采用了多种技术，包括我国自主化的 CF 系列、引进法国技术的 AFA 系列、引进俄罗斯技术的 VVER系列以及引进美国技术的AP系列。目前，国内已形成年产1400吨铀的燃料制造能力。

1) FA300 燃料

FA300 燃料元件是中国核工业集团有限公司自主研发的压水堆核电燃料。FA300 燃料采用 15×15 结构，包壳采用国产 Zr-4 合金，燃耗为 39 000MW·d/tU。1991 年，其在秦山核电站一期 30 万千瓦机组中得到应用，不但是我国唯一在用的自主品牌压水堆核电燃料元件，而且出口到巴基斯坦。

---

[*] 作者为中国核学会李冠兴、马文军、王虹。

2) AP1000 燃料

我国在建和规划中的核电站大多采用引进美国技术的 AP1000 燃料。AP1000 燃料是在 ROBUST 燃料基础上发展起来的，适用于第三代核电反应堆。AP1000 燃料采用典型的 17×17 结构，活性区长度 4267mm，以先进的 ZIRLO 合金作为包壳材料。燃料棒燃耗限值为 62 000MW·d/tU，满足 18 个月换料需求，可实现 24 个月换料。AP1000 燃料主要具有以下技术特点。

(1) 定位格架和搅混格架采用西屋电气公司的 ZIRLO 合金，端部格架和保护格架材料采用科镍 (Inconel) 718 合金。全部格架条带弹簧均采用了一体化冲制成型技术。

(2) 燃料组件中使用了一体化可燃吸收体 (IFBA) 燃料棒，在实心芯块的表面涂覆二硼化锆 (ZrB_2)。

(3) 包壳管外表面下段采用防异物磨蚀氧化层，导向管采用管中管结构，管座采用精密铸造工艺。

(4) 在首炉 157 组组件中有 6 种燃料组件、15 种燃料棒、9 种富集度的燃料芯块。一种燃料组件最多有 6 种燃料棒，7 种富集度。

由于具备了上述技术特点，AP1000 燃料具有结构稳定性好、燃耗高、中子经济性好、铀的利用率高等优点。但由于其结构复杂、工艺路线长、材料种类多、燃料芯块富集度多，增加了制造难度。

AP1000 燃料组件制造引入了多项新技术、新工艺，如一体化可燃吸收体涂覆技术、骨架胀接技术、包壳管氧化技术、格架条带弹簧一体化冲制技术、管座精密铸造技术等。我国于 2015 年建成了世界上第一条 AP1000 燃料组件生产线，年产 400 吨铀燃料组件，实现了 AP1000 燃料组件的国产化。这项工程的实施使我国核电燃料元件制造技术达到世界先进水平。该生产线已于 2016 年取得了西屋电气公司颁发的产品合格性鉴定证书，2017 年正式投入生产。

3) AFA 系列燃料

引进法国技术的 AFA 系列燃料是我国在运核电机组使用最多的核燃料技术。1991 年，我国从 AREVA 公司引进 AFA-2G 燃料的设计和制造技术。之后，又陆续引进了 AFA-3G 和改进型的全 M5 AFA-3G 燃料技术。AFA-3G 燃料采用典型的 17×17 结构，活性区长度 3657.6mm，以 M5 合金作为包壳材料，燃料棒燃耗限值为 52 000MW·d/tU，满足 18 个月换料需求，可实现 24 个月换料。

4) VVER 系列燃料

1998 年，我国引进俄罗斯的 VVER-1000 型 (UTVS) 燃料组件制造技术，2010 年又引进了 VVER-1000 的改进型燃料 TVS-2M。VVER 燃料和 TVS-2M 燃料均采用独特的六角形结构，以开中心孔的 UO_2 为芯体。与 VVER 燃料相比，TVS-2M 燃料的包壳材料由 E110 锆合金改进为抗腐蚀、抗吸氢、抗生长、抗蠕变等性能更优的 E635 锆合金，并优化了格架、管座等结构，骨架的整体刚度和抗辐照能力得到增强；增加了燃料棒长度，减小了芯块中心孔的直径，使用了富集度最高达到 4.95% 的二氧化铀燃料，提高了组件燃料的装载量及燃耗。通过上述改进，提高了燃料组件设计燃耗以满足长周期换料的需求；燃料组件燃耗限值为 60 000MW·d/tU，满足 18 个月换料需要[3]。

2. 自主化商用压水堆核燃料研发现状

在消化、吸收、引进国际先进核燃料设计和制造技术的基础上，我国快速推进自主化燃料的研发，并取得了一系列重要成果。年产 30 万个燃料球的高温气冷堆示范堆球形燃料元件生产线建成投产。"华龙一号"CF3 燃料元件先导组件入堆开始工程化辐照考验。CAP1400 自主化燃料定型组件研制成功。快堆铀、钚混合氧化物(mixed oxide，MOX)燃料的研制取得实质性进展。自主化新锆合金和结构材料的研发进入了工程化阶段。核燃料元件制造重大设备的自主化研发取得丰硕成果，自动化、数字化和信息化水平不断提高。这些成果标志着我国核电燃料设计和制造技术得到空前的发展，为我国核电走向世界创造了条件[4]。

1) CF 系列燃料的研发

继 FA300(CF1) 燃料之后，中国核工业集团有限公司自主研发了 CF2、CF3、CF4 三个型号的压水堆核电燃料。CF2 燃料组件设计燃耗为 42 000MW·d/tU，满足 12 个月换料需求。包壳采用改进型 Zr-4 合金，导向管为管中管结构，格架的结构略有变化。CF2 先导组件已在秦山核电站二期 2 号堆内完成了三个循环的辐照考验，未来将用于巴基斯坦 K2/K3 电站的首炉装料。

CF3 燃料元件是为"华龙一号"研发的燃料组件。燃料组件采用典型的 17×17 结构，以中国核工业集团有限公司的自主品牌 N36 锆合金为包壳，格架、导向管和管座为自主设计并用国产材料制造。燃料组件设计燃耗为 52GW·d/tU，满足 18 个月换料要求。CF3 先导组件已于 2014 年 7 月装入秦山核电站二期 2 号堆进行工程化辐照考验，最新型的 CF3A 光导组件也于 2017 年 12 月通过出厂验收，即将在方家山核电百万千瓦机组进行运行考验。除"华龙一号"外，CF3 燃料今后还将用于 K2/K3 核电站的换料。

CF4 燃料组件的研发已于 2016 年启动。CF4 燃料将使用中国核工业集团有限公司正在研发的性能更为优越的 N45 锆合金为包壳，目标燃耗 60 000MW·d/tU，能够全面满足第三代核电机组的要求。

2) CAP1400 燃料的研发

CAP1400 燃料元件是国家电力投资集团有限公司在消化、吸收 AP1000 技术的基础上，并在国家科技重大专项——"大型先进压水堆核电站"项目支持下，为我国自主研发的 CAP1400 核电站研制的第三代核电燃料。CAP1400 燃料由上海核工程研究设计院设计，该燃料元件充分借鉴了国内外核燃料元件的先进技术和国内压水堆燃料元件的生产制造经验，在燃料组件的设计、材料研发、制造工艺、堆内外实验、性能评价和标准制定等方面完全由我国科研技术人员自主创新完成。该燃料元件与 AP1000 燃料元件有相同的结构形式，采用国家核电的自主品牌 SZA-4、SZA-6 新锆合金，对燃料棒、导向管、格架和管座等四大部件进行了创新设计。活性区长度 14 英尺①，设计燃耗为 60GW·d/tU，18 个月换料。

CAP1400 自主化燃料的研发工作分为原型组件、定型组件、先导组件三个阶段。CAP1400 自主化原型组件和定型组件样件已分别于 2015 年和 2016 年在中核北方核燃料元件有限公司研制成功。目前，正在利用定型组件样件系统性地开展定型组件堆外性能检测，计划于 2019 年实现 CAP1400 自主化燃料先导组件入堆辐照考验。

---

① 1 英尺 ≈0.3048 米。

3) STEP 系列燃料的研发

STEP 系列燃料是中国广核集团有限公司研发的自主品牌压水堆燃料元件,包括长 12 英尺和 14 英尺的两种燃料。STEP 燃料采用中国广核集团有限公司研制的自主品牌的 CZ 锆合金,性能与法国的 AFA-3G 相当。2016 年,4 组 STEP12 燃料特征组件装入岭澳核电站二期,开始辐照考验。

19.1.1.2　重水堆核燃料

我国秦山核电站三期的两台核电机组采用的是引进加拿大 ZPI 公司技术的 CANDU-6 型重水堆核燃料。CANDU-6 型重水堆核燃料长约 497mm,以天然 UO_2 芯块为芯体,以 Zr-4 合金为包壳材料和结构材料,由 37 根燃料棒通过端板焊接成燃料棒束。燃料平均卸料燃耗 $180MW·h/kgU$,采用不停堆换料[5]。目前,国内已形成年产 200 吨铀燃料的自主制造能力,燃料制造水平达到国际先进水平。2003 年起为秦山核电站三期的两台 720MWe 核电机组提供换料。

19.1.1.3　高温气冷堆燃料

高温气冷堆球形燃料元件是由清华大学研发的具有第四代核能系统特征的核燃料元件技术。球形燃料的核芯是三向同性燃料 (TRISO) 型包覆燃料颗粒,以直径 0.5mm 的 UO_2 微球为燃料相。UO_2 微球表面有四层包覆层,从内到外依次为疏松热解碳层、内致密热解碳层、热解碳化硅层、外致密热解碳层。包覆颗粒弥散在石墨基体里,压制成直径约为 50mm 的球体 (即燃料区)。燃料区外包覆直径约 5mm 的石墨球壳 (即无燃料区)。整个球形燃料元件直径为 60mm,含 7g 铀[6]。

从二氧化铀核芯制备、TRISO 包覆颗粒制备到球形元件制造的全部技术和工艺装备完全是自主研发,拥有完全的自主知识产权。在 10MW 实验高温气冷堆燃料元件技术的基础上,又进一步开发出了 200MW 示范堆球形燃料元件。元件设计最高燃耗限值为 $100GW·d/tU$,在堆内循环 15 次,平均停留时间 (有效满功率天)1057 天。该元件已完成堆内辐照考验,达到了设计目标。与此同时,200MW 示范堆球形燃料元件生产线已于 2016 年在中核北方核燃料元件有限公司建成投产,工艺装备的国产化率接近 100%,实现了包覆颗粒球形燃料制造技术的工程化应用[7]。这是世界上第一条球形燃料元件工业化生产线,它标志着我国包覆颗粒燃料制造技术走在了世界前列,为高温气冷堆的进一步商业化并走向世界创造了条件,也为超高温气冷堆燃料元件的研发奠定了基础。

19.1.1.4　快堆燃料元件

钠冷快堆是短时间内第四代核电技术的首选堆型之一[8,9]。2011 年,由中国原子能科学研究院研发的中国实验快堆成功实现并网发电。这一国家 “863” 计划重大项目目标的全面实现,标志着我国在快堆技术上取得重大突破。2017 年,我国首个快堆核电示范工程项目在福建霞浦开工建设[10]。

19.1.2　新型核燃料技术研发现状

1. 核电技术发展对新型核燃料的需求

核燃料技术的发展主要有两大驱动力:一是核电站为持续提高安全性、经济性、可靠性,对核燃料性能不断提出更高的要求；二是核电技术和机型的更新换代，需要新型核燃料与之相匹配。因此，核燃料技术的发展总体围绕核电技术的发展而发展。当然，核燃料的发展在客观上也会推动核电技术的发展，新型燃料元件也有可能会对核电站的设计和运行带来革命性的变化[11,12]。

当下，我国核电技术的发展主要呈现两大特点：一是福岛核电事故和设立核电标杆电价后，对核电站安全性、经济性、可靠性的要求日益增强，成熟的商用反应堆燃料技术在提高燃耗、延长换料周期、提高热工裕度和提高可靠性等方向上持续改进；二是紧跟国际核电发展步伐，快速推进第四代堆型研发。

2000 年，"第四代核能系统国际论坛"确定了六种进一步研究开发的堆型，其中三种是钠冷快堆 (SFR)、铅冷快堆 (LFR) 和气冷快堆 (GFR)，另三种是超高温气冷堆 (VHTR)、超临界水堆 (SCWR) 和熔盐堆 (MSR)。其开发的目标是要在 2030 年左右创新地开发出新一代核能系统，使其在安全、经济、可持续发展、防核扩散、防恐怖袭击等方面都有显著的先进性和竞争能力。针对上述六种堆型，我国一些研究院所和高校开展了不同程度的研究。其中钠冷快堆研究的推进最为迅速[13−16]。2017 年，我国首个快堆核电示范工程项目在福建霞浦开工建设。

铅基反应堆采用铅或铅铋合金作为冷却剂。由于具有良好的中子学、热工水力以及安全特性，被选为第四代核能系统、加速器驱动次临界系统 (accelerator driven sub-critical system，ADS) 的主要候选堆型。铅冷快堆/铅铋堆技术也以较快的速度推进。中国铅基研究实验堆 (China lead-based research reactor，CLEAR-Ⅰ) 已被确定为中国科学院战略性先导科技专项"未来先进核裂变能——ADS 嬗变系统"的主选堆型，并完成了具有临界和加速器驱动次临界双模式运行能力的 10MW 中国铅基研究实验堆 CLEAR-Ⅰ 的概念设计[17]。

超临界水堆 (SCWR) 的概念是美国西屋电气公司和通用电气公司在 20 世纪 50 年代提出的，具有系统简单、装置尺寸小、热效率高等特点，是第四代核反应堆中唯一以轻水做冷却剂的反应堆。中国核工业集团有限公司相继提出了中国超临界水冷堆技术发展路线图、百万千瓦级双流程的超临界水冷堆 CSR1000 技术方案。燃料组件的研究深度均已达到国际先进水平，并略微领先反应堆研究[18]。

高温气冷堆 (HTGR) 具有良好的固有安全性，它能保证反应堆在事故下不发生堆芯熔化和大量放射性释放。在第四代核能系统概念中，超高温气冷堆 (very high temperature reactor，VHTR) 是高温气冷堆渐进式开发过程中下一阶段的重点对象。VHTR 的出口温度比 HTGR 高 100℃，可达到 1000℃或以上。目前，清华大学等研究机构已在超高温气冷堆研发方面开展了相关研究工作。

熔盐堆 (molten salt reactor，MSR) 具有良好的经济性和固有安全性，可以使 ^{232}Th 增殖为 ^{233}U。小堆芯的熔盐设计方案特别适用于钍燃料循环。2011 年，中国科学院启动首批战略性先导科技专项，其中就包括钍基熔盐堆核能系统 (TMSR)，并计划于 2020 年前后建成 2MW 钍基熔盐实验堆并在零功率水平达到临界。

除上述堆型外，我国也在积极推动行波堆研发。行波堆 (traveling wave reactor，TWR) 产生的行波以增殖波先行焚烧后增殖，一次性装料可以连续运行十年甚至上百年。行波堆可直接利用低富集度的核能原料，理论上无须换料及后处理，既提高运行安全性，又能极大降低核扩散风险。近年来，中国核工业集团有限公司针对单行波快堆开展了相关研究，并与全力推动行波堆商用的美国泰拉能源公司积极开展合作交流。

与我国核电技术发展的新形势相适应，事故容错燃料、环形燃料、MOX 燃料、全陶瓷包覆弥散燃料等新型燃料已成为我国新型燃料的研发热点。

2. 事故容错燃料研发进展

鉴于福岛核电事故中 UO_2-Zr 合金燃料暴露出来的致命缺陷，尤其是在抵御严重事故能力上的固有局限性，业界提出了事故容错燃料（accident tolerance fuel，ATF）的概念，旨在从根本上提高核燃料在设计基准事故和超设计基准事故下的性能和事故容错能力，提高燃料系统在严重事故工况下的容忍度和容错性，从本质上减缓或杜绝反应堆在事故工况中发生氢爆和堆芯熔化的可能。ATF 的概念一经提出，即得到广泛认同，并迅速成为后福岛时代国际燃料界一个新的研究方向[19]。

ATF 包壳的备选材料主要有以下几个具体方向：第一，改进型锆合金，利用先进材料及工艺对锆合金包壳进行涂覆以增强其性能，涂层包括 SiC、MAX 相及其他材料；第二，陶瓷基复合材料，包括 SiC 复合包壳、MAX 相材料等；第三，金属包壳，包括 FeCrAl 合金和Mo 合金等难熔金属。

ATF 芯块的备选材料主要有以下几个方向：第一，新型 UO_2 燃料，即对 UO_2 燃料进行改进，使其符合 ATF 的特征；第二，铀合金，例如 U-Mo 合金、U-Zr 合金等；第三，高密度陶瓷芯体，包括 U_3Si_2、UN 等；第四，弥散芯体，可选择的燃料相有 UO_2 微球、U_3Si_2 粉末、UO_2 单晶颗粒、UN 和 UC 粉末等，其中 UO_2 微球和 U_3Si_2 粉末最为成熟。可选择的基体材料有 SiC、锆粉、石墨粉等高熔点、高热导材料。

2012 年，美国能源部最早开始了 ATF 燃料的研究。近年来，事故容错燃料研发步伐不断加快，各大核电集团和一些知名研究院所纷纷投入资金开展研究，并取得了一定成果。2015年，国家能源局批复了国家科技重大专项"事故容错燃料关键技术研究"的科研课题。但是，事故容错燃料只是描绘出了燃料元件的基本特征，并没有给出具体的材料、结构和标准，因而符合事故容错燃料特征的芯体材料就有多种选择。总之，事故容错燃料的研发是今后压水堆核电燃料元件发展的主导方向，但还需经过一个漫长的过程。

3. 环形燃料研发进展

环形燃料元件是中国核工业集团有限公司正在研发的一种新型燃料元件。其芯体材料和包壳材料沿用二氧化铀和锆合金，关键是燃料棒结构发生了重大变革，燃料芯块为薄壁环形芯块，内外双包壳，冷却剂从内外两个表面对燃料棒进行冷却。环形燃料由于采用了中空的结构，有效降低了芯块的中心温度，很好地解决了芯块中心的储能问题，在反应堆功率密度提高的同时保持甚至改善安全裕度，以达到提升核电厂的安全性和经济性的目的[20]。

"十二五"期间，中国原子能科学研究院和中核北方核燃料元件有限公司在中国核工业集团公司"龙腾 2020"科技创新计划优先发展基金的支持下，开展环形燃料元件设计和制造关键技术研究。目前，环形燃料元件的结构设计已基本完成，突破了环形芯块制备、双包壳燃料棒焊接等多项环形燃料棒制造的关键工艺，研制出了辐照考验组件，2017 年实现入堆，计划 2020 年完成环形燃料堆外相关试验验证，先导组件进入商用压水堆进行随堆辐照试验[4]。

4. 铀、钚混合氧化物燃料研发进展

发展铀、钚混合氧化物燃料 (mixed oxide，MOX) 的意义在于提高铀资源利用率，发挥钚的经济效益、保护环境和防止核扩散。当前，我国研发铀、钚混合氧化物燃料主要是针对快堆。推动快堆技术发展的核心是铀、钚混合氧化物燃料，这直接关系到快堆运行的安全性和经济性。随着中国实验快堆的建成，对铀、钚混合氧化物燃料的研发越来越迫切。

MOX 燃料也可用于压水堆和重水堆，但在重水堆中使用经济性更优。在不改变现有燃料结构的前提下，其有两种使用途径：一是直接使用；二是与贫铀按一定比例混合，使其堆物理性能与天然铀等效，再加以利用。

MOX 燃料无论是用于热堆，还是用于快堆，其燃料芯块的工艺路线是相似的，均采用二氧化铀和二氧化钚两种粉末做原料，机械混合后压制烧结成铀、钚混合氧化物芯块。铀、钚混合氧化物燃料制造技术是一项十分复杂、安全要求极高、研发周期较长、投入较高的新型燃料技术。我国铀、钚混合氧化物燃料制造技术研究属于开创性的研究工作。现在，我国 500kg/a 的铀、钚混合氧化物燃料芯块实验线已建成，实验快堆铀、钚混合氧化物燃料芯块已研制出样品。这表明我国铀、钚混合氧化物燃料芯体的制造技术趋于成熟。铀、钚混合氧化物单棒和组件实验线已启动建设，计划 2018 年左右研制出考验用的实验快堆铀、钚混合氧化物燃料组件。这为我国商业快堆铀、钚混合氧化物燃料制造技术的发展奠定了基础。

5. 金属燃料研发进展

金属燃料相比于氧化物陶瓷燃料有多方面的优点：没有寄生吸收原子，中子经济性更好；密度高，可提高堆芯燃料装载量；热导率远大于 UO_2 陶瓷芯块，可显著降低燃料芯体的运行温度；熔点远低于 UO_2 陶瓷芯块，为燃料的后处理提供了极大的便利。金属燃料的主要缺点是铀在辐照下会发生辐照生长及辐照肿胀。为了提高其辐照稳定性，通常使用其合金形式，主要有铀锆合金、铀铝合金、铀硅合金。其中，铀锆合金燃料是行波堆、铅铋堆、钠冷快堆的首选燃料；铀-钚-锆合金燃料的研发则可能成为其他快堆燃料研发的重点方向。

金属燃料是下一代钠冷快堆技术的发展方向，也是当前先进轻水堆燃料的研发重点之一，国外已进入工程应用阶段。我国在铀钼合金燃料芯体和铀锆合金燃料芯体的研发方面开展了长期的研究工作，突破了合金均匀性和相组成控制等多项技术难关，为实验快堆研制的铀锆金属燃料组件已完成样件，为未来金属燃料芯体替代氧化物陶瓷芯块积累了技术，同时促进了我国铀冶金技术、铀金属压加工技术和铀相变热处理及形变热处理技术的发展。

6. 全陶瓷包覆颗粒弥散体燃料研发进展

全陶瓷包覆颗粒弥散体燃料 (FCM) 具有良好的导热性能，基体材料和冷却剂之间具有良好的相容性，阻挡裂变产物的能力强，事故状态下具有较大的安全裕度。新型包覆颗粒燃料可以适应多种反应堆型，如高温气冷堆、超高温气冷堆、气冷快堆、熔盐堆以及压水堆等。包覆燃料颗粒所包覆的燃料相不仅是 UO_2 微球，也可以是 UCO 或氮化铀、碳化铀、ThO_2 核芯等。涂层材料主要有碳化硅 (SiC) 涂层、碳化锆 (ZrC) 涂层或者 ZrC/SiC 复合涂层。弥散相主要有 SiC、石墨和 Zr 粉等金属材料[21-23]。

目前，超高温气冷堆燃料、FCM 燃料是燃料技术和工程化研发的热点方向。这两类燃料的燃料相由 BISO 或 TRISO 形式的包覆燃料颗粒构成。超高温气冷堆燃料由于需要在至

少 1000℃的温度和更高燃耗的条件下运行, 用 UCO 代替 UO_2 为核芯颗粒、用碳化锆 (ZrC) 或者 ZrC/SiC 复合代替 SiC 为涂层更为适宜。全陶瓷包覆颗粒弥散体燃料是新型轻水堆燃料研究的主要方向之一, 被设计用来代替 UO_2-Zr 合金燃料。这种燃料采用二氧化铀或氮化铀、U(N\C) 核芯, TRISO 包覆技术, 碳化硅弥散体芯块, 锆合金包壳。全陶瓷包覆颗粒弥散体燃料的概念还会进一步延伸, 引领新一代核燃料元件制造技术的发展方向。

7. 非氧化物陶瓷燃料研发进展

非氧化物陶瓷燃料是指以非氧化物陶瓷为芯体的燃料。非氧化物陶瓷燃料芯体材料的研发这几年也受到重视, 如 U_3Si_2、UN 和 UC 燃料。纯 U_3Si_2 燃料具有高铀密度、高熔点、高热导率、与水相容性好的优点, 已广泛用于研究试验堆燃料元件。新型的 U_3Si_2 燃料芯块可使燃料元件铀装量提高 17%, 热导率提高 5 倍。但 U_3Si_2 在温度超过 500℃后辐照肿胀显著提高, 为解决辐照肿胀问题, 将采用抗变形能力更好的燃料包壳 (如 SiC 复合包壳), 或将 U_3Si_2 弥散在塑性较好的基体材料中。从核燃料循环经济性和安全性考虑, U_3Si_2 燃料是水堆燃料发展的一个重要方向, 是可能的压水堆替代燃料。

UN 燃料具有铀密度高、热导率高、热膨胀系数低、辐照稳定性好、裂变气体释放率低、与液态金属冷却剂相容性好、中子谱硬等优点, 是最有希望的高性能陶瓷燃料。但 UN 陶瓷难制造, 易氧化, 在热水中会发生溶解, 在水堆中一旦包壳破损, 反应堆的安全将受到威胁, 而在高温气冷堆和快中子堆中, UN 燃料具有明显优势。

8. 钍基燃料研发进展

随着核能技术的发展, 人们逐渐认识到利用钍资源开发利用核能是可行的。我国铀资源有限, 但钍资源储量丰富, 开发钍燃料并实现工程化应用具有重要意义。目前认为实现钍资源核能利用是钍基燃料工程化研发的重点和热点。

已列入中国科学院首批战略性先导科技专项的"未来先进核裂变能——钍基熔盐堆核能系统 (TMSR)"已明确以 ThO_2 为燃料, 燃料设计及相关研究工作已全面启动。

由于重水堆的一些固有特点, 其在综合利用钍燃料方面具有独特的优势, 容易实现钍燃料的应用。在重水堆上利用钍, 将采用先进的高性能 CANFLEX 燃料结构。其平衡堆芯下低浓铀/钍 (LEU/Th) 的燃料组件的设计燃耗可达到 20 000MW·d/tTh[24]。2008 年, 秦山核电站三期与中核北方核燃料元件有限公司等四个合作方启动了重水堆用钍基燃料的研发工作, 基本完成了可行性研究工作, 初步确定了以增强型 CANDU-6 型重水堆为基础采用低浓铀驱动钍燃料的技术方案, 研制出了核纯级二氧化钍芯块样品。

19.2　核燃料技术发展趋势分析

在国家大力发展核电并推动核电"走出去"的大背景下, 核燃料技术的发展也必将走上"快车道"。未来几年核燃料技术的发展有以下几方面的趋势。

第一, 核燃料及其制造技术的自主化进程将会进一步加快, 具有自主品牌的核电燃料有望在较短时间内实现商业应用和推广。围绕着自主品牌建设, 对核燃料及其制造技术的知识产权保护力度将得到前所未有的增强。但同时，也应提早制定周密的措施，随时应对可能遇到的知识产权纠纷。

第二，以氧化物陶瓷芯块加锆合金包壳为特征的核燃料仍然是未来相当长一个时期内核燃料技术的主体。

福岛核电事故后，业界提出了事故容错燃料 (accident tolerance fuel，ATF) 的概念，并加紧研究。成熟的商用压水堆燃料面临着事故容错燃料的挑战，然而事故容错燃料从研发到商业化应用还需要走很长的路。在这一时期，以氧化物芯块、锆合金包壳为特征的核燃料元件会加快改进，在不明显改变现有堆型技术的前提下推出新型号，如铀铍氧化物芯块、环形燃料等。同时，锆合金包壳及结构材料的性能也不断优化。未来几年，以下研究工作可能得到较为迅速的推进。

(1) 高热导 UO_2 芯块、大晶粒 UO_2 芯块和 UO_2 单晶芯块的研发。添加高热导率的 BeO、SiO_2 等材料，提高 UO_2 芯块的导热性能，解决储能问题。研发大晶粒 UO_2 芯块和 UO_2 单晶芯块，降低高温下芯块沿晶界的破碎比率，提高裂变气体的储存能力。事故工况下，缓解包壳所受的内压和摩擦。以此，提高 UO_2 陶瓷芯块的性能。

(2) 改进型锆合金和锆合金表面涂覆技术研究。利用 SiC、MAX 相等先进材料及工艺对锆合金包壳进行涂覆以增强其性能，提高锆合金包壳的抗事故能力。

(3) 环形燃料研发。环形燃料由于采用了中空的结构，有效降低了芯块的中心温度，很好地解决了芯块中心的储能问题，缓解了锆水反应。环形燃料可以最大限度地利用成熟的商用压水堆，是能够在短时间内得到应用的核燃料技术。

(4) 全陶瓷微封装燃料 (FCM) 研发。在 UO_2 燃料颗粒外包覆碳化硅，增加多层防御屏障，即提高芯块导热能力，又把燃料芯体限制在碳化硅包覆层中。事故工况下，确保锆包壳不熔，裂变产物不释放。FCM 燃料不改变现有燃料的结构，材料成熟，性能确定，与目前的商用堆完全兼容。因为只需做芯块性能设计、评价，所以要解决的技术问题是最少的。基于材料发展的现状，FCM 燃料也是最有可能尽快实现应用的燃料。

第三，作为正在迅速崛起的核电大国，重水堆燃料、压水堆燃料、高温气冷堆燃料等多种核燃料技术将会在较长时期内并行发展。

(1) 我国已经确定了压水堆的技术路线。但是，与压水堆相比，重水堆也有其独特的优势。燃料灵活多样，铀资源利用率高，可利用钍资源和回收铀，大量生产 ^{60}Co 等同位素。虽然我国目前仅有两座重水反应堆在运，但其所使用的燃料在结构改进和综合利用钍、回收铀等方面有较为明确的发展方向。

(2) 高温气冷堆由于其安全性和热效率高等特点，更适合向多种用途的模块式小堆发展。我国自主知识产权的高温气冷堆及其燃料技术已经走在世界前列。在更为广泛的应用领域内，不同需求的模块小堆的发展，将会持续推动高温气冷堆燃料技术的发展。

第四，当下的第三代核电技术是国际主流技术，但第四代核能技术将成为未来发展趋势。

随着核电的快速发展，核废料的存储和处理压力日益增大。迫于这一形势，快堆等第四代核燃料技术必将得到大力推进。此外，鉴于我国贫铀富钍的资源现状，钍基燃料的研发应该能够得到更大的推动。

第五，核燃料材料的发展将会成为制约核燃料发展的主要因素之一，必须尽快实现其关键技术的突破。

无论是成熟商用核电燃料的改进还是新型核燃料技术的研发，最终都会落脚到燃料芯体材料和包壳材料的改进或革新。高热导率的改进型 UO_2 陶瓷芯体、U_3Si_2 和 UN 等非氧化物陶瓷芯体、UMo 合金和 UZr 等金属芯体、TRISO 颗粒芯体、改进型锆合金包壳、SiC 复合包壳、新型不锈钢材料、钍基核燃料材料······ 这些燃料芯体和包壳材料虽然大多具备研究基础甚至具有使用经验，但就未来的目标用途而言，基本处于理论研究和实验室阶段，影响其未来使用的关键技术尚未实现根本性突破，距工程化应用尚有相当长的距离。就核燃料材料研发，有以下几点建议。

(1) 围绕核燃料材料研究的目标用途，尽早建立材料的评价体系和评价标准。

(2) 材料设计和制造工艺要紧密结合，相互迭代。让原材料 (包壳材料、结构材料等) 制造厂和核材料、核燃料制造厂尽早参与材料设计，在加快材料研究进程的同时，培养成熟的原材料供应商。

(3) 着力推动燃料制造、检验、试验、综合分析等相关技术的同步发展，推动 3D 打印等新技术在燃料制造等技术领域的应用。

参 考 文 献

[1] 国务院. 核电中长期发展规划 (2011~2020 年), 2012.

[2] 国务院. 核电安全规划 (2011~2020 年), 2012.

[3] 郭晓明, 杨晓东, 池雪丰, 等. VVER 型核燃料市场多元化供应现状及启示. 中国核工业. 2016, (6): 30-33.

[4] 中国科学技术学会, 中国核学会. 2014~2015 核科学技术学科发展报告. 北京: 中国科学技术出版社, 2016.

[5] 李冠兴, 任永岗. 重水堆燃料元件. 北京: 化学工业出版社, 2007.

[6] 唐春和. 高温气冷堆燃料元件. 北京: 化学工业出版社, 2007: 3.

[7] 刘逸波, 等. 环形燃料元件制造可行性研究项目总结报告, KY·DG·HK1002-25-RJ. 包头: 中核北方核燃料元件有限公司, 2011.

[8] 朱丽娜, 宋广懂. 钠冷快堆新型蒸汽发生器设计研究. 硅谷, 2014, 10: 30-31.

[9] 徐銤, 杨红义. 钠冷快堆及其安全特性. 物理, 2016, 9: 561-568.

[10] Memmott M, Buongiorno J, Hejzlar P, et al. An evaluation of the annular fuel and bottle shaped fuel concepts for Sodium Fast Reactors. Nuclear Technology, 2011, 173(2): 162-175.

[11] Kazimi M S, Hejzlar P, Carpenter D M, et al. High Performance Fuel Design for Next Generation PWRs: Final Report. Cambridge: Massachusetts Institute of Technology, 2006.

[12] Song K W, Kimk S. Feasibility evaluation report of dual-cooled annular fuel. Korea: KAERI, 2009.

[13] 欧阳予, 汪达升. 国际核能应用及其前景展望与我国核电的发展. 华北电力大学学报 (自然科学版), 2007, 34(5): 1-10.

[14] The U.S. DOE Nuclear Energy Research Advisory Committee and the Generation Ⅳ International Forum. A Technology Roadmap for Generation Ⅳ Nuclear Energy System. GIF-002-00, 2002.

[15] 俞保安, 喻真烷, 朱继洲, 等. 钠冷快堆固有安全性. 核动力工程, 1989, 10(4): 90-97.

[16]　王宏渊. 我国快堆闭式核燃料循环体系的现状及展望, 能源工程, 2013, (5): 8-12.

[17]　梅华平, 吴庆生, 韩骞, 等. 铅铋堆嬗变燃料初步选型与分析. 核技术, 2005, 38(8): 080602.

[18]　李满昌, 王明利. 超临界水冷堆开发现状与前景展望, 核动力工程. 2006, 27(2): 1-4, 44.

[19]　廖晓东, 陈丽佳, 李奎, 等. "后福岛时代" 我国核电产业与技术发展现状及趋势. 中国科技论坛, 2013, (6): 52-57.

[20]　季松涛, 何晓军, 张爱民, 等. 压水堆核电站采用环形燃料元件可行性研究. 原子能科学技术, 2012, 46(10): 1232-1236.

[21]　Anwar Hussain. 利用 TRISO 燃料紧凑型压水堆堆芯的概念设计研究. 哈尔滨: 哈尔滨工程大学, 2010.

[22]　刘荣正, 刘马林, 邵友林, 等. 碳化硅材料在核燃料元件中的应用. 材料导报, 2015, 29(1): 1-5.

[23]　Snead L, Nozawa T, Katoh Y, et al. Handbook of SiC properties for fuel performance modeling. Journal of Nuclear Material, 2007, 371(1-3): 329-377.

[24]　张振华, 陈明军. 重水堆技术优势及发展设想. 中国核电, 2010, 3(2): 124-129.

　　　　李冠兴, 男, 1940 年 1 月出生, 中国工程院院士, 核材料与工艺技术专家。1967 年清华大学研究生毕业。现任中国核学会理事长, 中国核学会核材料分会理事长, 中国核能行业协会副理事长等职。长期从事核材料与工艺技术、粉末冶金、金属材料、高级陶瓷与金属基复合材料的研究, 在生产堆、研究堆和核电站燃料元件与相关组件及铀材料等领域做出了重要贡献。曾获多项省部级科技进步奖, 主持编写多部论著。

第 20 章

先进核燃料的发展与创新[*]

为了确保核燃料的安全,世界有关国家除了不断优化整个核电站安全系统的设计外,也从加强核燃料本身的安全特性出发,不断探索,不断研究各种新设计、新材料、新工艺。经过多年的努力,压水堆核燃料技术得到了很大的发展,平均卸料燃耗限值从 24GW·d/tU 提高到 57GW·d/tU,燃料棒破损率已从 20 世纪 70 年代的 10^{-4} 水平到目前的 10^{-6} 水平,循环长度从 12 个月提升至 18 个月以上,能力因子也从 70 年代的 63% 提高到目前的 90% 以上。福岛事故后燃料安全性要求不断升级,各国积极开发各种性能更优、安全性更高的新型燃料,并提出了 ATF 燃料的概念。可以预见核燃料技术的发展将不断推动核安全水平进一步提升。

20.1 当前商用压水堆核燃料技术发展趋势

20.1.1 包壳材料

核燃料包壳是核电站的第一道安全屏障,其性能是制约核燃料性能的主要因素。核电的快速发展对反应堆燃料组件提出了长寿期、高燃耗、零破损的要求,意味着燃料元件用锆合金需要更高的堆内性能。特别是高燃耗下的灵活运行需求对燃料棒包壳提出了更为苛刻的要求,对于最新研究发现的新现象 (如实验发现原 LOCA 准则在高燃耗下不够保守,需要更严格地考察高燃耗下包壳的塑性行为),世界核电大国纷纷展开适用于高燃耗需求下的新型锆合金研制。

从锆合金成分及工艺优化来看,单纯的 Zr-Sn 及 Zr-Nb 合金已经进行了大量深入的研究,其性能提升的空间已非常有限,合金成分的多元化、充分利用不同合金成分的作用、配合工艺优化,是目前及今后一段时间锆合金性能提升的主要方式。合金成分多元化与成分微调及工艺优化相结合,不断提升高燃耗下锆合金的综合性能是今后一段时间核燃料包壳的发展趋势。

美国西屋电气公司在优化 ZIRLO 合金的基础上,通过进一步降低 Sn 含量、调整与降低 Nb 含量,结合合金成分的多元化,添加 Fe、Cu、V 等合金元素,并配合相应的工艺优化,将 AXIOM 合金加工成部分再结晶态或者完全再结晶退火态来不断提升新型锆合金的综合性能,使其关键的耐腐蚀及抗氢化性能得到较大幅度的提升。法国在 M5 合金的基础上,添

---

* 作者为中广核研究院肖岷、邓勇军、韦俊、张国良、傅先刚。

加少量的 Sn 和 Fe，形成超低锡四元合金，采用这种合金成分微调的方式，并通过工艺优化，使 Q 合金在保持其优良耐腐蚀性能的同时，进一步提高其抗蠕变性能和机械性能。从目前 AXIOM 锆合金、Q 合金的研发成果看，在低 Sn 低 Nb 的 Zr-Sn-Nb 系合金基础上添加少量其他合金元素所形成的新型锆合金，应是未来锆合金发展的主要方向和趋势。

20.1.2　燃料芯体

核燃料芯体是核能的核心，是核能热量的来源地，需满足高熔点、高稳定性、与包壳及冷却剂相容性好、高温及热稳定性好等一系列堆内运行恶劣条件。从 20 世纪 50 年代以来的半个多世纪，随着压水堆向长周期、高燃耗的方向发展，UO_2 核燃料经历了富集度调整、优化微观结构、大晶粒芯块优化提升的过程。针对大型商用压水堆运行对燃料的需求，在当前商用 UO_2 芯块的基础上，未来压水堆燃料芯块的研发重点主要集中在铀氧化物体系 (UO_2 大晶粒改进、UO_2 掺杂、微胞燃料芯块)、新型铀化合物体系 (金属型材料、陶瓷材料) 以及全新体系 (LB 金属燃料和 FCM 微胶囊芯块) 等方面。

在大晶粒 UO_2 芯块方面，与标准晶粒芯块比较，大晶粒 UO_2 由于晶粒尺寸增大，能够有效抑制裂变气体释放和肿胀；并且较大的 UO_2 颗粒尺寸能减少芯块中晶界的热障数量从而提高 UO_2 芯块的热导率。从燃料芯块制造技术的发展来看，提高芯块热导率可以通过在 UO_2 芯块中添加高热导率材料来实现。目前在西屋电气公司和阿海珐公司已得到应用，西屋电气公司的掺杂物是 $Cr_2O_3+Al_2O_3$(ADOPT 芯块)，阿海珐公司的掺杂物是 Cr_2O_3，可以增加晶粒尺寸，控制裂变产物释放，提高芯块热导率，改善 PCI 效应，减少事故后的破损。

在 UO_2-SiC 混合芯块方面，向 UO_2 芯块中掺杂入 SiC 颗粒或纤维后，可以提升 UO_2-SiC 芯块的热导率，降低 UO_2 芯块中心的平均温度，提升芯块在运行时的能量输出率，减少裂变气体释放，降低芯体热开裂的概率。目前，制造 UO_2-SiC 芯块的方法有氧化烧结、放电等离子体烧结 (SPS) 等，后者烧结出的 UO_2-SiC 芯块导热性能、力学性能更好。UO_2-SiC 混合芯块导热性比 UO_2 提高约 60%，密度提高 10%。目前，UO_2-SiC 混合芯块的问题在于经历辐照及高温 (1500℃) 后，热导率会降低。因此，其在堆芯复杂严苛条件下的实际表现还有待进一步研究[1]。

从当前的芯块技术发展看，由于 UO_2 的优良特性且技术成熟，在现有 UO_2 芯块基础上的改进优化将是未来 15~20 年燃料芯块技术发展的主流。国际上两大核电巨头也将其下一代商用燃料芯块定为 UO_2 芯块改进型芯块。国际上其他相关研究也表明，芯块的发展还将主要集中在 UO_2 体系的优化和升级上，主要是具有添加剂的氧化物燃料：具有更高的热导率、能包容裂变产物，如 UO_2-BeO 等芯块以及大晶粒芯块的研发利用。当然这种升级优化要比之前的研究更为深入，对其他新的燃料芯块材料也将持续探索。

20.1.3　燃料结构设计

当前压水堆燃料组件的主要代表有美国西屋电气公司的 AP1000 燃料组件、法国阿海珐公司的 AFA-3G 系列燃料组件以及俄罗斯的 TVS 系列燃料组件，除 TVS-2M 组件以六角形方式排列外，其他均为以正方形排列的棒束型燃料。

近年来，结构设计的改进主要围绕提升燃料组件的可靠性展开，包括提高热工安全裕度、提升燃料防异物能力，降低压降、提高燃料组件抗事故能力，适应高燃耗的要求、提升防钩挂能力等。例如，AFA 3G AA(又称全 M5 AFA 3G) 设置了中间搅混格架 (MSMG) 来提高热工安全裕度，采用 MONOBLOCTM 变径导向管提升燃料组件结构强度，缓解控制棒不完全插入风险等。

西屋电气公司在 RFA/RFA-2 的成熟技术基础上改进的 AP1000 燃料组件，继承了RFA/RFA-2 的优秀设计，如整体型管座设计、设置保护格架、首次在 14 英尺燃料中设置中间搅混格架，采用 15 个格架 (2 个端部格架，1 个底部保护格架，8 个搅浑格架，4 个中间搅混格架) 进一步提升热工水力学性能，提高安全裕度。采用基于 Inconel-718 合金的端部格架，在保证堆芯中子经济性的同时，还保证了寿期末对燃料棒的有效夹持，并采用三重防异物磨蚀措施；格架与导向管的连接采用胀接的方式，减少焊接的缺陷，增强了结构稳定性。全锆合金的搅混格架带有优化性能的搅混翼，添加了中部混流设计，能促进冷却剂流过格架时的搅混效果，提高了组件的热工水力性能。

GAIA 燃料组件是阿海珐公司最新研发的燃料组件，它吸收了 AFA 系列及原西门子HTP 燃料组件的优点，如定位格架使用 AFA-3G 搅混翼 (热工水力特性好) 和 HTP 弹簧设计特征 (机械性能优良)；GRIP 下管座也结合流量均布的 FUELGUARDTM 和低压降的 TRAPPER® 设计特征。GAIA 燃料组件在改进抗异物磨蚀能力、增强抗格架–燃料棒振动磨蚀能力、加强结构稳定性等方面进行了改进。GAIA 燃料组件的 GRIP 下管座整合了HTP 的下管座 FUELGUARDTM 获得流量分配均匀、异物捕获率高 (97%) 以及低压降等特点，并且燃料棒下端塞嵌合的扩孔以及子弹状突出部分相互配合能够有效减少燃料棒流致振动，GAIA 组件格架中的弹簧为燃料棒提供了八个方向的线接触支持，使得格架栅元与燃料棒的夹持更加紧固，提高了抗格架与燃料棒磨蚀性能。且格架栅元中的弹簧壳与栅元一角形成稳定的三角形结构，这有利于格架在受到地震荷载时保持结构稳定。更重要的是，GAIA组件采用"二元"结构设计，即包壳与骨架采用不同的新锆合金材料 (M5 和 Q 合金)，可发挥各自的优势 (M5 抗腐蚀性能更好，Q 合金抗蠕变性能更强)。GAIA 燃料组件是阿海珐公司未来 10~20 年力推的主要高性能燃料组件。

由于 PWR 燃料的搅混格架 (尤其是中间搅混格架) 对于强化燃料包壳表面传热的重要性，西屋电气公司已经开发了具有双层中间搅混格架的下一代燃料组件 (NGF)，可使得热工安全裕度在现有燃料组件的基础上再提高 10% 左右。中广核研究院有限公司也取得类似的发明专利。这种组件的优点是显而易见的，而缺点是流动阻力会有所增加。

1. 环形燃料

1) 简介

环形燃料由于内、外同时冷却，是一种新型、高效和安全的燃料元件，其结构如图 20-1所示。它由两层包壳和环形芯块构成，冷却剂可同时从内、外两个流道对燃料元件进行冷却。这种燃料元件能够将堆芯功率密度提升 20%~30%，并且还能达到与当前主流压水堆燃料相当甚至更高的安全性能。

与实心燃料相比，环形燃料在形状结构上有两个能够提高功率密度的重要因素：一是缩短了热传导的路径，即减小了燃料芯块的厚度，从而能够降低燃料芯块的最高温度，提高燃料熔化温度的安全裕度；二是增加了传热面积，从而增大了 DNBR 的安全裕度。

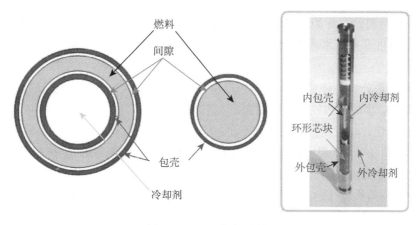

图 20-1 环形燃料结构图

环形燃料的概念由美国麻省理工学院 (MIT) 提出,目前包括美国、法国、韩国、俄罗斯、印度及中国在内的众多核电大国都在开展环形燃料方面的研究工作,包括燃料概念设计、堆芯物理、热工水力、反应堆安全、辐照性能、经济性和制造可行性等方面,很多研究结果都显示压水堆核电站采用环形燃料的优势和可行性[2,3]。

2) 应用设计

韩国原子能研究院 (KAERI) 在环形燃料方面的研究比较领先,预计将其用于现有的 OPR-1000 压水堆中能使其堆芯功率提高 20%,在不久的将来可能推出商用的环形燃料[2]。

法国原子能总署 (CEA) 提出了一种可以烧钚的压水堆燃料组件设计 (advanced pluto-nium fuel assembly,APA),其中钚的燃料棒使用环形燃料棒,而 UO_2 燃料棒还是使用传统燃料棒。该设计由大的装钚内外双冷却剂燃料棒和标准的 UO_2 燃料棒组成,其结构如图 20-2 所示。由于钚燃料棒的双冷却剂通道环形设计,具有相对低的温度,从而减少了裂变

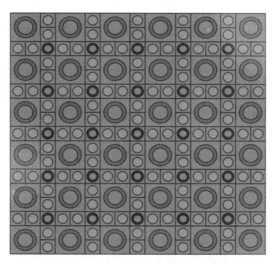

图 20-2 APA 燃料棒排列示意图

●为环形燃料棒;●为标准的二氧化铀实心燃料棒;○为导向管

气体的释放。另外钍燃料棒附近具有更高的局部慢化剂燃料比使得局部中子能谱更软。法国通过对其中子性能和热工水力性能的分析,发现该设计方案确实具有可行性。

3) 优势与缺陷

环形燃料的设计大大降低了燃料中心温度,低温带来的第一个显著优势就是燃料棒中储存的余热减少,事故下的安全裕度更大。

环形燃料的设计与应用也存在部分不足:

(1) 空心燃料棒使组件中的铀含量相比于实心燃料有所减少。相同的燃料富集度和功率水平下,环形燃料的铀装量明显下降。

(2) 由于堆内结构设计的变化,使用环形燃料时的停堆裕度有可能明显比使用实心燃料时低很多。

(3) 相比实心燃料,环形燃料多了一个内冷却剂通道,内外通道的热工水力稳定性问题需进一步深入研究。

环形燃料在辐照考验等方面还不成熟,留有很大的设计改进空间。随着各国和各个研究机构对环形燃料投入研发,环形燃料技术的应用前景将获得较大程度地改善。

2. Lightbridge 金属燃料

美国 Lightbridge 公司开发了金属型燃料,如图 20-3 所示。金属型燃料的导热率远高于 UO_2 陶瓷型芯块,可使燃料芯块中心温度大幅降低。为了克服金属燃料的辐照肿胀问题,该燃料芯块部分为铀锆合金 (U-50Zr),锆的含量近 50%(质量分数)。相比于传统陶瓷 UO_2 芯块,这种金属燃料可以使辐照肿胀减少到数十分之一。装载这种燃料的燃料棒是一个独特的多叶片螺旋形结构,每根燃料棒由中心金属区、燃料核心和包壳三个部分组成。这三个部分是在制造过程中一起冶炼及加工成型的,包壳和燃料之间没有间隙。相比传统的燃料棒,它具有更高的机械强度和的抗弯刚度。

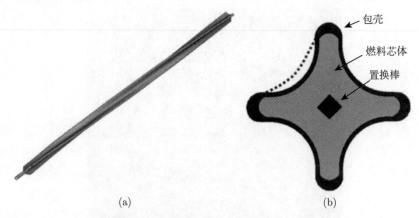

包壳

燃料芯体

置换棒

(a)   (b)

图 20-3　Lightbridge 金属型燃料结构示意图

相应的,Lightbridge 公司为其燃料推出了合适的燃料组件形式,即"Seed-and-Blanket"型燃料组件。"Seed-and-Blanket"燃料组件是针对现有压水堆使用新型 Lightbridge 金属燃料的方案,它由 Seed 区和 Blanket 区构成,主要特点是安全性更高和反应堆寿命长 (外侧使用富集度低的燃料降低了泄漏率)。Seed 区为 15×15 的燃料结构, Blanket 区是传统 UO_2 燃料棒, 也可使用钍 $((Th, U)O_2)$。Seed 区与 Blanket 区被一圈包裹分割开来, 总体构成一个 17×17 的燃料组件, 与现有 17×17 的燃料组件完全兼容, 如图 20-4 所示。

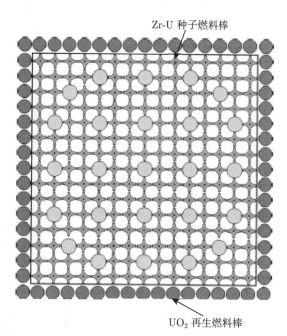

图 20-4　Lightbridge 的 "Seed-and-Blanket" 组件截面图

Lightbridge 燃料组件能够极大提升现有反应堆的输出功率且安全性更高, 采用钍基燃料作为 Blanket 区时还可减少武器级钚储存量、降低核扩散率。

另外, Lightbridge 公司还提出了全金属燃料组件 (AMF), 如图 20-5 所示。AMF 可做成方形、六角形燃料组件。

Lightbridge用于热工水力和
振动试验的全金属燃料棒

Lightbridge用于热工水力试验的
5×5全长度全金属燃料组件模型

图 20-5　Lightbridge 公司的全金属燃料组件 (AMF)

Lightbridge 燃料组件目前处于设计开发阶段，尚无实际运行反馈，因此只能通过堆内辐照检验后才能对其描述性能进行进一步判断。目前，Lightbridge 公司已与俄罗斯、巴威核能公司 (B&W NE) 签订了相关合作开发协议，原计划 2017 年入堆，由于福岛核电事故推迟。Lightbridge 公司的 PWR 金属燃料组件是对目前成熟的 PWR 燃料组件技术的重大改进，为后续 PWR 燃料组件的结构优化升级和创新提供了新的思路和指导。

20.2　新一代事故容错燃料 (ATF)

20.2.1　背景

2011 年日本福岛核电事故中，核燃料失去有效冷却，锆合金包壳与蒸汽发生高温化学反应后产生氢气并引发了多次氢爆，造成了严重的放射性危害。这一事故暴露了现有 UO$_2$-Zr 燃料系统在抵抗严重事故方面性能的不足。

福岛核电事故后，加强核电站的安全性及对严重事故的预防和缓解成为关注的焦点。美国于 2012 年提出在事故下针对轻水堆燃料和包壳优先考虑提高安全性的要求和抗事故燃料 (事故容错燃料，ATF) 的概念。美国能源部提出了 ATF 的研发计划，目标是在 2020 年左右开始进行 ATF 燃料的反应堆试验和应用。

ATF 的研发是一项庞大的项目，需要世界众多拥有核技术的国家分工协作，并实行分步、分方向和分时期的研究部署。近期的项目重点包括包壳涂层、薄壁管高强度合金钢包壳材料等。由于现有 UO$_2$-Zr 核燃料体系在抵抗严重事故性能方面的不足，ATF 包壳材料的发展方向集中在高温下与蒸汽的友好型。目前，包壳主要的候选材料有：先进不锈钢 (FeCrAl)、难熔金属 (Mo)、陶瓷包壳材料 (SiC)、MAX 相新型合金、锆合金涂层或套管。而 ATF 芯块的发展方向集中在包容裂变气体能力、高热导率、抗肿胀能力、与水不发生反应等方面。目前，燃料芯块主要的候选材料有：增强型 UO$_2$ 芯块、FCM 燃料、UN 燃料、U-Mo 燃料等[4]。

20.2.2　ATF 包壳

各国对 ATF 包壳材料的研究集中在锆合金涂层和替代材料上。

1. 锆合金涂层

在锆合金外表面涂覆一层稳定的耐高温氧化材料，或对锆合金外表面进行改性处理，增强锆合金的耐氧化能力，特别是耐高温蒸汽氧化的能力，以延缓事故工况下燃料包壳的氧化速率。采用锆合金涂层降低包壳高温蒸汽氧化速率，一方面可以有效保证包壳的结构和强度，另一方面也减缓由于包壳氧化放热导致包壳温度迅速上升的后果，从而可有效地减少锆合金与高温蒸汽氧化产生的氢气。

正在研究的涂层包括金属涂层 (Cr 等)、化合物涂层 (ZrSi、TiAlN、TiN、TiO$_2$ 等)、MAX 相涂层 (Ti$_2$AlC、Zr$_2$AlC 等)、SiC 涂层。锆合金表面覆层方面，美国在涂层材料选择、涂层工艺研究、涂层与基体材料的相容性、涂层的堆外性能检测等方面开展了一些研究工作，制造出了部分涂层样品，开展了部分性能检测，取得了相当的进展。

但从目前的研究成果看, 锆合金涂层管材要应用于 ATF, 还有诸多问题待研究, 如涂层的材料选择及制造工艺、涂层的稳定性、辐照数据等。

2. SiC 陶瓷材料

SiC 陶瓷材料因其具有高温强度高、抗蠕变、耐磨、耐腐蚀、高热导、中子经济性好、与水不反应等优点, 成为 ATF 重点关注的包壳材料之一。相比锆合金而言, SiC 在轻水堆事故工况下具有潜在的优点, 表现在 SiC 化学相容性等性能, 耐腐蚀、耐中子辐照性能 (包括辐照肿胀、辐照后强度变化、热导率等)、导热性能优于现有锆合金[5,6]。

由 SiC 纤维及 SiC 基体材料组成的 SiC 复合编织材料, 即 SiC CMC(ceramic matrix composite) 是 SiC 包壳的基础。在 SiC CMC 内层增加一层高纯度 β 相的单体 SiC 层就形成双层 SiC 包壳结构。β 相的单体 SiC 层具有良好的中子特性、高温特性和导热性, 而 SiC CMC 进一步提供强度和韧性。

目前多层 SiC 设计是较为主流的碳化硅包壳研发方案, 包括双层 SiC 结构、三层 SiC 结构、SiC+Zr 合金混合结构。典型的多层 SiC 包壳结构由三层组成, 即连续纤维陶瓷复合材料 (continuous fiber ceramic composites, CFCC), 如图 20-6 所示, 最内层是防止裂变气体扩散的高纯度 β 相的单体 SiC 层, 中间层为连续 β 相 SiC 复合纤维材料, 最外层为化学沉积的很薄的超细晶粒单质 SiC 涂层, 以提供密封性并包容裂变气体。CFCC 是目前被认为比较有前景的 SiC 制作压水堆包壳管的可行方案之一。

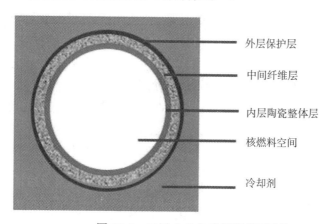

图 20-6　三层 SiC 包壳管横截面结构

美国麻省理工学院 (MIT)、爱达荷国家实验室 (INL)、西屋电气公司等于十余年前就开始积极研发的 SiC CMC+Zr 混合包壳就是 SiC+Zr 合金双层结构。SiC CMC 陶瓷管内部增加薄壁锆合金管, 外层为 SiC 复合材料, 如图 20-7 所示。在 DOE 的支持下, INL 还对此种结构的复合管材进行了机械性能研究, 并于 2012 年在 HFIR 高通量研究堆上使用 SiC CMC 混合包壳作为包壳的燃料样品小样进行了辐照试验, 其中芯块材料分别为 UO$_2$、UN, 目前结果尚未公布。

虽然 SiC 包壳材料具有很多优势, 然而当前 SiC 材料要达到商用程度, 仍然需要解决很多技术问题, 主要表现在: ①SiC 陶瓷管的焊接加工及精度控制问题。②经济性问题。核级 SiC 纤维非常昂贵, 多层 SiC 包壳的厚度会突破现有规范, 导致燃料芯块装量减少, 影响堆芯性能。③各种性能参数的缺乏，特别是传热与耐辐照性能相关实验参数的缺乏。④安全准则及评审等相关问题。

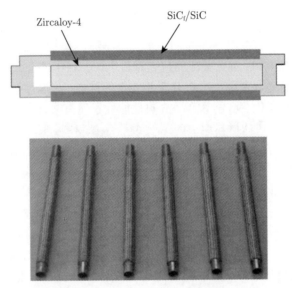

图 20-7　SiC CMC 混合包壳燃料棒

3. 高温难熔金属包壳材料

金属钼 (Mo) 的熔点高达 2623℃，具有良好的力学及热物理等综合性能，极好的高温强度、良好的抗疲劳和抗冲击性能，且钼还具有良好的抗氧化和抗热腐蚀性能，其热导率高、热膨胀系数低，在高温下具有良好的组织稳定性和使用可靠性。

由于钼的高温特性极佳，而锆合金在高于 800℃ 时开始变软，强度急剧降低，铁基合金在约 1000℃ 以上变软，ODS 钢氧化物弥散强化铁素体钢最高可支撑至约 1200℃。因此在事故工况下，钼合金可更好地维护堆芯的可冷却能力，维持包壳的完整性，为应急处理提供更充足的应对时间，同时抗腐蚀、磨蚀能力也较强。

虽然钼合金有上述优点，但是也存在一些不足之处：①^{95}Mo 热中子吸收截面相对较高；②钼在大于 500℃ 时易于与氧或水蒸气发生氧化，耐高温氧化性能不足；③钼合金易脆，加工难度大。

针对钼合金耐高温氧化性能的不足，EPRI 提出了基于钼合金的多层结构及钼合金表面涂层的解决方案 (图 20-8)，并在涂层工艺、堆外实验方面开展了多项工作。从目前的实验结果看，在钼合金上涂层可有效增强钼合金的高温氧化性能，涂层结构致密、稳定，涂层 (如 FeCrAl) 还能提高钼合金的延展性。

从目前的研究看，要将钼合金用于 ATF，仍然需要解决很多技术问题：①钼合金材料成分及加工工艺有待深入研究。②提高钼合金的抗高温蒸汽氧化能力的方式。采用外表面包覆的多层结构或外表面涂层是目前提出的两种解决途径，但这两种途径都需要深入研究材料的相容性、工业生产的可行性及经济性、对中子经济性的影响等。③目前钼合金的堆内辐照数据极其缺乏。④相对于锆而言，钼具有较高的热中子吸收截面，为此必须减少钼包壳的厚

度或采用去除 ^{95}Mo 的钼合金。

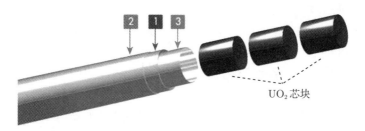

UO$_2$ 芯块

1 … 钼合金
2 … 锆合金或含铝不锈钢或其他替代材料
3 … 锆合金软衬套

图 20-8　含钼合金夹层锆包壳

4. MAX 相新型包壳

MAX 相 (MAX phase) 材料是一种具有纳米层状晶体结构的三元化合物 M1+NAXN，是由美国 Drexel University 的 Michel Barsoum 教授在 2000 年首次提出的新材料。

因为 MAX 相材料具有与陶瓷类似的耐高温、抗氧化、耐腐蚀、高熔点和高强度等优良性能，又具有与金属材料相似的高导电、高热导、易加工、塑性好等优点，而且近期的研究表明 MAX 相还具备良好的耐辐照损伤性能，所以近年来 MAX 相材料得到了核工业界的广泛重视。在第四代快堆、超临界水堆，第五代聚变–裂变混合堆结构材料研发的大背景下，许多研究机构对 MAX 相材料的加工成型工艺、堆外性能、耐辐照性能 (以离子辐照方式开展) 进行了初步研究，取得了一些积极的成果。

在 MAX 相结构体中，Ti_3SiC_2 是研究最多的且性能已知的典型材料，Ti_3SiC_2 不仅在高温状态下仍能保持高强度等优良性能，又具有金属材料的导电、导热、易加工、良好的塑性，而且与 SiC_f/SiC 相比，具有制造成本低、可连接性好 (MAX 相三元陶瓷材料可以利用其 A 位原子相对高的扩散系数，通过温度场或者电场的驱动，实现无焊料情况下自身的连接)，加之低活化特性以及可能的高抗辐照特性，有望成为新一代压水堆 ATF 包壳的候选材料。

虽然 MAX 相材料存在很多优点，但是要将 MAX 相材料应用到 ATF 还存在以下问题：

①MAX 相材料技术不成熟，实验数据缺乏。②中子经济性较差，中子吸收截面与不锈钢相当。③工业应用等相关问题，如陶瓷管的加工精度控制问题、经济性问题、工业化加工问题、安全准则及审评等问题。

5. FeCrAl ODS 合金

新型 FeCrAl ODS 合金具有优异的力学性能，其高温强度好，有比锆合金更高的强度和韧性、极好的机加工性能和焊接性能、很好的耐高温水蒸气腐蚀性能，是一种极富应用前景的压水堆燃料棒包壳材料。

ODS(oxide dispersion strengthen) 合金是在合金基体中均匀加入具有较高热稳定性和化学稳定性的氧化物颗粒，如 Y_2O_3 和 Al_2O_3 等。这些数量巨大且稳定的弥散相结合高密度位错，可以将 He 俘获在微细尺寸的氦泡中，达到避免氦胀和保护晶界的目的，可以大大提高合金的高温力学性能, 有效提高铁素体/马氏体不锈钢的高温蠕变性能。FeCrAl ODS 合金是目前比较有前景的一类合金。

近年来已有不少有关 FeCrAl ODS 合金堆内性能的研究, 但由于堆内条件恶劣, 要全方位考察材料各方面的性能, 还需大量的试验才能完全验证其适用性。

虽然 FeCrAl ODS 合金是极有潜力的 ATF 包壳, 但要用于 ATF, 还有以下问题待研究:

①FeCrAl ODS 合金尚处于成分筛选与优化阶段, 各成分的使用及使用量的确认有待深入研究。②FeCrAl ODS 合金的热中子吸收截面是锆的 12~16 倍, 使用该种材料作为包壳时需要考虑中子经济性, 包壳壁体必须做得很薄才有经济价值, 或者考虑提高铀装量和富集度。

20.2.3　ATF 芯块

ATF 芯块预计会采用全新体系以克服 UO_2-Zr 燃料体系的固有安全缺陷, 全新体系的燃料芯块会彻底抛弃现有的 UO_2-Zr 燃料体系, 甚至会抛弃 UO_2 材料本身。ATF 芯块采用全新的芯块结构设计避免了材料的辐照肿胀、与冷却剂反应等方面的缺陷。具有代表性的有很多研究单位正在开发的 FCM 微胶囊芯块、UN 芯块、U-Mo 芯块等。

1. FCM 燃料

全陶瓷微密封 (FCM) 燃料由高温气冷堆使用的 TRISO 燃料发展而来, 它在芯块结构上增加了多层防御屏障设计, 提高了芯块的安全裕度, 它是 ATF 元件的潜在可选芯块[7,8]。TRISO 燃料已有数十年的应用经验, 技术成熟度很高, 因此, FCM 芯块有较好的可行性。TRISO 燃料颗粒由内核部分和包覆层两部分组成, 其中内核为球形 UO_2 或 UN 燃料核芯, 包覆层由内向外依次为疏松热解碳缓冲层 (Buffer 层)、内部致密热解碳层 (IPyC 层)、碳化硅层 (SiC 层) 和外部致密热解碳层 (OPyC 层)。Buffer 层吸收裂变碎片, 减轻其他层所受辐照损伤, 包容核芯的辐照肿胀, 还可容纳裂变气体。燃料颗粒的内部结构类似一个微型压力壳, 既包容裂变气体, 又减少固态裂变产物往外扩散。SiC 层是主要的承压边界和裂变产物扩散的障碍。IPyC 层能减轻 SiC 层受到碘的侵蚀, 减少 SiC 层所受到的拉应力, 降低 SiC 层的失效概率。OPyC 层的作用与 IPyC 层类似, 除此之外还能防止在燃料颗粒的生产、装卸和转运等过程中 SiC 层遭受损坏。图 20-9 为装有 FCM 的燃料芯块的截面图。

图 20-9　FCM 燃料芯块的截面图

但 FCM 芯块也存在一些技术难点，如 TRISO 颗粒及 FCM 芯体制造工艺、FCM 的堆内物理特性、FCM 的辐照性能等。由于 SiC 机体材料占据大量空间，FCM 芯块必须大幅度提高燃料的 ^{235}U 富集度 (接近 20%)，但这样会大大超出目前铀富集度的法规限值。

2. UN 燃料/UN-U$_3$Si$_2$ 复合燃料

UN 燃料最早被期望用于太空核反应堆，有一定的研究基础，它是 ATF(UN-USiy) 和快堆燃料 (U-Pu-N) 的重要候选之一[8]。UN 燃料具有高熔点、高热导率和高铀密度等优点，有利于改善芯块的传热能力和提高铀装量，在提高燃料循环长度方面具有潜力，并能有效降低芯块运行温度。降低运行温度和芯块内外温差对减少燃料辐照肿胀、裂变气体释放、芯块热应力及 PCI 效应等非常有利。UN 燃料具备较好的裂变气体包容能力，其裂变气体释放率在寿期初略高于 UO$_2$ 燃料，在寿期末明显低于 UO$_2$ 燃料。UN 燃料棒包壳应变 (辐照蠕变 + 塑性应变) 在整个运行期间均为向内应变，一般不会出现包壳向外鼓包的风险。

UN 燃料由于防水性能差，目前一般考虑将 UN 和 U$_3$Si$_2$ 或 U$_3$Si$_5$ 混合制备成复合燃料，以改善 UN 燃料的防水性能，其中 U$_3$Si$_2$ 的铀密度高于 UO$_2$、热导率很高 (但低于 UN)、与水的相容性好、辐照性能优秀 (辐照肿胀、裂变气体释放等)，与 UN 混合制备成复合燃料后，可以在不降低其他性能的前提下提升燃料的防水性能。UN 也可以作为 TRISO 的内核 (取代 UO$_2$) 用于 FCM 燃料与轻水堆，优点是可以提高铀装量，但采用 UN 内核 TRISO 的失效取决于内核和 PyC 的过量辐照肿胀。

3. U-Mo 金属燃料

除 U-Zr 金属燃料外，还有 U-Mo 金属燃料。U-Mo 金属燃料的铀密度高、γ 相稳定、辐照性能优良、后处理简单。最初，U-Mo 金属燃料用于研究堆，使用 U-Mo 金属燃料可以降低研究堆中铀的富集度，有助于核不扩散。在 ATF 概念提出后，U-Mo 金属燃料由于其出色的特性，而成为 ATF 的备选燃料之一[9]。

但是 U-Mo 的熔炼比较困难，对熔炼器材的要求高，U 的熔点为 1132℃ ，而 Mo 的熔点高达 2625℃ 。现在研究堆中使用 U-Mo 燃料的方式有 (U，Mo)-Al 弥散燃料板、单片式 U-Mo 燃料元件，但这两者都不适合当前的压水堆，所以要将 U-Mo 燃料使用到压水堆中，还需设计其他形式才能符合 ATF 的要求。

美国西北太平洋国家实验室 (PNNL) 设计了 U-Mo 三层共挤压金属燃料 (图 20-10)，芯块主体为空心圆柱状 U-10Mo 合金燃料 (Mo 占 10 %(质量分数))，最外层为包壳，在包壳与空心金属燃料之间有缓冲金属层，初步设计该层为含 Al、Cr 或 Nb 的合金。

U-Mo 三层共挤压金属燃料由于芯块中空，有足够的空间容纳裂变气体，也大大降低了金属芯块中心熔化的风险。包壳与金属燃料之间的缓冲金属层在一定程度上也能缓解 PCI 效应，而且 U-Mo 燃料有在研究堆中使用的经验，有一些辐照数据可以参考，但是这种 U-Mo 三层共挤压金属燃料制备的成本较高、难度较大，走向工业制备乃至商用还有很长一段距离。

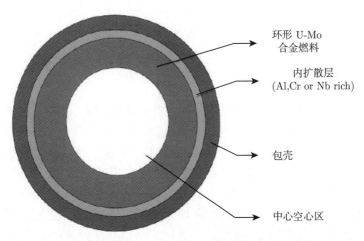

图 20-10　U-Mo 三层共挤压金属燃料概念示意图

4. Micro-cell UO₂

Micro-cell UO$_2$ 的微观结构类似蜂窝状，每个晶粒之间都有类似植物细胞细胞壁的结构，整体呈蜂窝状，如图 20-11 所示。Micro-cell UO$_2$ 具有更好的包容裂变产物的能力。同时，该类芯块还具备掺杂的可能：掺杂了 Cr$_2$O$_3$(3 %(质量分数)) 的芯块，可以降低 UO$_2$ 芯块的热膨胀性，改善导热性；掺杂 W 的芯块，可以降低芯块的制造难度，增加芯块的热导率。

Micro-cell 芯块目前主要由韩国方面开发和研究，作为 ATF 的备选之一。

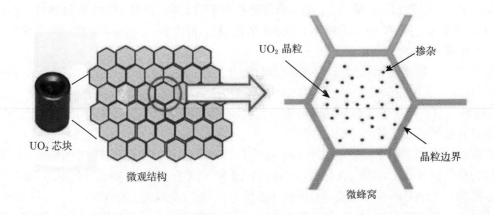

图 20-11　Micro-cell UO$_2$ 结构

20.2.4　ATF 结构设计

到目前为止，ATF 燃料的包壳、芯体材料等都还处于探索之中，还未见到完全意义上的 ATF 概念已经定型的燃料组件的结构设计。但有理由相信，作为中期目标或者改进型产品，基于锆合金包壳涂层的改进型包壳或复合包壳以及基于 UO$_2$ 掺杂改进的燃料芯体的新型燃料组件等，仍将沿用目前主流的 17×17 燃料组件结构形式，也不排除采用某些与堆内结构设计兼容的结构设计改进 (如 13×13 结构)。远期而言，ATF 燃料成熟之后可以发展为独立的燃料，用于新型反应堆的设计，如小型堆或新型快堆。若燃料 ^{235}U 富集度可以突破，也可以适应于目前 17×17 燃料组件的结构形式，但棒束定位系统可以大大简化。

20.2.5　ATF 的机遇与挑战

福岛事故后，ATF 的概念被提出是核燃料发展的一次机遇。由中国广核集团牵头的国家能源局的 ATF 研究项目正在推进之中。ATF 在很大程度上有别于现有的大型商用堆核燃料，既具有很强的革新性，也面临着众多挑战和困难。ATF 的包壳、芯块候选材料很多，每种候选材料都各有优缺点，但要达到商用程度还有很长的路要走，需要解决很多技术难题以及很长时间的试验/考验研究，这就要求相关机构能长时间投入大量的人力、物力、财力来持续地努力，并且能否研究成功、能否经受住世界范围核电站的检验、能否被成功选型也需要时间的考验。

ATF 代表了将来水堆核燃料技术发展的一种技术变革方向，它的成功无疑会使核能更加安全、可靠。

20.3　小　　结

本章介绍了当前商用压水堆核燃料技术发展的趋势，重点分析了 ATF 燃料的发展趋势。

本章从核燃料的安全性和可靠性将越来越高的角度，介绍了 AFA 3G AA 燃料组件、AP1000 燃料组件、GAIA 燃料组件、TVS 系列组件，重点描述了它们加强燃料可靠性及提高性能的设计；新型燃料方面，介绍了环形燃料、Lightbridge 金属燃料，这两种新型燃料的设计可以使燃料中的热交换更方便，有利于降低燃料棒温度，使燃料棒安全裕度更高。

从包壳、芯块两个方面，总结了当前国内外 ATF 燃料的技术发展情况以及所面临的挑战和困难。ATF 包壳方面，介绍了几个热门候选材料，即锆合金包壳涂层、SiC 陶瓷包壳、复合包壳、高温难熔金属包壳、MAX 相包壳、FeCrAl ODS 合金包壳，描述了它们各自的优缺点；ATF 燃料芯块方面，介绍了 FCM 燃料、UN/UN-U_3Si_2 燃料、U-Mo 燃料、Micro-cell UO_2 燃料，描述了它们各自的优缺点。

从世界范围内看，核燃料技术在不断发展，技术发展的首要方向就是要使核燃料更加安全、可靠，且具备承受重大事故的能力，让福岛核电事故不会重演。新型核燃料是否能走向市场应用需要综合考虑安全性、可靠性、技术成熟度和经济性。国内核燃料技术虽然起步较晚，但乘改革开放之东风，正迎头而上，努力追赶国际先进核燃料技术，推动我国的核燃料持续创新发展。

参 考 文 献

[1] Yeo S. UO_2-SiC Composite Reactor Fuels with Enhanced Thermal and Mechanical Properties Prepared by Spark Plasma Sintering. University of Florida, 2013.

[2] 季松涛, 何晓军, 张爱民, 等. 压水堆核电站采用环形燃料元件可行性研究. 原子能科学技术, 2012, 46 (10):1232-1236.

[3]　Kazimi M S, Hejzlar P, Carpenter D M, et al. High performance fuel design for next generation PWRs: final report. MIT-NEC-PR-082, US: MIT, 2006.

[4]　Barrett K, Bragg-Sitton S, Galicki D. Advanced LWR Nuclear Fuel Cladding System Development Trade-off Study. Office of Scientific & Technical Information Technical Reports, Idaho National Laboratory (INL), 2012.

[5]　McHugh K M, Garnier J E, Griffith G W. Synthesis and Analysis of Alpha Silicon Carbide Components for Encapsulation of Fuel Rods and Pellets. Proceedings of the ASME 2011 Small Modular Reactor Symposium, 2011: 165-169.

[6]　van Rooyen I J, Lloyd W R, Trowbridge T L, et al. SiC-CMC-Zircaloy-4 Nuclear Fuel Cladding Performance during 4-Point Tubular Bend Testing. INL/CON-13-28386. 2013.

[7]　Stawicki M A. Benchmarking of the MIT High Temperature Gas-Cooled Reactor TRISO-Coated. Boston: Massachusetts Institute of Technology, 2006.

[8]　Collin B P. Modeling and analysis of UN TRISO fuel for LWR application using the PARFUME code. Journal of Nuclear Materials, 2014,451(1-3):65-77.

[9]　尹昌耕, 陈建刚, 孙长龙, 等. 国际 U-Mo 合金燃料研究现状及进展. 中国核能可持续发展,2008:297-307.

肖岷，博士/研究员级高级工程师。中广核研究院反应堆工程设计与燃料管理研究中心首任主任，现任中广核研究院副总工程师。从事百万千瓦级压水堆核电站堆芯设计、热工水力设计、安全分析和高燃耗先进燃料管理改进设计近 30 年。获得国家工业及信息产业部国防科学技术进步奖一等奖；中国核工业科技进步奖一等奖；国防科学技术进步奖二等奖；国防科学技术进步奖三等奖；中国电力科学技术奖二等奖；中国核能行业协会科学技术奖二等奖；中广核科学技术成果奖一等奖 (三次)。

第 21 章

环保型抗辐照结构钢的研究现状及展望[*]

环保型抗辐照结构钢的研究现状及展望[*]

21.1 概　　述

核能因其巨大的能量密度、温室气体排放少等特点,从 20 世纪 50 年代开始便得以迅速发展。截至 2017 年 1 月,全球在运行的核反应堆共有 449 座,核电总装机容量约为 392GWe,年发电量约占世界发电总量的 11%[1]。目前,核电系统所使用的核裂变燃料^{235}U 储量较少。据国际原子能机构估计,按照目前的铀产量,全球已探明可供开采的铀资源仅够人类使用约 70 年[2]。同时,核裂变过程中会产生大量半衰期长达几十万年甚至上百万年的高放射性核废料,一旦泄漏将对周围环境造成严重影响和潜在危害。能源安全事关国家安全、经济发展和社会稳定,而核能的发展对于能源安全和环境安全具有重要意义[3]。鉴于核能的特殊性,核能安全已被纳入国家总体安全体系,核能系统的安全性和环保性被提到了前所未有的战略高度。发展革新型核能系统,实现核燃料的增殖和核废料的处理,并最终实现聚变能的应用,对于解决人类能源和环境危机具有重要意义[4-6]。

如费米所言,"核技术的成败取决于材料在反应堆强辐照环境下的行为"。相对于传统商用核反应堆,革新型核能系统的中子能量高、辐照剂量大,其结构材料需承受高能中子辐照引起的嬗变活化、肿胀、脆化和硬化等效应[7-9]。另外,革新型核能系统,如铅基反应堆、钠冷快堆以及聚变堆等,其结构材料在服役过程中还需承受高温、液态金属冷却剂腐蚀等极端环境条件[10-14],这对结构材料提出了严峻的考验。核结构材料作为搭建核能系统骨架的基础,结构材料问题是未来革新型核能系统能否实现最终商业应用的"瓶颈"之一[15]。其在核能系统中的安全性是决定核能系统安全与否的核心问题之一[16]。目前,革新型核能系统结构材料所面临的严峻挑战主要包括:

1) 环境安全

目前的反应堆结构材料经中子辐照后会产生长半衰期的放射性核素,产生大量无法处理的放射性废物,对环境和周围人员可能造成潜在危害。因此,核能系统材料的低活化要求就变得尤为重要。

2) 服役安全

(1) 高能中子辐照损伤。革新型核能系统中裂变中子能量可达到 MeV 级别,特别是聚变中子能量高达 14MeV。相比于传统商用裂变堆,革新型核能系统的高能中子会造成更高

＊作者为中国科学院核能安全技术研究所黄群英等。

剂量的辐照损伤 (图 21-1)[17]。

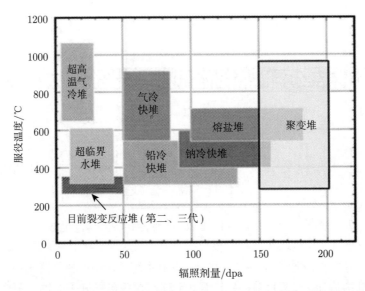

图 21-1　目前裂变反应堆与革新型核能系统的服役温度范围和辐照剂量水平[17]

(2) 嬗变产物的影响。传统裂变堆结构材料中嬗变产物的产额很低，对材料的影响几乎可以忽略。但革新型核能系统中，高能中子份额较大，会产生更多的 (n,α)、(n,p) 等嬗变反应，生成大量的氦、氢等嬗变元素。特别是聚变堆中，氦产率达到 10appm/dpa 以上[18]。其中，氦会滞留在材料内部，形成氦泡等缺陷，加剧材料性能的退化。

(3) 高温机械性能。革新型核能系统一般要求具有更高的热效率，部件需要承受更高热流密度的热载荷、一定的结构应力和机械应力，这要求结构材料在高温条件下能够长时间保持足够的强度。

(4) 与冷却剂的相容性。在选用热功效较高的液态金属作为冷却剂的革新型核能系统中，液态金属对结构材料产生的腐蚀和脆化效应可能会危及核能系统的完整性和安全性。

因此，发展低活化、抗辐照、耐高温和耐腐蚀的新型结构材料是实现革新型核能系统长期稳定安全运行的关键。现阶段的商用反应堆结构材料无法满足未来革新型核能系统对结构材料的要求。而耐高温合金在抗中子辐照、大型部件的制备和加工等方面都存在诸多难题。低活化结构材料因其低活化、抗辐照的特性，也被称为环保型抗辐照结构材料，由于其同时具有良好的高温强度和蠕变性能以及液态金属相容性，是未来革新型核能系统的主要候选结构材料[19−21]。虽然环保型抗辐照结构钢 (reduced activation ferritic/martensitic steel, RAFM 钢) 高温服役性能不及其他低活化结构材料，如钒合金、碳化硅复合材料等 (图 21-2)[22,23]，但由于其具有良好的工业制备基础，被认为是最有可能首先获得商业化应用的环保型抗辐照结构材料[24,25]。

本章将综合介绍环保型抗辐照结构钢的研究背景和发展现状，剖析目前存在的问题和挑战，并提出未来发展的方向，以推动其在革新型核能系统中的及早商业化应用。

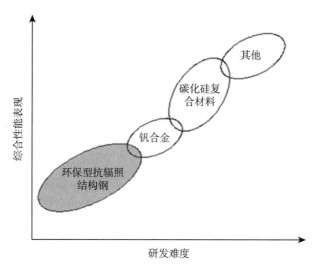

图 21-2　环保型抗辐照结构材料的发展趋势[22]

21.2　发 展 历 史

目前, 应用最广泛的裂变堆结构材料——奥氏体不锈钢存在如下问题: 其表面比热比较低, 在 350℃ 以上高剂量辐照时, 抗辐照肿胀性能比较差, 同时中子辐照后具有较高的活性, 尤其是针对含有大量 Ni 的奥氏体不锈钢和镍基合金, 镍被中子活化后生成具有长达百万年半衰期的核素, 这将对环境和周围居民造成长期的潜在威胁。而铁素体/马氏体 (F/M) 钢具有优异的抗中子辐照肿胀等性能和良好的热导率, 是重要的抗辐照、耐高温候选结构材料。

F/M 钢的研究起源于 20 世纪 60 年代, 最初研究的是 Cr-Mo 钢[26]。为了优化设计具有高的断裂韧性、低的韧脆转变温度 (ductile-brittle transition temperature, DBTT) 以及高的蠕变强度的核级结构材料, 国际上开展了一系列的研究和优化, 从而产生了 MANET-II (X10CrMoVNb111) 结构材料。20 世纪 80 年代开始, 为发展 F/M 钢作为聚变堆等革新型核能系统的结构材料并获得工业化应用, 开始了一系列的优化设计与研发计划。考虑到一些核素受高能中子辐照后会产生长半衰期的放射性核素 (如钼、镍等), 美国橡树岭国家实验室 (ORNL) 首先对传统的 9Cr1Mo 马氏体耐热钢进行优化提出了 RAFM 钢的概念, 并发展了 9Cr2WVTa 钢。其主要思想是: 采用钨代替合金元素钼, 钒和钽代替合金元素铌, 降低材料活化特性的同时又保持材料在高温下的强度, 并通过降低或限制其他易活化元素如铝、镍、铜、钴、银等以达到低活化要求[27]。之后, 日本和欧洲提出了各自的 RAFM 钢, 即 F82H 钢和 Eurofer 97 钢[28,29]。通过深入研究发现体心立方晶体结构的 F/M 钢在辐照条件下具有良好的几何稳定性、低的热膨胀系数和高的热导率等优良特性, 而且 F/M 钢中的高密度的位错和位错团簇等缺陷可以吸纳因中子辐照产生的离位原子和嬗变原子, 具有显著抑制辐照肿胀的作用[30]。另外, RAFM 钢比 316ss 不锈钢具有更优的耐液态金属 (如 PbLi、PbBi、钠等) 腐蚀性能。因此, RAFM 钢作为未来革新型核能系统的重要候选结构材料而受到广泛重视和深入研究。

目前，国际上广泛开展研究的环保型抗辐照结构钢主要有：美国的 9Cr-2WVTa、欧洲的 Eurofer 97、日本的 F82H 和 JLF-1 以及中国的 CLAM 钢[31]。9Cr-2WVTa 作为最早提出的 RAFM 钢，进行了实验室规模冶炼，但未见有大规模熔炼以及全面性能测试的报道[32]。F82H 是国际能源署 (IEA) 聚变材料计划研究的试验材料，是由日本原子能机构 (JAEA) 联合日本长野工业株式会社 (NKK) 研制的一种低活化铁素体钢，已经进行了大铸锭的冶炼和全面的性能测试[33,34]。自 1995 年起，日本在日美聚变材料合作计划的支持下进行了一系列不同铬含量和其他组分的 RAFM 钢新材料研究，并借鉴了 9Cr-2WVTa，发展了 JLF 系列[35,36]。欧洲在传统马氏体钢 OPTIFER 系列的基础上，发展了具有低活化特性的 Eurofer 97，并开展了全面的性能测试和分析[37]。以上几种 RAFM 钢研发时间达到 20 年以上，具有丰富的冶炼加工经验和材料性能数据[38−40]。2002 年以来，中国开展了中国低活化马氏体 (China low activation martensitic, CLAM) 钢的设计与研究[41,42]。经过 15 年的发展，目前 CLAM 钢的铸锭冶炼规模最高达到 6.4 吨，已进行了全面的辐照前后性能分析[43−45]，以及与液态金属的相容性实验[46]。另外，国内的相关单位也开展了其他 RAFM 钢的研究和实验室规模的研发工作。CLAM 钢的研发相对比较成熟，被选为国际热核聚变实验堆 (ITER) 计划中国实验包层模块 (TBM) 的首选结构材料。作为 ITER 参与方的印度和韩国也在 2010 年前后开始发展各自的 RAFM 钢——India-RAFM[47]和 ARAA(advanced reduced activation alloy)[48]。

21.3　材料设计

21.3.1　环境安全性设计

结构材料在服役中受到中子长时间的辐照，部分元素与中子发生嬗变反应，生成具有放射性的核素，这称为材料的活化。常规的结构材料 (如 316ss 奥氏体不锈钢) 在聚变中子 (14MeV) 辐照后会产生大量半衰期长达几十万年甚至上百万年的放射性核素，对环境构成严重的潜在威胁。低活化是指材料经过若干年的辐照后其放射性主要来自于短寿命或中等寿命的放射性核素。这样，合金材料放置几百年后其放射性水平将能够满足手工处置条件。因此，通过低活化设计可以极大提高结构材料服役后的环境安全性。根据聚变堆中子输运理论和中子活化理论，以材料的低活化为设计目标，通过分析在 $2MW/m^2$ 聚变中子壁载荷条件下服役 2.5 年后二元铁基合金中合金元素含量与接触剂量率的关系，得到合金中其他元素满足低活化的控制要求：铬 (含量不限)、钒 ($\leqslant 8\%$)、锰 ($\leqslant 1\%$)、钽 ($\sim 1\%$) 和硅 ($<0.4\%$)，同时要求钼 ($<100ppm$)、铌 ($<1ppm$)、镍 ($<50ppm$)，碳、硼、钛的含量与其他同类马氏体钢含量相当[49−51]。

21.3.2　服役安全性设计

革新型核能系统在服役过程中需要承受高能中子辐照、液态金属冷却剂腐蚀以及高温等，这对结构材料提出了非常高的性能要求。为了研发革新型核能系统的结构材料，需在以下几个方面进行材料设计。

1. 抗辐照设计

抗辐照性能主要考虑辐照对材料机械性能的影响，主要是辐照肿胀和辐照脆化等辐照损伤行为。在中子辐照下含 9%~12% 铬的铁素体钢具有较好的抗辐照肿胀性能[52]。一系列的中子辐照试验表明[53]，铬的质量分数约为 9% 时 RAFM 钢具有良好的抗辐照脆化性能，表现为材料经辐照后的韧脆转变温度增量 (ΔDBTT) 最小。另外，通过中子辐照下的微结构稳定性分析研究，氮化物 (TaN 和 VN) 在中子辐照下不稳定，易取向生长[54,55]。而较低的硅含量可以缓解辐照硬化的程度[56]。因此，适当控制氮和硅的含量也有利于提高 RAFM 钢的抗辐照性能。

2. 耐腐蚀设计

铬是提高钢耐腐蚀性的主要元素。将铬加入铁基固溶体后可使其电极电位升高，使钢的腐蚀速率下降。另外，铬的添加能显著提高钢的钝化能力，此时钢的钝化膜为富铬的氧化物，这种富铬氧化物在液态铅基合金等介质中都具有良好的稳定性，因而提高了钢的耐腐蚀性能。但考虑到铬含量对抗辐照性能的影响，铬含量应控制在 9% 左右为宜。

3. 耐高温设计

1) 钨

钨可以提高基体合金度，将其溶于钢中会与碳形成分散的碳化钨，能细化晶粒，并提高钢的回火稳定性，但需要考虑保证材料的延伸率和减少焊接热影响区 Laves 相析出的可能性，钨的含量范围一般在 1%~2%。

2) 钒

钒是强碳化物形成元素，与碳的结合力极强，形成稳定的 VC，是典型的高熔点、高硬度、高弥散度碳化物。无论在回火过程中析出，还是在其他阶段形成 VC 的质点都是细小弥散的。由于细化了晶粒，可以显著提高钢的强度和韧性。但钒含量过多会使加工性能明显恶化。因此，在 RAFM 钢中，钒的添加量一般约为 0.2%。

3) 钽

钽是强的碳、氮化物形成元素。鉴于钽与钢中间隙原子如碳、氮等具有极高的亲和力，而且和它们形成的化合物在高温下也非常稳定，钽含量的增加，可以大幅度提高合金的强度。钽在铁基合金中的强化作用表现为固溶强化和析出强化，高钽含量合金在 600°C 时效 1h 后，其强度和塑性同时达到最大值，获得了最佳的含钽碳化物的析出强化效果。根据 RAFM 钢中钽与碳、氮结合的匹配情况及其对材料力学性能的影响[57]，RAFM 钢中的钽含量一般不超过 0.3%。

综上所述，通过结合中子辐照与耐高温、耐腐蚀设计对合金元素的控制要求，国际上几种 RAFM 钢的主要合金元素成分设计和杂质元素成分 (包括非金属元素及易活化杂质元素) 控制要求分别如表 21-1 所示。

表 21-1　主要 RAFM 钢的主要合金元素含量及杂质元素控制要求　　[单位: %(质量分数)]

元素	CLAM	Eurofer97	F82H
Cr	8.5~9.5	8.5~9.0	7.5~8.5
C	0.08~0.12	0.09~0.12	0.08~0.12
W	1.3~1.7	1.0~1.2	1.8~2.2

续表

元素	CLAM	Eurofer97	F82H
V	0.15～0.25	0.15～0.25	0.15～0.25
Ta	0.12～0.18	0.05～0.09	0.01～0.06
Mn	0.35～0.55	0.20～0.60	0.05～0.20
Si	<0.05	<0.05	0.05～0.20
S	<0.005	<0.005	<0.01
P	<0.005	<0.005	<0.01
O	<0.005	<0.01	<0.01
N	<0.02	0.015～0.045	<0.02
Ni	<0.01	<0.01	<0.10
Nb	<0.005	<0.005	<0.0002
Cu	<0.005	<0.01	<0.05
Co	<0.005	0.003	<0.01
Mo	<0.005	<0.005	<0.05
Al	<0.01	<0.01	<0.1

21.4　主要性能

21.4.1　环境安全性

通过中子学程序 VisualBUS 以及相应的 HENDL 数据库, 分析了国际上主要 RAFM 钢在 FDS 系列聚变堆氚增殖包层 (中子壁负载 0.5MW/m^2, 中子注量 15MW·a/m^2) 中服役若干年之后的活化性能, 获得了包层部件在停堆后不同时间处的放射性活度、剂量率和潜在生物危害因子等值[58]。由图 21-3 可知[58,59], RAFM 钢具有相似的活化特性, 经过 100 年冷却后, RAFM 钢的残余放射性剂量率可以降低至人工回收的限值 10μSv/h 以下。因此, RAFM 钢大大降低了放射性废物对环境造成的潜在危害。

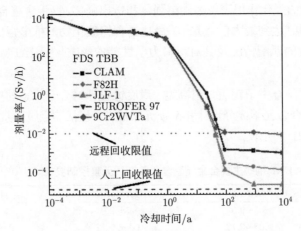

图 21-3　RAFM 钢在 FDS 系列聚变堆服役后的残余放射性曲线[58]

21.4.2　服役安全性

1. 中子辐照性能

中子作用下的材料性能受中子辐照剂量与环境温度等服役环境的影响，主要表现为以下几个方面的损伤[60]：①辐照引起的材料脆化和硬化；②辐照偏析和辐照肿胀；③辐照疲劳和辐照蠕变；④高温氦脆。由于 RAFM 钢具有良好的抗辐照肿胀性能，高能中子辐照引起的主要是硬化、脆化和氦的协同效应以及辐照疲劳和辐照蠕变。

1) 辐照硬化与脆化

金属材料受到中子辐照后，表现为强度升高和延伸率降低，产生辐照硬化和脆化。该过程受到辐照剂量、辐照温度、应力和介质环境等因素的影响。此外，聚变中子辐照产生的嬗变氦在晶界聚集，导致高温氦脆。裂变堆中子辐照引起的结构材料中子辐照脆化 (ΔDBTT) 在较低辐照剂量 ($\sim$8dpa) 时已经趋于饱和，而散裂中子辐照引起的 ΔDBTT 随着辐照剂量的增加而上升，并且在 $\sim$20dpa 时仍未出现饱和[61]。图 21-4 给出了各种 RAFM 钢散裂中子辐照前后的拉伸性能对比，可以明显观察到辐照硬化与脆化特征，辐照后的强度显著升高，而延伸率明显下降。

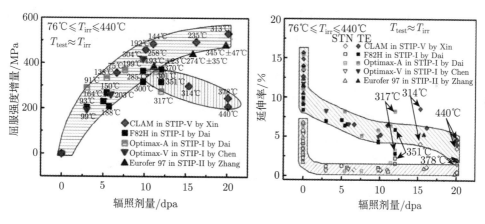

图 21-4　RAFM 钢散裂中子辐照后屈服强度增量 (左) 和延伸率 (右) 随辐照剂量的变化[61]

2) 辐照疲劳与辐照蠕变

Eurofer 97 和 F82H 的中子辐照疲劳性能研究表明[62,63]，在较高应变幅下辐照会导致显著的材料硬化，从而急剧降低疲劳寿命。另外，F82H 和 JLF-1 在中子辐照下的蠕变试验表明[64]，中子辐照加快了蠕变过程，辐照样品的蠕变断裂应力明显降低。

2. 高温强度

图 21-5 显示了 CLAM、Eurofer 97 和 F82H 钢的屈服强度和抗拉强度随温度的变化[38,65]。随着温度的升高，RAFM 钢强度逐渐下降。当温度超过 550℃ 时，材料的屈服强度急剧下降，因此 RAFM 钢的上限运行温度一般不超过 550℃[66]。

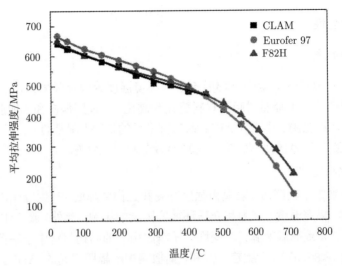

图 21-5　RAFM 钢平均屈服强度和抗拉强度随着温度的变化[38,65]

3. 蠕变性能

蠕变是指在一定温度和载荷条件下，随着时间的延长，材料的变形量逐步增大的现象。蠕变性能体现了材料在高温下保持结构稳定性的能力。图 21-6 显示[67]，RAFM 钢具有良好的蠕变性能，但相对于 316ss 不锈钢而言，RAFM 钢的抗蠕变特性稍弱[68,69]。

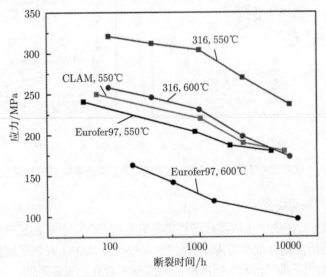

图 21-6　RAFM 钢和 316 不锈钢在 550℃ 和 600℃ 下的蠕变性能[67]

4. 与液态金属冷却剂的相容性

铅基快中子堆和聚变堆液态铅锂包层中，结构材料将承受液态铅基合金腐蚀作用，这将直接影响结构材料的使用寿命。研究表明，RAFM 钢在液态铅锂中的腐蚀机制为溶解腐蚀，而且 RAFM 钢表面的钝化膜对基体起到一定的防护作用。因此，RAFM 钢在液态铅锂中的腐蚀速率呈现先下降后上升的特点，其对液态铅锂合金具有良好的抗腐蚀性能，如图 21-7 所示[70,71]。但温度在 480℃ 以上，液态铅锂对 RAFM 钢的腐蚀速率会有所增加[72]，而且高速流动的液态金属会对 RAFM 钢造成冲刷而引起腐蚀的加剧[73]。另外，马氏体钢在铅基快中子堆液态铅铋冷却剂中存在脆化效应[74]。因此，在将 RAFM 钢应用于铅基快中子堆和聚变堆液态铅锂包层时需考虑对其的腐蚀防护。目前主要通过涂层等表面技术来提高 RAFM 钢与液态金属的相容性[75−77]。

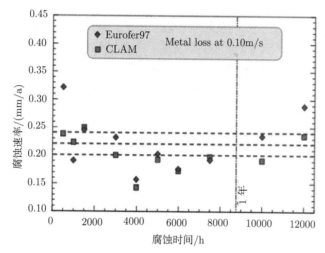

图 21-7　CLAM 和 Eurofer 97 钢在 550℃ 动态锂铅下的腐蚀速率[71]

21.5　关键问题和挑战

21.5.1　聚变中子辐照及氢、氦效应

聚变中子导致的辐照肿胀和硬化、脆化除了与辐照损伤有关，还与材料中 (n,α) 核反应生成的氦和聚变堆中的氢同位素的累积相关。由于目前缺乏适当的聚变中子源，一般采用散裂中子源等装置进行探索研究，但散裂中子源的中子能谱以及产氦和氢的效率与聚变中子还有较大的差别。尤其是温度在 250~300℃ 时，氢对 RAFM 钢力学性能的影响以及氢和氦的效应作用的影响需要更为深入的研究，以及更高氦产率下氦对低温辐照脆化和肿胀的影响需要更全面的试验研究。因此，亟须建立 14MeV 中子源对 RAFM 钢进行评价。国际核聚变材料辐照装置 (international fusion materials irradiation facility, IFMIF) 的国际合作计划目前正在从概念设计阶段向工程阶段过渡[78]，而中国建造的强流氘氚聚变中子源 (high intensity D-T fusion neutron generator, HINEG) 已完成第一期的建造和设备调试，中子流强已达到 10^{12}n/s 量级[79]。第二期的中子流强设计目标将达到 10^{14}n/s 以上，这将为聚变材料的中子辐照试验提供重要的研究平台。另外，通过多尺度模拟建立辐照损伤的微观机制和宏观性能之间的联系，也将有助于理解和预测材料在不同辐照源辐照效应的等效性[80]。

21.5.2　复杂构件加工技术

马氏体钢具有较强的焊接裂纹敏感性，对焊接技术的要求比较苛刻。目前开展的研究主要有 RAFM 钢的热等静压扩散焊以及钨极氩弧焊、电子束焊和激光焊[81−83]。热等静压扩散焊以及电子束焊和激光束焊可以减少焊缝组织，但对于复杂构件，大量的高密度焊缝仍难以避免，焊缝应力集中而易开裂，所以 RAFM 钢复杂构件的焊接仍存在较大的困难。因此，针对 RAFM 钢复杂构件的研制，需要探索掌握合适的焊接和热处理工艺。目前，RAFM 钢的 3D 打印研究也在进行中，这是 RAFM 钢复杂构件制备的另一条可能途径[84]。

21.5.3　上限运行温度

RAFM 钢的上限运行温度受高温软化和蠕变的制约，其上限使用温度不超过 550℃。为提高 RAFM 钢的使用温度，目前开展的研究有：①通过热机械处理[85]，提高氮化物和碳化物的弥散程度，改善 RAFM 钢的高温性能；②通过纳米氧化物弥散强化[86,87]RAFM 钢，可以使其获得更优的高温性能以及抗辐照性能。通过以上方法，可以将 RAFM 钢的上限使用温度提高到 650℃ 左右[86]。

21.6　小　　结

作为未来革新型核能系统的候选结构材料，RAFM 钢具有低活化特性，是一种环境友好的新型核结构材料；同时，RAFM 钢具有良好的抗辐照、耐高温、液态金属相容性，保障了革新型核能系统的服役安全性。此外，RAFM 钢具有良好的工业制备基础，是最有可能首先实现工程应用的环保型抗辐照结构材料。

鉴于目前无合适的中子源开展高氦产率下的嬗变产物与中子辐照缺陷的协同效应研究，需发展高流强的聚变中子源进行材料的辐照损伤行为研究。现阶段的 RAFM 钢加工技术也并不能完全满足复杂构件的制备要求，需进一步发展 RAFM 钢的加工技术及相关工艺，而且 RAFM 钢复杂构件在服役条件下的结构完整性和安全性尚需进一步评估。另外，为了提高 RAFM 钢的上限使用温度，可通过第二相强化技术 (如热机械处理或纳米氧化物弥散强化等) 改善其高温强度和蠕变性能，以进一步满足铅基堆、聚变堆等革新型核能系统对结构材料高温性能的使用要求。

参 考 文 献

[1]　Current Status, https://www.iaea.org/pris.[2017-01-23].

[2]　郭志锋, 赵宏, 伍浩松. 2015 年世界天然铀生产概况. 国外核新闻, 2016,7: 21-22.

[3]　潘自强, 沈文权. 核能在中国的战略地位及其发展的可持续. 中国工程科学,2008,10(1): 33-38.

[4]　吴宜灿. 革新型核能系统安全研究的回顾和探讨. 中国科学院院刊,2016, 31(5) :567-573.

[5]　邱励俭. 聚变能及其应用. 北京: 科学出版社, 2008.

[6]　彭先觉. 核能未来之我见. 科技导报, 2012,30(21): 3.

[7]　郁金南. 材料辐照效应. 北京: 化学工业出版社, 2007.

[8]　杨文斗. 反应堆材料学. 北京: 原子能出版社, 2000.

[9]　万发荣. 金属材料的辐照损伤. 北京: 科学出版社, 1993.

[10]　郝家琨. 聚变堆材料. 北京: 化学工业出版社, 2007.

[11] Kalkhof D, Grosse M. Influence of PbBi environment on the low-cycle fatigue behavior of SNS target container materials. Journal of Nuclear Materials, 2003, 318: 143-150.

[12] 吴宜灿, 王明煌, 黄群英, 等. 铅基反应堆研究现状与发展前景. 核科学与工程,2015,35(2): 213-218.

[13] Wu Y C, FDS Team. Conceptual design activities of FDS series fusion power plants in China. Fusion Engineering and Design, 2006,81(23-24): 2713-2718.

[14] Wu Y C, FDS Team. Design analysis of the China dual-functional Lithium Lead (DFLL) test blanket module in ITER. Fusion Engineering Design, 2007,82(15-24): 1893-1903.

[15] Butler D. Energy: Nuclear power's new dawn. Nature, 2004,429(6989): 238-240.

[16] Wu Y C, Chen Z B, Hu L Q, et al. Identifying Gaps for the Safety of Fusion DEMO System. Nature Energy, doi:10.1038/energy, 2016:154.

[17] Zinkle S, Busby J T. Structural materials for fission & fusion energy. Materials Today, 2009,12(11): 12-19.

[18] Mansur L K, Rowcliffe A F, Nanstad R K, et al. Materials needs for fusion, Generation IV fission reactors and spallation neutron sources-similarities and differences. Journal of Nuclear Materials, 2004, 329-333(A): 166-172.

[19] Jones R H, Heinisch H L, McCarthy K. A low activation materials. Journal of Nuclear Materials,1999, (271-272): 518-525.

[20] Muroga T, Gasparotto M, Zinkle S J. Overview of materials research for fusion reactors. Fusion Engineering Design, 2002,(61-62): 13-25.

[21] Wu Y C. Fusion-based hydrogen production reactor and its material selection. Journal of Nuclear Materials, 2009, (386-388): 122-126.

[22] 黄群英. 聚变堆结构材料——中国低活化马氏体钢设计与性能研究. 合肥: 中国科学院等离子体物理研究所, 2006.

[23] Muroga T, Gasparotto M, Zinkle S J. Overview of materials research for fusion reactors. Fusion Engineering and Design, 2002, 61-62: 13-25.

[24] Klueh R L, Ehrlich K, Abe F. Ferritic / martensitic steels: promises and problems. Journal of Nuclear Materials, 1992, (191-194): 116-124.

[25] Nishitani T, Tanigawa H, Jitsukawa S, et al. Fusion materials development program in the broader approach activities. Journal of Nuclear Material, 2009, (386-388) : 405-410.

[26] Rosenwasser S N, Miller P, Dalessandro J A, et al. The application of martensitic stainless steels in long life time fusion first wall/blankets. Journal of Nuclear Materials, 1979,(85-86): 177-182.

[27] van der Schaaf B, Gelles D S, Jitsukawa S, et al. Progress and critical issues of reduced activation ferritic / martensitic steel development. Journal of Nuclear Materials,2000, (283-287): 52-59.

[28] Tavassoli A A F, Rensman J W, Schirra M, et al. Materials design data for reduced activation martensitic steel type F82H. Fusion Engineering and Design, 2002,(61-62): 617-628.

[29] Bahm W. Materials Development-Structural Materials, Nuclear Fusion Programme Annual Report of the Association Forschungszentrum Karlsruhe/EURATOM. Forschungszentrum Karlsruhe GmbH, Karlsruhe, 2005.

[30] 雷永泉. 新能源材料. 天津: 天津大学出版社, 2000.

[31]　Huang Q, Baluc N, Dai Y, et al. Recent progress of R & D activities on reduced activation ferritic/martensitic steels. Journal of Nuclear Materials, 2013, 442(1-3): S2-S8.

[32]　Klueh R L, Gelles D S, Jitsukawa S, et al. Ferritic/martensitic steels-overview of recent results. Journal of Nuclear Materials, 2002, (307-311): 455-465.

[33]　Jitsukawa S, Tamura M, van der Schaaf B, et al. Development of an extensive database of mechanical and physical properties for reduced-activation martensitic steel F82H. Journal of Nuclear Materials, 2002, (307-311): 179-186.

[34]　Tavassoli A A, Rensman J W, Schirra M, et al. Materials design data for reduced activation martensitic steel type F82H. Fusion Engineering and Design, 2002, 61-62: 617-628.

[35]　Kohyama A, Kohno Y, Kuroda M, et al. Production of low activation steel: JLF-1, large heats-Current status and future plan. Journal of Nuclear Materials,1998,2(258-263): 1319-1323.

[36]　Kohno Y, Kohyama A, Hirose T, et al. Mechanical property changes of low activation ferritic/martensitic steels after neutron irradiation. Journal of Nuclear Materials,1999,(271-272) : 145-150.

[37]　Tavassoli A A, Diegele E, Lindau R, et al. Current status and resent research achievement in ferritic/martensitic steels. Journal of Nuclear Materials, 2014, 455(1-3): 269-276.

[38]　Tavassoli A A F, Alamo A, Bedel L, et al. Materials design data for reduced activation martensitic steel type EUROFER. Journal of Nuclear Materials, 2004, (329-333): 257-262.

[39]　Tavassoli F. EUROFER steel, development to full code qualification. Procedia Engineering, 2013,55:300-308.

[40]　Rieth M, Schirra M, Falkenstein A, et al. EUROFER 97 Tensile, Charpy, Creep and Structural Tests, FZK Report 6911. Forschungszentrum Karlsruhe, Karlsruhe, 2003.

[41]　Huang Q Y, Wu Y C, Li J C, et al. Status and strategy of fusion materials development in China. Journal of Nuclear Materials, 2009, (386-388): 400-404.

[42]　Huang Q Y, FDS Team, Development Status of CLAM steel for fusion application. Journal of Nuclear Materials, 2014,445(1-3): 649-654.

[43]　Li Y F, Huang Q Y, Wu Y C, et al. Mechanical properties and microstructures of China low activation martensitic steel compared with JLF-1. Journal of Nuclear Materials, 2007,(367-370): 117-121.

[44]　Huang Q Y, Li J C, Li Y F, et al. Progress in development of China low activation martensitic steel for fusion application. Journal of Nuclear Materials, 2007,(367-370): 142-146.

[45]　Ge H G, Peng L, Dai Y, et al. Tensile properties of CLAM steel irradiated up to 20.1 dpa in STIP-V. Journal of Nuclear Materials, 2016, (468): 240-245.

[46]　Huang Q Y, Gao S, Zhu Z Q, et al. Progress in compatibility experiments on Lithium-Lead with candidate structure materials for fusion in China. Fusion Engineering and Design,2009,84(2-6): 242-246.

[47]　Laha K, Saroja S, Moitra A, et al. Development of India-specific RAFM steel through optimization of tungsten and tantalum contents for better combination of impact, tensile, low cycle fatigue and creep properties. Journal of Nuclear Materials, 2013,439(1-3): 41-50.

[48] Konys J, Aiello A, Benamati G, et al. Status of tritium permeation barrier development in the EU. Fusion Science and Technology, 2005,47: 844-850.

[49] Forty C B A, Forrest R A, Compton D J, et al. Handbook of fusion activation data. Culham Laboratory Report AEA FUS 180, 1992.

[50] Forty C B A, Forrest R A, Compton D J, et al. Handbook of fusion activation data. Culham Laboratory Report AEA FUS 232, 1993.

[51] Ehrlich K, Harries D R, Möslang A. Characterization and Assessment of Ferritic/Martensitic Steels. Forschungszentrum Karlsruhe Technik und Umwelt, FZKA 5626, 1997.

[52] Gelles D S, Kimura A, Shibayama T. Analysis of stress-induced Burgers vector anisotropy in pressurized tube specimens of irradiated ferritic-martensitic steels: JFMS and JLF-1. Effects of radiation on materials: 19th International Symposium, 1998: 535-547.

[53] Kohyama A, Hishnuma A,Gelles D S, et al. Low-activation ferritic and martensitic steels for fusion application. Journal of Nuclear Materials, 1996, (233-237): 138-147.

[54] Tan L, Byun T S, Katoh Y, et al. Stability of MX-type strengthening nanoprecipitates in ferritic steels under thermal aging, stress and ion irradiation. Acta Materialia, 2014, (71): 11-19.

[55] Tan L, Katoh Y, Snead L L. Stability of the strengthening nanoprecipitates in reduced activation ferritic steels under Fe^{2+} ion irradiation. Journal of Nuclear Materials, 2014, 445(1-3): 104-110.

[56] Maloy S A, Toloczko M B, McClellan K J, et al. The effects of fast reactor irradiation conditions on the tensile properties of two ferritic/martensitic steels. Journal of Nuclear Materials, 2006,356 (1-3): 62–69.

[57] Zhai X W, Zhao Y Y, Liu S J. Influence of Ta content on microstructure and mechanical properties of reduced activation ferritic martensitic steels: research status. Fusion Engineering and Design, in press.

[58] Huang Q Y, Li J G, Chen Y X. Study of irradiation effects in China low activation martensitic steel CLAM. Journal of Nuclear Materials, 2004, 329-333(A): 268-272.

[59] 陈明亮, 黄群英, 李静惊, 等. 聚变发电反应堆双冷液态锂铅包层活化分析和废料处理. 核科学与工程, 2005,25(2): 178-183.

[60] Zinkle S J, Busby J T. Structural materials for fission and fusion energy. Materials Today, 2009, 12(11): 12-19.

[61] 葛洪恩. CLAM 钢中子辐照硬化行为研究. 合肥: 中国科学技术大学, 2015.

[62] Gaganidze E, Petersen C, Materna-Morris E, et al. Mechanical properties and TEM examination of RAFM steels irradiated up to 70 dpa in BOR-60. Journal of Nuclear Materials,2011,417(1-3): 93-98.

[63] Miwa Y, Jitsukawa S, Yonekawa M. Fatigue properties of F82H irradiated at 523K to 3.8dpa. Journal of Nuclear Materials, 2004, 329-333(B): 1098-1102.

[64] Ando M, Li M, Tanigawa H, et al. Creep behavior of reduced activation ferritic/martensitic steels irradiated at 573 and 773K up to 5dpa. Journal of Nuclear Materials, 2007, 367-370(A): 122-126.

[65] Tavassoli A A, Rensman J W, Schirra M, et al. Materials design data for reduced activation martensitic steel type F82H. Fusion Engineering and Design, 2002, 61-62:617-628.

[66] Zinkle S J, Ghoniem N M. Operating temperature windows for fusion reactor structural Materials. Fusion Engineering and Design, 2000, 51-52: 55-71.

[67] RCC-MR. Design and Construction Rules for Mechanical Components of Nuclear Installations. AFCEN, 2012.

[68] Fernández P, Lancha A M, Lapeña J, et al. Creep strength of reduced activation ferritic/ martensitic steel Eurofer 97. Fusion Engineering and Design, 2005,75-79: 1003-1008.

[69] Nakata T, Tanigawa H, Shiba K, et al. Evaluation of creep properties of reduced activation ferritic steels. Journal of the Japan Institute of Metals, 2007,71 (2): 239-243.

[70] Chen Y P, Huang Q Y, Gao S, et al. Corrosion analysis of CLAM steel in flowing liquid LiPb at 480℃. Fusion Engineering and Design, 2010,85 (10-12): 1909-1912.

[71] Konys J, Krauss W, Novotny J, et al. Compatibility behavior of EUROFER steel in flowing Pb-17Li. Journal of Nuclear Materials,2009, 386-388: 678-681.

[72] Gao S, Huang Q Y, Zhu Z Q, et al. Corrosion behavior of CLAM steel in static and flowing liquid LiPb at 480℃ and 550℃. Fusion Engineering and Design, 2011,86 (9-11): 2627-2631.

[73] Konys J, Krauss W, Steiner H, et al. Flow rate dependent corrosion behavior of EUROFER steel in Pb-15.7Li. Journal of Nuclear Materials, 2011,417 (1-3): 1191-1194.

[74] Gong X, Marmy P, Qin L, et al. Effect of liquid metal embrittlement on low cycle fatigue properties and fatigue crack propagation behavior of a modified 9Cr-1Mo ferritic-martensitic steel in an oxygen-controlled lead–bismuth eutectic environment at 350℃. Materials Science and Engineering:A, 2014,618:406-415.

[75] Konys J, Aiello A, Benamati G, et al. Status of tritium permeation barrier development in the EU. Fusion Science and Technology, 2005,47: 844-850.

[76] Kurata Y, Futakawa M, Saito S. Corrosion behavior of Al-surface-treated steels in liquid Pb-Bi in a pot. Journal of Nuclear Materials, 2004, 335(3): 501-507.

[77] Lu Y H, Wang Z B, Song Y Y, et al. Effects of pre-formed nanostructured surface layer on oxidation behaviour of 9Cr2WVTa steel in air and liquid Pb-Bi eutectic alloy. Corrosion Science, 2016, 102: 301-309.

[78] Perez M, the IFMIF/EVEDA Integrated Project Team. The engineering design evolution of IFMIF: From CDR to EDA phase. Fusion Engineering and Design,2015,96-97:325-328.

[79] 强流中子源 HINEG 成功产生十二次方氘氚聚变中子, http://www.inest.cas.cn/zhxw/ 201501/ t20160104_321503.htm.

[80] Wirth B D, Odette G R, Marian J, et al. Multiscale modeling of radiation damage in Fe-based alloys in the fusion environment. Journal of Nuclear Materials, 2004,329-333:103-111.

[81] Cardella A, Rigal E, Bede L, et al. The manufacturing technologies of the European breeding blankets. Journal of Nuclear Materials, 2004,329-333:133-140.

[82] Hirose T, Shiba K, Ando M, et al. Joining technologies of reduced activation ferritic/martensitic steel for blanket fabrication. Fusion Engineering and Design, 2006,81 (1-7): 645-651.

[83] Chen X Z, Huang Y M, Madigan B, et al. An overview of the welding technologies of CLAM steels for fusion application. Fusion Engineering and Design, 2012,87 (9): 1639-1646.

[84] Ordas N, Ardila L C, Iturriza I, et al. Fabrication of TBMs cooling structures demonstrators using additive manufacturing (AM) technology and HIP. Fusion Engineering and Design, 2015,96-97: 142-148.

[85] Tan L, Busby J T, Maziasz P J, et al. Effect of thermomechanical treatment on 9Cr ferritic-martensitic steels. Journal of Nuclear Materials, 2013, 441(1-3): 713-717.

[86] Mukhopadhyay D K, Froes F H, Gelles D S. Development of oxide dispersion strengthened ferritic steels for fusion. Journal of Nuclear Materials, 1998, 258-263: 1209-1215.

[87] Lu C Y, Lu Z, Liu C M. Microstructure of nano-structured ODS CLAM steel by mechanical alloying and hot isostatic pressing. Journal of Nuclear Materials, 2013, 442 (1-3): S148-S152.

黄群英，研究员，博导，中国科学院核能安全技术研究所副总工，先进核材料与技术研究中心主任。主要从事先进反应堆设计、反应堆材料及堆关键技术研发、反应堆先进计算方法与软件的开发研究等工作；发表学术论文 140 余篇，多篇论文入选"ESI 十年全球 TOP1％的高被引论文"和"中国百篇最具影响国内学术论文"，获授权国家发明专利 50 余项；成果先后获国家自然科学奖二等奖、国家科学技术进步奖三等奖、国家能源科技进步奖一等奖、中国核能行业协会科学技术奖一等奖、国家教委科技进步奖一等奖和安徽省科学技术进步奖一等奖等。

第 22 章　我国乏燃料后处理化学进展[*]

目前，我国核电产业正在快速扩张，根据国家对核电的规划，我国核电装机容量在 2020 年之前有望达到 70~80GWe。长远来看，"闭式燃料循环"将会成为我国核能可持续发展的唯一合理选择，而解决乏燃料后处理问题也成为当务之急。总而言之，中国已经在核燃料循环的诸多环节实现了自给自足，在乏燃料后处理领域也取得了很大的进展，比如我国已经成功进行了动力堆乏燃料后处理的中试热验证。通过我国在 2050 年之前的后处理发展路线图可看出，第一个基于现有 PUREX 技术的商业后处理工厂有望在 2025 年左右投入使用；另外，针对快堆乏燃料后处理技术的需求在 2035 年后将显著增加。一般商业反应堆由于燃耗深，产生的乏燃料通常具有非常强的放射性且含有大量裂变产物，又期望在后处理环节中实现铀、钚的高去污系数和高回收率 (99.8%)，导致乏燃料后处理极具挑战。本章将简要总结近年来我国在乏燃料后处理化学领域的主要研究进展。

22.1　基于有机无盐试剂的先进 PUREX 流程

著名的 PUREX 流程最早是由美国科学家提出来的[1]。经过多年的努力，在掌握 PUREX 流程工艺技术的基础上，中国原子能科学研究院成功研发了基于有机无盐试剂的先进 PUREX 流程 (advanced PUREX process based on organic reagents, APOR)[2,3]。在传统的 PUREX 流程中，通过萃取和反萃 30%TBP-煤油–硝酸体系中的铀、镎、钚，可实现对铀、钚的回收和分离。$Np(IV)$、$Np(VI)$ 和 $Pu(IV)$ 都倾向于被 TBP 萃取。相反，$Np(V)$ 和 $Pu(III)$ 则很难被萃取。锕系元素的价态调节是决定其在 PUREX 流程中走向的控制步骤，必须利用一些还原剂来满足工艺要求，而含有金属离子的还原剂 (如氨基磺酸亚铁) 即使在分解后仍会引起固体二次污染。因此，遵循 CHON 原则的有机试剂更适合用于调节锕系元素的价态。APOR 流程的主要特点就是应用无盐有机还原剂，采用两循环流程，且具有良好的适应性。在该流程中，N,N-二甲基羟胺 (DMHAN) 在室温下可直接将 $Pu(IV)$ 还原成 $Pu(III)$，而流程中产生的 HNO_2 则可由单甲基肼 (MMH) 直接去除。APOR 流程大大简化了 PUREX 中的净化循环，减少了固体废物的产生量，且在净化循环中优化了 Np 的分布。另外，我国核燃料后处理放化实验设施 (CRARL) 于 2003 年批复，2014 年建成并通过国家国防科技工业局验收，2015 年 9 月首次开展了热实验，并实现了工程与工艺目标。该设施投入运行后，作为后处理实验

---

* 作者为中国科学院高能物理研究所多学科研究中心，苏州大学放射医学及交叉学科研究院，江苏省高校协同创新中心柴之芳。

和锕系元素化学的研发平台，将在我国后处理厂的建设、国防科研项目的开展、核能可持续发展方面发挥重要作用。

22.2　高放射性废液分离技术

高放废液主要是乏燃料后处理 PUREX 流程共去污循环排出的萃取残液，它集中了乏燃料中 90% 以上的放射性，包含残存的铀和钚 (约 0.5%~0.25%)、次锕系元素 (minor actinides，MA) 镎、镅和锔以及长寿命的裂片元素，是一种放射性高、毒性强的废液。目前，高放废液处理处置主要是玻璃固化–深地质处置路线。除了高放废液的玻璃固化外，国际上先后提出了"分离–嬗变"(partitioning and transmutation, P-T) 和"分离–整备"(partitioning and conditioning, P-C) 的技术思路，并成为国际研究热点。P-T 就是从高放废液中分离超铀元素和长寿命裂变产物 (如 ^{99}Tc 等)，再通过嬗变技术将其转化成短寿命或稳定核素。高放废液的有效分离是实现高放废液中长寿命核素"分离–嬗变"处理的前提与关键之一。国际上研究最多的就是高放废液水法分离方法，包括沉淀法、离子交换法、色层、溶剂萃取法等，其中溶剂萃取法是目前高放废液分离的首选方法。

世界上各核电大国都开展了高放废液分离技术的研究。其中，具有代表性的有美国阿贡国家实验室 (ANL) 提出的辛基苯基-N, N-二异丁基甲酰甲基氧膦 (CMPO) 作为萃取剂从高放废液中定量分离锕系元素的 TRUEX 流程；法国提出的用二甲基二辛基己基乙氧基丙二酰胺 (DMDOHEMA) 从高放废液中萃取分离镅、锔的 DIAMEX 流程；日本提出的用二异癸基磷酸萃取剂分离锕系和裂变产物的 DIDPA 流程。在高放废液分离研究方面，清华大学核能与新能源技术研究院在 20 世纪 70 年代末提出并成功研究开发出具有自主知识产权的三烷基氧膦 (TRPO) 萃取流程。TRPO 具有良好的物理化学性质和辐照稳定性，对三价、四价和六价锕系元素具有很强的萃取能力[4,5]。1992~1993 年，与欧盟超铀元素研究所合作，完成了动力堆后处理高放废液 TRPO 流程热验证实验；"八五"和"九五"期间研究成功军用高放废液全分离流程 (TRPO 萃取分离超铀元素，冠醚萃取分离锶，亚铁氰化钛钾离子交换分离铯)；1996 年完成了军用高放废液全分离流程热验证实验，并取得很好的效果，满足了分离要求；"九五"期间，与四○四厂合作，进行全分离流程辅助工艺研究和泥浆洗涤试验，提出泥浆非 α 化建议，完成了萃取设备研究及工程预可行性研究。清华大学核能与新能源技术研究院还从商品萃取剂 Cyanex 301(二烷基二硫代膦酸) 中分离纯化出二 (2,4,4- 三甲基戊基) 二硫代膦酸 (HBTMPDTP)，可用于从锕系元素中萃取三价的镅和锔，其中镅和轻稀土元素的分离系数可达 5000[6]。

为了避免萃取过程中繁杂的氧化还原调价、简化操作步骤和防止核扩散，最近，瑞典查尔姆斯 (Chalmers) 理工大学提出了 GANEX 流程 (group actinides extraction) 直接从含 Ln(III) 和其他长寿命裂变产物的高放废液中组分离锕系元素 (包括三价、四价和六价锕系离子)，其采用的是 TBP/酰胺和 BTBP (bis-triazin-bipyridine) 混合萃取体系。GANEX 流程具有以下优点：① 简化流程，由多个萃取流程简化为单一流程；② 避免锕系元素分离时的烦琐调价；③ 防止核扩散；④ 最大效率地分离锕系核素，满足未来燃料的要求。但是，目前提出的锕系组分离流程采用两种萃取剂混合体系，这无疑增加了工艺复杂度，非常有必要发展单一萃取剂体系。中国科学院高能物理研究所结合邻菲咯啉三嗪和吡啶二酰胺两种萃取剂各自的优势，以刚性预组织邻菲咯啉母体为骨架，引入其他辅助酰胺基官能团，通过相对论效应和密度泛函量子化学计算优化筛选合理萃取剂结构，设计合成了预组织四齿邻菲咯啉酰胺 (DAPhen) 配体，并研究了其对锕系阳离子的萃取行为及相互作用机理[7-9]，其中 Et-Tol-DAPhen 配体对锕系离子的萃取性能最好 (图 22-1)。在 1.0mol/L 硝酸时，Th^{4+}、UO_2^{2+} 和 Am^{3+} 的分配比依次为 204.9、24.5 和 6.0。锕系阳离子对镧系 Eu^{3+} 的分离因子分别为 S[Th(Ⅳ)/Eu(Ⅲ)]=2209、S[U(Ⅵ)/Eu(Ⅲ)]=264 和 S[Am(Ⅲ)/Eu(Ⅲ)]=65。综合起来看，Et-Tol-DAPhen 配体是迄今为止文献报道的在高酸性条件下对锕系组分离最有效的萃取剂。

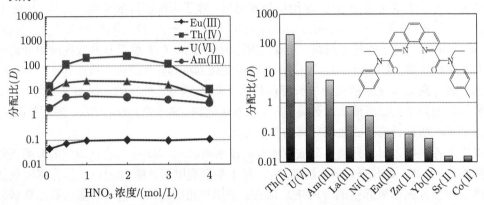

图 22-1　Et-Tol-DAPhen 在环己酮稀释剂中组分离锕系元素

　　虽然我国的高放废液分离研究工作已有几十年的积累，但是由于所处理的对象放射性很强、组成复杂、技术难度大，国际上所研究的分离流程都还处于实验室研究或台架验证阶段，距离实际应用还有一段距离。提高分离效率、简化分离过程、推进分离流程的工业应用依然是未来高放废液分离研究工作的重点。

22.3　干法后处理化学

　　干法后处理，一般是在非水介质中，将锕系元素与其他裂片元素进行分离的过程，熔盐体系是最常用的一种溶剂。熔盐具有理论分解电压高、离子导电性好、蒸汽压低、热稳定性好等特点，使干法后处理在未来先进核燃料循环中具有一定优势。目前，美国开发的熔盐电解精炼流程是最有希望实现工业化的流程。20 世纪 80 年代，美国提出了一体化快堆 (integral fast reactor, IFR) 研究计划，而干法后处理技术是 IFR 必不可少的部分，因此阿贡国家实验室 (ANL) 开始了基于高温冶金和电化学技术的干法后处理研究。该流程采用 LiCl-KCl 熔盐做电解质，将切割后的金属乏燃料置于阳极吊篮中进行溶解，同时在固态不锈钢阴极上析出纯的铀金属，在液态镉阴极 (LCC) 上共同析出超铀元素、铀和少量稀土元素。熔盐电解精炼流程可以实现金属燃料和氧化物燃料的干法后处理。但是，Pu、MA 元素和稀土元素 (RE) 在 LCC 上的沉积电位接近，使得 Pu、MA 元素与 RE 元素在 LCC 上的分离因子不高，且该分离因子与沉积电位关系很大，沉积电位越负其分离因子越低，分离效果越差。近年来，中国科学院高能物理研究所在德国 ITU 的基础上开展了通过共还原形成铝合金的方式分离 An 和 Ln 的研究[10-14]，希望将该方法应用于 ADS 乏燃料的干法后处理。铝合金化在熔盐电解精炼流程中的应用有望大大提高干法后处理中 An 和 Ln 的分离效果。

中国科学院高能物理研究所通过共还原法分析了 U、Th 和 RE 元素铝合金化形成的金属间化合物的种类及其相对于 Ag/AgCl 参比电极的沉积电位,结果如图 22-2 所示。结果表明,Th、U 和 RE 元素均可以和 Al 共还原形成金属间化合物。Th-Al 可以形成五种金属间化合物且沉积电位在 $-1.05\sim -1.51V$,最容易生成的 Al_3Th 其沉积电位为 -1.18 V。La、Ce、Nd 与 Al 可以形成 $Al_{11}Ln_3$ 型金属间化合物,形成电位较正,其中 $Al_{11}La_3$ 和 $Al_{11}Nd_3$ 与 Al_3Th 的电位最接近。变价 RE 元素 Sm 和 Eu 与 Al 形成的金属间化合物沉积电位较负,与 Al_3Th 的沉积电位相差较大,这几种元素与 Th 的分离理论上均很容易进行。其余 Gd、Tb、Dy、Ho 和 Er 与 Al 都容易形成稳定的 Al_3Ln 型金属间化合物,且沉积电位在 $-1.40\sim 1.45V$,与 Al_3Th 的沉积电位差均大于 0.2V。

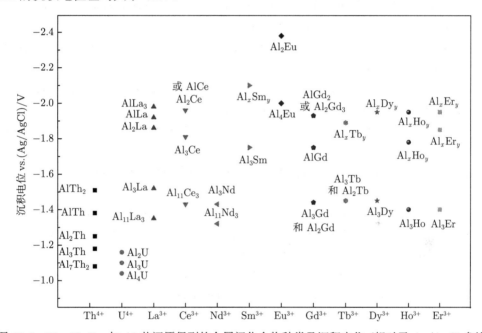

图 22-2　Th、U、Ln 与 Al 共还原得到的金属间化合物种类及沉积电位 (相对于 Ag/AgCl 参比)

中国科学院高能物理研究所在此基础上继续开展了以金属 U 为前体的 U/La、U/Ce 和 U/Sm 的分离实验。通过改进实验装置,达到了非常好的分离效果。在 U/La、U/Ce 的分离实验中,U 的实际回收率达到 99.8%,同时 U 与 La 和 Ce 的分离因子可分别达到 1×10^4 以上。即使对于难实现的 U/Sm 分离 (Sm 为变价稀土),采用短时间内更换电极的方法提高电流效率,U 的实际回收率可达到 96.1%,U 对 Sm 的分离因子应大于 5800。目前的实验结果表明,采用铝合金化的思路可以成功实现 U 与 RE 元素的分离,U 的提取率和回收率均可以满足干法后处理 U 与 Ln 元素的分离要求。

22.4　小　　结

本章回顾和总结了我国近年来在核燃料循环后端的技术方案与相关研究进展。总之,我国在乏燃料后处理的多个领域都取得了令人振奋的进步,由于核能行业科学与技术的大量需求,只要我们持续加强核能放射化学方面的基本研究,吸引更多有天赋的年轻学者加入这个领域,我国就一定能在未来先进燃料循环领域中取得更多重大突破。同时,发挥多学科交叉攻关的优势对于核能化学的发展也尤为重要,可以考虑在大科学装置(如先进同步辐射装置、高通量堆、散裂中子源)的基础上建立一个致力于乏燃料后处理化学前沿研究的多学科研究中心。

参 考 文 献

[1] Anderson H, Newton M, Asprey L, et al. Solvent Extraction Process for Plutonium. US: Patent, 1960.

[2] Li X, Ye G, He H, et al. Distribution behavior of neptunium in 1B contactor in APOR process. Atomic Energy Science and Technology, 2010, 44(2):129.

[3] Wang H, Wei Y, Liu F, et al. Distribution of technetium in 1B Tank of APOR process. Journal of Nuclear Radiochemistry, 2012, 34(2):109-113.

[4] Zhu Y. An extractant (TRPO) for the removal and recovery of actinides from high level radioactive liquid waste. Proceedings of ISEC'83, Denver, Colorado, USA, 1983.

[5] Chen J, Wang J. Overview of 30 years research on TRPO process for actinides partitioning from high level liquid waste. Progress in Chemistry, 2011, 23(7):1366-1371.

[6] Chen J, Jiao R, Zhu Y. Purification and properties of Cyanex 301. Chinese Journal of Applied Chemistry, 1996, 13(2):45.

[7] Xiao C, Wang C, Yuan L, et al. Excellent selectivity for actinides with a tetradentate 2,9-diamide-1,10-phenanthroline ligand in highly acidic solution: A hard-soft donor combined strategy. Inorganic Chemistry, 2014, 53(3):1712-1720.

[8] Xiao C, Wu Q, Wang C, et al. Quantum chemistry study of U(VI), Np(V) and Pu(IV, VI) complexes with preorganized tetradentate phenanthrolineamide ligands. Inorganic Chemistry, 2014, 53(20):10846.

[9] Zhang X, Yuan L, Chai Z, et al. A new solvent system containing Et-Tol-DAPhen in 3-nitrobenzotrifluoride for highly selective UO_2^{2+} extraction. Separation and Purification Technology, 2016, 168:232-237.

[10] Liu Y, Liu K, Yuan L, et al. Estimation of the composition of intermetallic compounds in LiCl-KCl molten salt by cyclic voltammetry. Faraday Discuss, 2016, 190:387.

[11] Liu K, Tang H, Pang J, et al. Electrochemical properties of uranium on the liquid gallium electrode in LiCl-KCl eutectic. Journal of the Electrochemical Society, 2016, 163: D554-D561.

[12] Su L, Liu K, Liu Y, et al. Electrochemical behaviors of Dy(III) and its co-reduction with Al(III) in molten LiCl-KCl salts. Electrochimica Acta, 2014, 147:87-95.

[13] Liu Y, Yuan L, Ye G, et al. Co-reduction behaviors of lanthanum and aluminium ions in LiCl-KCl eutectic. Electrochimica Acta, 2014, 147:104-113.

[14] Liu Y, Yan Y, Han W, et al. Electrochemical Separation of Th from ThO_2 and Eu_2O_3 assisted by $AlCl_3$ in molten LiCl-KCl. Electrochimica Acta, 2013, 114:180-188.

　　柴之芳，中国科学院院士，中国科学院高能物理研究所研究员，苏州大学医学部放射医学与防护学院、放射医学及交叉学科研究院院长；负责和组织了多项国家自然科学基金委重大研究计划、重大项目和重点项目；共发表论文 500 余篇，包括 *Nature* 及其子刊等，中文著作 8 部，英文 5 部；曾任或现任国际纯粹与应用化学联合会的领衔委员、英国皇家化学会会士以及其他 5 个国际学术组织的委员或顾问；*Radiochimica Acta* 等 4 本国际刊物及《中国科学》等 10 本国内刊物的编委；曾获全国科学大会奖、国家自然科学奖二等奖、国家科学技术进步奖二等奖、中国科学院自然科学奖一等奖等国家级和部委级奖 9 项。2005 年获国际放射分析化学和核化学领域的最高奖——George von Hevesy 奖。2014 年获汤森路透在药理和毒理学领域中的高被引科学家奖。

第 23 章 数字社会环境下的虚拟核电站Virtual4DS*

23.1 概　　述

核能是人类历史上一项伟大的发现，开启了人类能源发展历史的新纪元。经过 60 多年的发展，核能已在世界范围内获得广泛的应用。然而，核电站运行过程中可能产生大量放射性物质，核电站历史上曾发生过三起严重核事故[1−3]，都造成了大量放射性物质释放到环境中，除美国三哩岛事故外，其他两起核事故均影响到了全球范围，并且核事故的影响已经远远超出了辐射危害的范畴，还对公众造成严重的心理影响和社会影响。核能的发展必须以安全为前提，因此发展安全高效的核能系统是必然趋势。

中子是反应堆中核反应的触发粒子和能量载体，也是产生核热能和引发放射性的源头，它因不带电而难以控制。中子行为又会紧密关联到反应堆热工水力学、材料学、机械与结构力学、化学、辐射生物学等多学科交叉的物理过程。此外，通过冷却剂在强磁场、高温环境中的流动传热，可带出热量进行发电。在冷却剂流动传热过程中，冷却剂对结构材料产生冲刷腐蚀，同时冷却剂管道的结构布局也会对冷却剂的流动性能产生影响。因此，核能系统的运行包含了中子学全过程与多物理耦合等众多物理过程，这些物理过程相互作用，互为关联，表现出极强的复杂性。

为了揭示上述过程的物理特性与演化行为，一般可以通过理论研究、实验和数值模拟等手段进行探索。在信息化技术快速发展的推动下，先进的数值模拟可以尽可能地还原系统内的复杂物理过程，并对系统的物理与安全行为进行仿真预测，有助于开展精确的设计与评估仿真工作。发展综合模拟与虚拟仿真理论与方法，在设计、运行与事故应急等阶段对反应堆、环境与社会等不同范围进行模拟，揭示其全周期、全环境的系统行为，已经日益成为研发安全高效核能系统的重要途径，其中数字反应堆及虚拟核电站是当前核能综合仿真技术的代表。

数字反应堆是指基于基础科学理论与模型，进行中子学综合模拟和其他物理 (如热工水力学、结构力学等) 过程的耦合计算，可再现和预测反应堆全空间全周期的综合行为，可应用于基础物理问题模拟研究、反应堆设计与安全分析、反应堆监管和运维仿真等。虚拟核电站是以数字反应堆为核心，与数字社会 (数字地球、数字气象、数字交通等) 深度融合的核电

---

* 作者为中国科学院核能安全技术研究所胡丽琴等。

站全环境综合仿真平台，可实现多工况运行仿真、核事故过程演化、核应急决策支持与演练等。虚拟核电站在数字反应堆基础上，更加注重反应堆事故演化等大尺度物理行为的模拟，同时更加关注核安全与生态环境和社会公众的相互关系。

中国科学院核能安全技术研究所 · FDS 凤麟核能团队 (以下简称 "凤麟团队")，根据 "三步走" 研究计划，以理论创新为基础，通过自主化核能软件的研发与整合，实现多物理耦合仿真的数字反应堆，并与数字环境和数字社会充分融合，研发了数字社会环境下的虚拟核电站 Virtual4DS，最终实现 "反应堆—环境—社会" 的大时空综合仿真。

23.2　国内外研究现状

国际上，在核能物理与安全仿真的研究方面，经历了从单个物理现象的数值模拟到多物理耦合仿真的数字反应堆，再到融合了环境与社会信息的虚拟核电站三大阶段。核能领域最早利用建模和仿真技术开展相关研究的工作可以追溯到 20 世纪 70 年代，但早期工作主要针对反应堆的单个子系统、单个物理问题开发相应的设计或分析软件。随着核能的不断发展，为了再现和预测反应堆全空间全周期的综合行为，研究人员对数字反应堆开展了大量研究。为了对核电站全生命周期过程中的大尺度行为进行模拟，除了反应堆运行与事故过程仿真，还需要依托虚拟核电站开展事故环境中的演化过程模拟、环境后果预测、面向社会公众的核应急过程推演与指挥决策模拟等。

世界各国的研究工作大多集中在数字反应堆层面，如美国 CASL 项目组针对现役压水反应堆研究先进的建模和仿真技术，发展具有预测性仿真功能的数字反应堆；欧洲 NURESIM 系列项目旨在建立一个供欧洲核反应堆仿真的通用参考平台。中国在核能综合仿真方面起步较晚，国内各大高校、科研院所和核电单位均针对反应堆数值模拟开展了相关研究，并有了较深入的研究基础。

随着对核安全认识的加深，人们意识到核安全不仅仅涉及反应堆本身，反应堆对公众和环境的影响也日益受到人们的关注。如何在数字社会环境下，开展多物理过程耦合智能设计、运行监控与在线仿真推演、事故预警与事故进程模拟、多介质核素扩散与环境后果预测和核应急仿真演练与智能决策等跨尺度全过程综合仿真成为核能系统综合仿真的重大挑战。针对上述迫切的问题，凤麟团队以虚拟核电站为牵引，进行了较多开创性的研究工作。

23.2.1　美国

美国作为世界范围内拥有核电机组数量最多的国家，一直非常重视核能综合仿真平台的研发，其相关工作在世界上也处于领先地位。为更好地研究和掌握聚变反应堆技术，美国先后启动了 Numerical Tokamak Project，First Tokamak Simulation，FSP(fusion simulation project) 等综合数值模拟研究项目，如美国能源部、普林斯顿等离子体物理实验室和普林斯顿大学联合发起的 FSP 项目[4] 的目标是确保美国在国际合作项目 ITER 中发挥更重要的作用并为美国发展聚变电站设计与研究平台奠定基础。在裂变反应堆综合仿真领域，美国能源部核能办公室于 2010 年成立了核能先进仿真建模中心 (A DOE Energy Innovation Hub for Modeling and Simulation of Nuclear Reactors)[5]，该中心的任务是通过发展核能综合仿真技术保持美国在核能领域的领先地位。针对在役压水反应堆延寿和发展先进反应堆两个问题，该中心分别资助了轻水反应堆先进仿真联盟 (consortium for advanced simulation of light water reactors, CASL)[6]和核能先进仿真与建模 (nuclear energy advanced modeling & simulation, NEAMS) 项目。

围绕提高经济性、减少核废料、增强安全性等目的，CASL 项目针对现役压水反应堆研究先进的建模和仿真技术，发展具有预测性仿真功能的数字反应堆。CASL 重点研究了先进模型应用[7]、数字反应堆的集成、模拟和数值方法、材料性能和优化、不确定性量化和验证等 5 项关键技术，发展了如图 23-1 所示的软件系统。2013 年，CASL 宣布首次利用超级计算机成功完成运行核反应堆的全规模模拟，模拟结果和美国田纳西谷管理局沃茨巴尔核电厂提供的实际数据进行了对比，确定了模拟结果的准确性。2014 年，CASL 项目组宣布成功模拟了 AP1000 反应堆堆芯的启动过程，通过高保真模拟功率密度的三维分布来呈现启动时的预期工况，有助于提高对堆芯情况的分析与理解，以确保反应堆的安全启动。

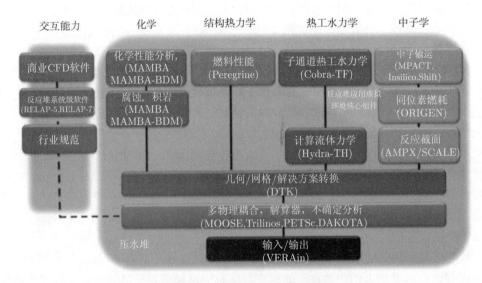

图 23-1　CASL 项目整体架构

针对先进反应堆研发及核燃料循环系统的分析和设计需求，NEAMS[8]项目开发一套具有预测功能的计算分析程序[9]，以提升核能的安全性、经济型及资源利用效率。NEAMS 项目[10,11]重点开发两个不同级别的产品线，即燃料级产品线 (fuel produce line，FPL) 和反应堆系统级产品线 (reactor product line，RPL)，其中 FPL 重点研究燃料及包壳的材料特性，RPL 则重点开发一套研究整个反应堆系统的设计工具。通过耦合 FPL 和 RPL，用户可以实现从燃料到电厂都具有预测功能的全方位的综合仿真。因为在所有先进反应堆堆型中，钠冷快堆已经积累了大量的实验数据，因此 NEAMS 将首先应用于钠冷快堆，之后再推广至其他堆型。

23.2.2　欧盟

针对聚变研究，欧洲聚变发展协议组织在 2003 年设立了 ITM(integrated Tokamak modeling) 项目。该项目旨在为聚变仿真程序及数据提供综合的测试和比较平台，但欧盟在核能综合仿真方面最有代表性的工作是 NURESIM[12](nuclear reactor simulation) 系列项目。

NURESIM 系列项目是欧洲核能可持续发展技术平台 (Sustainable Nuclear Energy Technology Platform，SNETP) 战略规划的组成部分，旨在建立一个供欧洲核反应堆仿真通用的参考平台，整个项目分为早期、NURESIM 项目、NURISP 项目、NURESAFE[13] 及 NURE-NEXT 等阶段。

在早期阶段 (2000~2004 年)，科学家通过分析当时热工水力软件的发展水平，结合当时核工业界提供的相关信息，梳理出了 44 项工业需求并开展了相关的科学研究。在早期工作的基础上，欧盟于 2005~2008 年开展了 NURSIM 项目，将仅包含热工水力程序的平台扩展至堆芯物理、多物理场耦合、敏感性及不确定性分析等领域。除扩展仿真领域外，NURSIM 项目重点关注综合仿真平台的集成问题，并在此基础上进一步开发了开源的集成平台 SALOME[14](The Open Source Integration Platform for Numerical Simulation)。可视化的集成平台 SALOME 使得用户能方便地使用综合平台，且能在此基础上进一步定制开发相关系统。SALOME 平台为仿真程序开发者和用户搭建了良好的桥梁，对推动综合仿真系统的发展和应用具有重要价值。之后 (2009~2012 年) 欧盟通过 NURISP 项目采用更新的平台集成、模型开发，耦合技术、不确定性分析及验证方法，进一步改进和拓展该综合仿真平台。

2012 年之前，NURSIM 系列项目重点关注通用平台建设，但从 2012 年开始 NURSIM 系列项目开始重视与工业需求的直接结合，典型案例是在 2011 年福岛核电事故发生后，欧盟决定在 NURESIM 平台的基础上发展核反应堆安全仿真平台 NURESAFE。NURESAFE 的初期目标是利用最先进的仿真工具针对欧洲用户的安全分析需要，开发一个可靠的用于轻水堆事故分析的仿真平台。但随着更多用户的加入 (如 AREVA、ENEA、NCBJ 等)，NURESAFE 的目标提升到为终端用户开发、验证、交付一个用于轻水反应堆安全分析、运行和工程设计的综合集成应用平台，平台架构如图 23-2 所示。

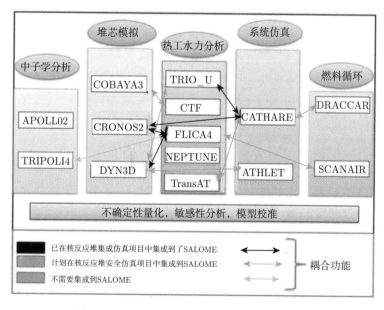

图 23-2　NURESAFE 综合集成应用平台架构

欧盟依托 NURSIM 系列项目持续发展核能综合仿真平台。和美国相比，NURSIM 系列项目比较注重集成问题，并开发了集成平台 SALOME。这有力地支持了 NURSIM 项目的持续发展，尤其为 NURSIM 后期项目应用于工业奠定了坚实的基础，这点值得任何计划发展核能的国家或组织重视。NURSIM 系列平台早期仅注重通用平台搭建，但后期开始重视和工业界需求的结合，这可能会推动 NURSIM 项目的持续健康发展。

23.2.3　中国

国家能源局及科学技术部在"十三五"规划中也明确了数字反应堆技术的相关科研规划及投入；中国核动力研究设计院及哈尔滨工程大学[15]也针对美国 CASL 等项目做了前期的调研和研发计划；北京应用物理与计算数学研究所和中国工程物理研究院高性能数值模拟软件中心，针对核设施反应堆安全评估、运行、延寿、退役和新堆设计等任务对精密数值模拟方法及软件的需求，开展了数字反应堆工程研究；清华大学工程物理系、西安交通大学、上海交通大学[16]和华北电力大学也都开展了一些核分析模拟的研究与开发工作；国内多家核电单位针对数字化电厂的建设已有较深入的研究和基础，如中广核工程有限公司"智能电站"的建设、国家核电上海核工程研究设计院的"数字化电厂"的建设、中国原子能科学研究院的"数字微堆"等，相关工作是以三维数字电厂为核心展开的工程、设计、研发、管理及建造的协同设计和一体化流程设计。

整体而言，我国在核能综合仿真方面已有一定的积累，核电相关企业和研究单位在数字反应堆建设方面积极性较高，且在"数字化电厂"建设方面有较好积累，这对我国的虚拟核电站发展极为有利。但是，由于国内对虚拟核电站的研究还处于比较分散的状态，如何结合我国虚拟核电站的现实情况和我国核能发展规划，借鉴欧美等国发展过程的得失与经验，制定合理的发展目标与路线是至关重要的。

凤麟团队自 2000 年开始探索研究虚拟核电站的内涵和发展途径，早期发展了以中子输运设计与安全评价软件系统 SuperMC[17−20]为代表的系列物理工程计算软件系统，并在此基础上开展了多物理耦合集成仿真研究，形成了数字反应堆平台。此后，启动了"数字社会环境下的虚拟核电站 Virtual4DS"[21,22]研发计划，发展支持核反应堆全范围全周期多物理过程综合模拟的高保真集成仿真环境，并基于该平台开展核科学与生态学、社会科学等学科的多学科交叉研究。

23.3　Virtual4DS 研发

凤麟团队基于先进核能物理与安全创新理论，通过 1000 余人年的持续攻关，围绕"虚拟核电站"研究计划研发了 20 余款先进核能软件；并进一步通过核科学与信息科学的深入交叉研究，首次提出了"核信息学"学科体系；利用大数据、人工智能、移动互联网、云计算、物联网等先进信息技术，开展了数字反应堆 VisualBUS 的研发，旨在发展体系化的设计与安全评价软件，在此基础上进一步研发了与数字社会 (数字地球、数字气象、数字交通等) 深度融合的数字社会环境下的虚拟核电站 Virtual4DS，可实现核能系统多工况运行仿真、核事故过程演化以及核应急智能推演与决策。

23.3.1　总体架构

Virtual4DS 的研发经历了物理工程计算软件、数字反应堆和虚拟核电站三大发展阶段，实现了从单个软件到集成平台的转变，如图 23-3 所示。

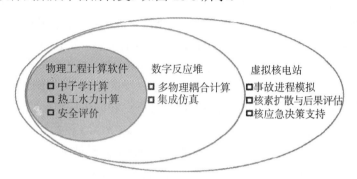

图 23-3　虚拟核电站 Virtual4DS 研发路线图

1) 第一阶段：物理工程计算软件

物理工程计算软件涵盖物理、热工、材料、可靠性、风险监测、安全评估等类别。下面分别以中子输运设计与安全评价软件系统 SuperMC 和可靠性与概率安全分析软件系统 RiskA 为例进行介绍。

基于创新的多过程直接耦合输运理论，凤麟团队自主研发了一款通用、智能、精准的中子输运设计与安全评价软件系统 SuperMC。SuperMC 是 Virtual4DS 的物理计算核心，支持以辐射输运为核心，包含燃耗、辐射源项/剂量/生物危害、材料活化与嬗变等的综合中子学计算。SuperMC 可实现基于云的全空间精准建模、中子学全过程计算、多维可视化分析与虚拟仿真于一体的中子学综合模拟，其功能架构如图 23-4 所示。SuperMC 发展了 CAD 工程模型直接模拟的方法体系，揭示了 CAD 技术与物理计算的耦合规律，

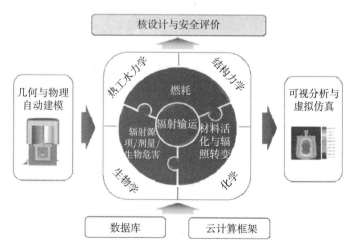

图 23-4　中子输运设计与安全评价软件系统 SuperMC 功能架构图

解决了复杂系统核模拟不准确的难题。它发展了基于过渡区的概率论与确定论直接耦合物理描述、基于粒子密度均匀性的全局权窗产生器的减方差方法等系列加速算法，极大提高了模拟效率。基于虚拟现实和科学计算可视化技术，实现三维动态数据场与模型叠加可视化等多维、多风格可视分析和人体器官级剂量评估[23−28]。

基于革新安全理念，凤麟团队自主研发了可靠性与概率安全分析软件系统 RiskA[29]，发展了知风险的可靠性指标确定方法，建立了电站规模的快速精确故障树计算方法体系，构建了面向公众的安全目标评价模型，可实现从系统设备可靠性、核电站安全到社会风险的全范围、全寿期的综合评价，被用于我国核安全审评独立校核计算[30]。基于 RiskA 发展了我国首个具有完全自主知识产权的核电厂风险监测系统[31]，在秦山核电站稳定运行近 7 年。

2) 第二阶段：数字反应堆

在物理工程计算软件的基础上，针对先进核能系统的设计研究需求，凤麟团队逐步建成了"数字反应堆"——VisualBUS，旨在发展体系化的设计与安全评价软件，实现反应堆的全过程可视化设计仿真、全范围动态 3D 运行仿真，最终实现多物理过程耦合的反应堆综合行为高保真预测。VisualBUS 综合考虑辐射输运、燃耗、热工水力、结构力学、材料行为、燃料性能、反应堆安全、辐射安全与环境影响等耦合模拟，能够实现不同物理过程数据的无缝集成，高真实感、沉浸感的直观虚拟漫游体验，同时还支持虚拟装配与设计验证、维修计划与虚拟培训、职业照射剂量评估与优化等功能。VisualBUS 具有集成性、智能性、直观性等特点，可应用于基础物理问题模拟研究、反应堆设计与安全分析、反应堆监管和反应堆运维仿真等场合。VisualBUS 采用开放式架构，支持新功能程序快速嵌入，也支持多物理统一精准建模、大规模数据的直观高效可视化分析以及多种模拟程序间的相互耦合，其系统架构图如图 23-5 所示。

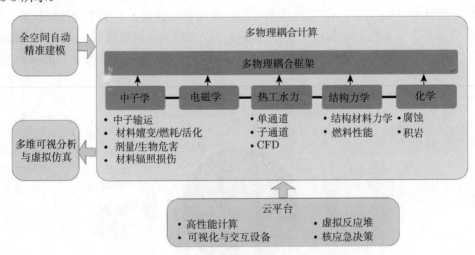

图 23-5　数字反应堆 VisualBUS 总体架构图

3) 第三阶段：虚拟核电站

凤麟团队结合 SuperMC 与 VisualBUS 等研发成果，启动"虚拟核电站 Virtual4DS"的研究。Virtual4DS 以安全评价与核应急决策为系统特色，以体系化、自主化先进核能软件为核心，基于多物理耦合模拟，借助云计算、大数据、虚拟仿真等先进信息技术，面向特定应用目标进行扩展功能的研制，实现了核能系统典型工况下全范围安全性能的综合预测与核应急决策。其采用先进的数值方法与高效计算，可实现核反应堆设计与运行仿真、事故预警与事故进程模拟、大尺度核素扩散与环境后果评估、核应急仿真演练与智能决策、基于核能大数据的社会风险评价等功能，可应用于核反应堆安全、辐射安全与环境影响、核应急与公共安全等三大领域的模拟需求，如图 23-6 所示。

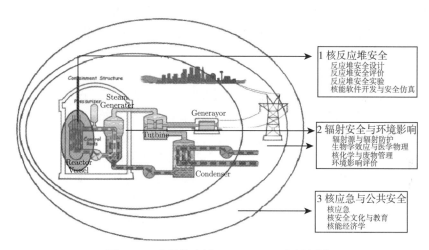

图 23-6　虚拟核电站 Virtual4DS 应用领域

23.3.2　特色功能

Virtual4DS 的特色功能主要包括：多物理过程耦合智能设计、运行监控与在线仿真推演、事故预警与事故进程模拟、大尺度核素扩散与环境后果预测、核应急仿真演练与智能决策和基于核能大数据的社会风险评价等。

1) 多物理过程耦合智能设计

Virtual4DS 基于稳态输运计算核心、时间相关的中子动力学与热工水力学、结构力学、化学、生物学等，以集成、统一、灵活的方式进行耦合并易于扩展，用以支持反应堆等核系统多物理现象高保真的模拟。其基于多维、多速率场、多相、多组件欧拉模型和结构传热传质的流体动力学模型进行反应堆瞬态的模拟。基于该耦合功能，多物理耦合计算可用于反应堆设计基准事故及严重事故分析、预测燃料棒震动及带来的格架燃料棒震动等现象。

2) 运行监控与在线仿真推演

Virtual4DS 与核电厂实时信息监控系统对接，可获取核电厂实时运行数据，并通过数据匹配完成核电厂虚拟现实场景中设备状态信息的耦合，利用"沉浸式"的三维直观展示核电厂设备的运行状态和现象，为核电厂运行监控提供了新的手段，有助于提高安全管理水平。研发的基于大数据的故障诊断和预测功能模块，通过对接入的在线数据进行模型匹配和仿真推演，发现现场运行中不易察觉的或潜在的故障，为操作人员和管理人员提供故障预警和辅助决策。

3) 事故预警与事故进程模拟

Virtual4DS 基于对核电厂的设备故障预警，同时获取设备配置状态的变化以及外部环境的改变，通过与核电厂风险模型的耦合分析，获得对核电厂事故的类型及风险大小的预警。将所获得的核电厂事故类型预测结果导入事故进程模拟器,可提前预知核电厂未来最有可能发生的事故的详细进程。

4) 大尺度核素扩散与环境后果预测

由于核泄漏事故的应急及决策的需要,加之切尔诺贝利、福岛等核事故影响范围广泛,使得放射性核素长距离扩散的研究得到了快速的发展。长距离扩散主要指中到大尺度即百公里到千公里范围的扩散。大尺度核素扩散与环境后果预测功能为进行从公里、十几公里、百公里到千公里级别的全尺度的核素耦合扩散,并实现全尺度的后果预测,评估公众和环境的辐射剂量,为核事故应急响应和决策提供支持。

5) 核应急仿真演练与智能决策

核电厂若发生重大放射性释放事故,能否及时且正确地实施救援对事故后果演化起着重要的作用。然而核事故救援实物演练存在相关设备昂贵、模拟核灾害十分危险的问题。虚拟核电站通过沉浸式交互仿真技术,逼真地将复杂的事故救援场景展示在受训人员面前,并通过三维交互设备,与虚拟场景实时互动,对受训人员在模拟训练中的训练效果进行智能评估和分析,实现仿真演练的目的,具有安全、经济、可重复等优点。此外,通过演练过程的经验反馈识别出影响应急决策的决定因素,结合后果评价对核能事故的发展趋势进行精确地分析预测,进而对核应急能力进行有效的评估,建立核能事故的应急决策模型,为核能事故的智能应急决策提供快速精确的方法。

6) 基于核能大数据的社会风险评价

凤麟团队牵头并联合国内外相关核能研究单位在对核能领域数据整合的基础上,采用大数据与云计算技术框架,建设基于大数据的核安全评价与预测、核反应堆设计分析的核能大数据云计算平台。风险是目前人们普遍认可的衡量核电厂安全性的量化指标,根据其分析深度的不同,可以包括反应堆、外部环境、人类社会三种范围。基于核能大数据中的天气数据、地震数据、地质数据、水文数据、经济数据、政治数据、核能舆情数据等,通过海量数据分析、数据挖掘、人工智能等大数据技术对以上数据信息进行深入挖掘与分析,开展全范围风险评价,涵盖从反应堆堆芯熔化到放射性物质泄漏至包容系统之外的环境,最终分析事故影响的人类社会经济、环境等各个方面。

23.3.3 关键技术

凤麟团队积极推动核科学与信息技术的深入交叉融合,在国际上率先提出"核信息学"学科概念,将先进信息技术与核能领域的应用需求有机结合,构建了涵盖理论、算法、软件、数据、科研信息化环境等内容的学科体系。在核信息学理论体系的指引下,发展如下关键技术。

1) 一体化云架构

复杂物理过程的模拟计算和存储极其密集,同时医学物理剂量计算、反应堆迭代设计等对模拟的效率提出了高要求。平台通过云计算框架以服务的方式提供核计算分析的功能,用户只需要通过网络访问简单的用户图形界面,即可高效地在庞大的软硬件资源池上执行任务,不需要花费大量的精力在高性能计算集群的软硬件、数据等运行环境与安全上,实现"即需即用"。基于虚拟化技术将异构、跨网络、跨区域的高性能计算集群进行了资源整合,形成庞大的资源池,结合计算任务的特点与资源池进行了资源的使用预测与动态调配,保证了任务执行中资源的利用率,提高了整体任务的运行效率,使得复杂的反应堆现象的高保真预测成为可能。

2) 自动精准建模

凤麟团队发展了基于 CAD 的建模功能,实现了从实际复杂工程 CAD 模型到核计算模型的自动精准转换,显著提高了建模效率[32-34]。在几何建模方面,发展了复杂 CAD 模型错误自动修复的智能重整与分解、基于特征的复杂结构智能切割的分解等方法,基于这些方法将复杂工程 CAD 几何模型简化、修复,使其能够高效地转换为蒙特卡罗计算几何。在模型正转方面,发展了基于特征识别的模型分解技术[35],生成计算模型,减少计算负担。在模型反转方面,发展了基于 CSG 树构造的 CAD 模型生成方法,高效精确地将计算模型转换为复杂工程 CAD 模型。在输运计算的底层几何方面,发展了基于体、面混合及树形层次结构的表达方式[36],无须对空腔进行描述,避免了传统方法中因为计算精度导致的丢粒子的问题,同时增强了几何表达的能力。

3) 多物理耦合模拟

支持不同计算核心网格等的数据场映射,同时考虑到耦合过程中多物理的非线性反馈效应,基于紧耦合的方式提高预测的准确性减少不必要的安全裕度,程序内部自动进行多次迭代直到收敛。同时包含了单步蒙特卡罗计算中的截面、计算参数等的敏感性与不确定性分析以及蒙特卡罗与确定论耦合输运、燃耗输运耦合、多物理耦合中多步计算误差传递可进行不确定性量化,特别对于基于模拟结果进行核电站决策时非常必要,如使用最佳估计及不确定方法时的事故分析。

4) 多维可视化与虚拟仿真

在虚拟核电站的仿真模拟中,多维可视化与虚拟仿真是辅助设计分析的重要手段。综合模拟过程中,会产生分布于空间、能量、时间等多个维度的数据,如通量密度、剂量、温度、压力等,为了能够直观分析这些数据,平台将多维数据映射到三维空间中进行多维数据的可视化,并通过控制可视化的能量、时间等维度的参数实现动态可视化以直观显示数据在多维空间中的变化规律。虚拟仿真融合了立体显示与人机交互技术,使参与者以接近自然的方式与虚拟环境中的对象进行交互,以模拟真实系统中的体验。基于虚拟仿真技术,发展了核与辐射安全仿真平台环境,允许用户在安全的虚拟世界对辐射环境下各类应用方案进行仿真设计以及优化。

5) 核能大数据

核能大数据是核安全评价与预测、核反应堆设计分析的重要基础。在核电运维、核能物理实验以及核能设计方面都会产生及收集海量的数据,包括反应堆、环境和社会等各类信息。为了充分地发挥这些数据的价值并更好地为核能研究服务,利用基于云架构的模式进行核能数据的储存与数据管理;采用海量数据分析、数据挖掘、人工智能、聚类分析等大数据技术,对核数据、材料数据、可靠性数据、部件数据、热工数据等进行深入挖掘与分析,为核反应堆的物理设计、材料设计以及安全评估提供更为全面精确的数据支持。同时,针对核电站周边天气、地理信息、舆情信息,进行深入挖掘与分析,识别出影响应急决策的决定因素,对核能事故的发展趋势进行精确的分析预测,进而对核能事故应急风险演化进行有效的评估,建立核能事故的应急决策模型。

23.4　应用实践

Virtual4DS 采用软件工程标准进行研发过程的全周期管理，以程序对标与体系化国际基准题相结合的方式进行验证，采用分离确认实验、综合确认实验、工程确认实验进行确认。其中，SuperMC 软件系统已通过 2000 余个国际基准模型与实验的校验。同时，还建成了中子物理与核安全仿真综合实验平台，拥有百万亿次高性能计算集群，约 1PB 的存储设备，建成了完备的中子物理实验装置、辐射监测与核应急设备、三维立体显示与虚拟仿真设备等，如图 23-7 所示。

图 23-7　中子物理与核安全仿真综合实验平台

在此软硬件基础上，Virtual4DS 已在反应堆工程领域得到了广泛的应用。其中，SuperMC 系统已通过国际经济合作与发展组织核能署 OECD/NEA、全球规模最大的能源科技计划"国际热核聚变实验堆 (ITER)"组织等国际认证，在全球 60 多个国家获得应用，已经应用于聚变堆、裂变堆等反应堆的安全分析与应急决策中，并已应用于 30 多个国际重大核工程项目，包括 ITER、欧洲聚变示范堆 E-Demo、德国螺旋石仿星器 W7-X、中国第三代自主商用堆型"华龙一号"、中国铅基反应堆 CLEAR 等。SuperMC 被 ITER 选为基准软件，应用于中子学分析[23−28,32−34,37−40] 中，创建了系列 ITER 中子学标准模型。在核电站、海洋核动力平台方面开展了核应急场景仿真、核应急模拟训练，支持严重核事故情况下的应急救援。在内陆核电站中，开展了核电站舆情监测与分析等，相关成果也被领域内著名专著收录[41,42]。

23.4.1　聚变综合仿真

聚变能是人类未来最理想的清洁能源。聚变堆作为一种新型核能装置，有许多物理问题、技术问题、工程问题亟待解决。凤麟团队基于 Virtual4DS，研发了聚变数字 (虚拟) 反应堆 (Fusion-V)。Fusion-V 支持多物理耦合分析自动建模、结果分析与可视化、维修方案过程虚拟漫游仿真和精确人体辐射剂量评估等，支持聚变反应堆设计、运行和维修等方案设计优化，聚变堆新物理现象和规律模拟预测以及人员维修剂量、电子器件辐照损伤等核与辐射安全评价。同时，Fusion-V 是一个协同科研平台，支持基于云的任务管理与协同工作。基于 Fusion-V，凤麟团队完成了十余项 ITER 中子学分析的工作，包括创建系列 ITER 核分析基准模型并发布给各国使用、大厅辐射剂量场评估、生物屏蔽插件分析、冷却水活化、热室屏蔽、赤道窗口屏蔽等；完成内侧 TF 线圈核热沉积精细评估、室内观测系统核分析及屏蔽优化、放射性废物评估等大量核分析工作,为 ITER 顺利通过安全审查提供重要支持[32];开展了维修方案过程虚拟漫游仿真和精确人体辐射剂量评估等,支持聚变反应堆设计、运行和维修等方案的设计优化,ITER 建筑全空间辐射场分布模拟结果如图 23-8 所示。

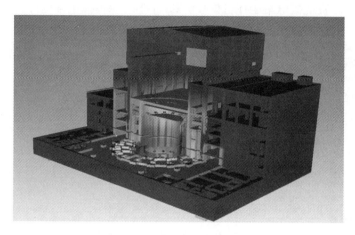

图 23-8　ITER 建筑全空间辐射场分布模拟

23.4.2　铅基 (裂变) 综合仿真

铅基反应堆是第四代核能系统的参考堆型之一,也是中国科学院战略性先导科技专项"未来先进核裂变能——ADS 嬗变系统"的首选参考堆型。反应堆的建设是一个极其复杂的巨系统工程,凤麟团队基于 Virtual4DS,研发了铅基数字 (虚拟) 反应堆 (CLEAR-V),预测反应堆设计、建设、运行全周期中的潜在问题,加快反应堆设计、建设周期,提高经济性和安全性,并为反应堆的运行提供操作人员培训。CLEAR-V 通过反应堆设计数据和过程仿真数据的无缝耦合,基于反应堆多物理模型的高保真精准仿真,实现多系统间的快速耦合迭代设计,并通过虚拟现实和海量数据实时可视化技术,完成反应堆 4D 交互式验证 (图 23-9),为严重事故进程模拟、事故预警、源项分析、后果分析提供了核能大数据支持,支持 ADS、支持铅基堆安全分析和事故演化过程仿真。CLEAR-V 的成功建设,促进了国际新型反应堆设计流程的革新,为先进核能系统设计提供了重要平台。

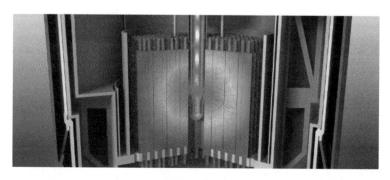

图 23-9　CLEAR-V 反应堆多物理模型的高保真精准仿真

23.4.3 核应急指挥决策模拟

　　凤麟团队基于 Virtual4DS 研发了核应急指挥决策平台，平台包括核电站运行与事故仿真、环境中核素扩散模拟、核应急智能决策等功能 (图 23-10)。首先，通过数字模拟和实物模拟相结合的方式，实现核电站运行与事故仿真，不但可以模拟正常运行工况，通过监测反应

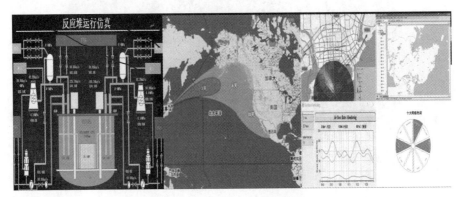

图 23-10　核应急指挥决策模拟

堆主要参数进行事故预警；也能模拟多种事故工况，提供相关的事故源项信息。其次，通过辐射地图模拟事故条件下环境中的放射性核素动态扩散过程，基于源项信息、监测数据、气象和地理信息模拟计算核素的空间分布，进而评估事故等级、覆盖范围，科学开展事故后果评估。最后，通过辐射剂量的空间分布、道路和交通条件等信息的可视化来智能推荐撤离路径，在最短的时间里，最安全地撤离到安全区域，此外还提供场区监控、环境剂量率监测等功能，为核应急智能决策提供技术支持。基于该系统，正在开展江西彭泽内陆电站的核应急分析模拟、应急计划以及预案、舆情监测与分析等工作。

23.5　未来展望

　　开发数字社会环境下的虚拟核电站是核能发展的必然趋势，其可用于全范围安全仿真与应急决策。虚拟核电站 Virtual4DS 的成功研发将为我国核能科学技术事业进步、国家能源安全与可持续发展做出有益探索。此外，凤麟团队还在进一步围绕核能安全高效发展在反应堆运行与事故、辐射安全与环境影响以及核应急与公共安全等方面深入开展综合模拟研究工作。

　　在反应堆运行与事故模拟方面，应加强反应堆全堆芯、全尺度模拟的多物理耦合模拟方法研究。例如，基于超级计算机模拟核反应堆的运行，具备从运行中的单根燃料棒到整个反应堆堆芯的模拟能力；耦合中子学、热工水力、结构、燃料性能模拟反应堆启动、满功率运行工况、事故状态等多个过程；深入地了解反应堆运行过程中的一些重要现象，提升反应堆的综合性能。

　　在辐射安全与环境影响模拟方面，应加强辐射监测与后果评价方法研究。目前，国际上对核应急监测布控方法和核事故早期监测选点技术缺乏系统性的基础研究，难以从监测数据中获取应急决策所需的直接信息来构建空中与水域三维体系化辐射监测；相应的多源监

测数据融合与解耦技术研究比较初步，在辐射场环境下难以保证通信系统的高可用度，缺乏有效的远程、无人监测技术；此外，还存在大尺度、长距离核素扩散时，不同气象条件下多扩散模型耦合问题，以及复杂地理环境下的核素扩散时，不同沉降与吸附过程的修正问题等。

在核应急与公共安全模拟方面，应加强极端外部事件潜在危害的模拟以及应急计划区应急决策推演。在核应急模拟方面存在如下挑战：重特大自然灾害 (地震、海啸等)、国际恐怖主义等对核设施的危害模拟问题；核应急信息化与智能化程度不高，应急指挥与救援的及时性和有效性有待加强；跨区域核应急给核应急组织、指挥机制、跨省补偿等问题提出了新的挑战；应急决策分析过程中存在公众心理、社会因素、气象变化、决策者偏好及价值判断等较大不确定性问题；此外，还缺乏无真实放射源情况下的有效核应急演练手段。

参 考 文 献

[1] 联合国原子辐射效应科学委员会 (UNSCEAR). 电离辐射源与效应——UNSCEAR 2008 年联合国大会提交的报告和科学附件. 2008.

[2] International Nuclear Safety Advisory Group. The Chernobyl Accident: Updating of INSAG-1. Vienna: IAEA, 1992.

[3] IAEA 专家团. 日本福岛核事故调查报告. 核动力运行研究所编译, 2011.

[4] Kritz A, Keyes D. Fusion simulation project workshop report. Journal of Fusion Energy, 2009, 28(1): 1-59.

[5] The U.S. Department of Energy's Office of Nuclear Energy. Energy Innovation Hub for Modeling and Simulation. 2011, http://www.casl.gov/docs/Energy_Innovation_Hub.pdf.

[6] CASL. A Project Summary. http://web.ornl.gov/sci/nsed/docs/CASL_Project_Summary.pdf.

[7] CASL. Virtual Environment for Reactor Application. http://www.casl.gov/docs/CASL-U-2013-042-001.pdf.

[8] The U.S. Department of Energy's Office of Nuclear Energy. NEAMS: The Nuclear Energy Advanced Modeling and Simulation Program. http://energy.gov/ne/downloads/nuclear-energy-advanced-modeling-and-simulation-neams-program-plan.

[9] The U.S. Department of Energy's Office of Nuclear Energy. Predictive Simulation. http://energy.gov/ ne/advanced-modeling-simulation/predictive-simulation.

[10] The U.S. Department of Energy's Office of Nuclear Energy. Advanced Modeling & Simulation. http://energy.gov/ne/nuclear-reactor-technologies.

[11] Advanced Nuclear Reactors. http://energy.gov/ne/advanced-modeling-simulation/advanced- nuclear-reactors.

[12] Chauliac C, Aragones J M, Bestion D, et al. NURESIM–A European simulation platform for nuclear reactor safety: Multi-scale and multi-physics calculations, sensitivity and uncertainty analysis. Nuclear Engineering and Design, 2011,241(9):3416-3426.

[13] NURESAFE Project. http://www.nuresafe.eu/index.php?-art=31.

[14] The Open Source Integration Platform for Numerical Simulation (SALOME). http://www.salomeplatform.org/.

[15] 刘中坤, 彭敏俊, 朱海山, 等. 核设施退役虚拟仿真系统框架研究. 原子能科学技术, 2011, 45(9): 1080-1086.

[16] 刘鹏飞, 杨燕华, 杨永木, 等. 虚拟现实技术在核电厂仿真中的应用. 原子能科学技术, 2008, 42(增刊): 169-175.

[17] 吴宜灿, 李静惊, 李莹, 等. 大型集成多功能中子学计算与分析系统 VisualBUS 的研究与发展. 核科学与工程, 2007, 27 (4): 365-373.

[18] Wu Y C, Song J, Zheng H Q, et al. CAD-based Monte Carlo program for integrated simulation of nuclear system SuperMC. Annals of Nuclear Energy, 2015, 82: 161-168.

[19] Wu Y C, Song J, FDS Team. Development of super Monte Carlo calculation program SuperMC2.0. Proceedings of International Conference ANS National Meeting-2013 ANS Winter Meeting and Technology Expo, American Nuclear Society, Washington D.C., USA, 2013.

[20] 吴宜灿, 李莹, 卢磊, 等. 蒙特卡罗粒子输运计算自动建模程序系统的研究与发展. 核科学与工程, 2006, 26 (1): 20-27.

[21] 吴宜灿, 胡丽琴, 龙鹏程, 等. 先进核能软件发展与核信息学实践//中国科学院等. 中国科研信息化蓝皮书 2013. 北京: 科学出版社, 2013: 232-244.

[22] 吴宜灿, 胡丽琴, 龙鹏程, 等. 核能信息化科研协同平台研发与虚拟核电站应用实践//中国科学院等. 中国科研信息化蓝皮书 2015. 北京: 科学出版社, 2015: 170-179.

[23] Ying D C, Zeng Q, Qiu Y F, et al. Assessment of radiation maps during activated divertor moving in the ITER building. Fusion Engineering and Design, 2011, 86(9-11): 2087-2091.

[24] Dang T Q, Ying D C, Yang Q, et al. First neutronics analysis for ITER bio-shield equatorial port plug. Fusion Engineering and Design, 2012, 87(7-8): 1447-1452 .

[25] Yang Q, Dang T Q, Ying D C, et al. Activation analysis of coolant water in ITER blanket and divertor. Fusion Engineering and Design, 2012, 87 (7-8): 1310-1314.

[26] Yu S P, Yang Q, Chen C, et al. Shielding design for activated first wall transferring in ITER hot cell building. Journal of Fusion Energy, 2015, 34 (4): 887-894.

[27] Turner A, Pampin R, Loughlin M J, et al. Nuclear analysis and shielding optimisation in support of the ITER in-vessel viewing system design. Fusion Engineering and Design, 2014, 89(9-10): 1949-1953.

[28] Pampin R, Zheng S, Lilley S, et al. Activation analyses updating the ITER radioactive waste assessment. Fusion Engineering and Design, 2012, 87(7-8): 1230-1234.

[29] Wu Y C, FDS Team. Development of reliability and probabilistic safety assessment program RiskA. Annals of Nuclear Energy, 2015, 83: 316-321.

[30] 李春, 陈越超, 倪曼, 等. 国产概率安全分析软件 RiskA 在核安全审评中的应用探讨. 第六届全国核能概率安全分析 (PSA) 研讨会, 2016.

[31] 吴宜灿, 胡丽琴, 李亚洲, 等. 秦山三期重水堆核电站风险监测器研发进展. 核科学与工程, 2011, 31(1): 68-75.

[32] Zeng Q, Lu L, Ding A, et al. Update of ITER 3D basic neutronics model with MCAM. Fusion Engineering and Design, 2006, 81(23-24): 2773-2778.

[33] Zeng Q, Wang G Z, Dang T Q, et al. Use of MCAM in creating 3D neutronics model for ITER building. Fusion Engineering and Design, 2012, 87(7-8):1273-1276.

[34] Ying D C, Zeng Q, Qiu Y F, et al. Assessment of radiation maps during activated divertor moving in the ITER building. Fusion Engineering and Design, 2011, 86 (9-11): 2087-2091.

[35] Wu Y, FDS Team. CAD-based interface programs for fusion neutron transport simulation. Fusion Engineering and Design, 2009, 84(7-11): 1987-1992.

[36]　Wu B, Chen Z P, Song J, et al. Advanced geometry navigation methods without cavity representation for fusion reactors. MC SNA MC 2015, Nashville, 2015.

[37]　Yang Q, Li B, Chen C, et al. Shielding analysis for ITER equatorial port cell during blanket replacement. Journal of Fusion Energy, 2015, 34 (4): 875-881.

[38]　S.Zheng, E.Polunovskiy. Nuclear Heat of TF Inboard Legs with Fine Structures of Inboard Blanket. INAR-001, 2007.

[39]　Turner A, Pampin R, Loughlin M J, et al. Nuclear analysis and shielding optimisation in support of the ITER in-vessel viewing system design. Fusion Engineering and Design, 2014, 89(9-10): 1949-1953.

[40]　Pampin R, Zheng S, Lilley S, et al. Activation analyses updating the ITER radioactive waste assessment. Fusion Engineering and Design, 2012, 87(7-8): 1230-1234.

[41]　吴宜灿. 聚变中子学. 北京: 原子能出版社, 2017.

[42]　吴宜灿, 等. 核安全导论. 合肥: 中国科学技术大学出版社, 2017.

胡丽琴，研究员，中国科学院核能安全技术研究所副总工，核能软件研究中心主任，中国仿真学会仿真技术应用专业委员会委员，反应堆物理与核材料专业委员会委员，中国电子学会核电子学与核探测技术分会计算机专业委员会委员，安徽省精确放射治疗工程技术研究中心副主任，安徽省核应急专业技术支持中心副主任，中国辐射防护学会聚变辐射防护分会副理事长，长期从事核安全及核能软件研发相关工作，主持或参与了 973、863、中国科学院先导专项课题等多项重点项目；在学术刊物和国际会议上累计发表研究论文 80 余篇，合作出版著作 1 部；授权国家发明专利 10 余项；作为技术骨干获国家能源科学技术进步奖一等奖等省部级科技成果奖励 3 次。